U0958324

有色金属熔炼与铸锭

中南大学　陈存中　主编

北　京
冶金工业出版社
2008

图书在版编目（CIP）数据

有色金属熔炼与铸锭/陈存中主编．—北京：冶金工业出版社，1988.10（2008.1 重印）

ISBN 978-7-5024-0295-2

Ⅰ.有…　Ⅱ.陈…　Ⅲ.①有色金属冶金—熔炼②有色金属冶金—铸锭　Ⅳ.TF80

中国版本图书馆 CIP 数据核字（2007）第 147713 号

出 版 人　曹胜利
地　　址　北京北河沿大街嵩祝院北巷 39 号，邮编 100009
电　　话　(010)64027926　电子信箱　postmaster@cnmip.com.cn
责任编辑　宋　良　美术编辑　李　心　版式设计　张　青
责任校对　刘　倩　责任印制　丁小晶
ISBN 978-7-5024-0295-2
北京兴顺印刷厂印刷；冶金工业出版社发行；各地新华书店经销
1988 年 10 月第 1 版；2008 年 1 月第 7 次印刷
787mm×1092mm　1/16；12.5 印张；298 千字；187 页；13301－16300 册
23.00 元

冶金工业出版社发行部　电话：(010)64044283　传真：(010)64027893
冶金书店　地址：北京东四西大街 46 号(100711)　电话：(010)65289081
（本书如有印装质量问题，本社发行部负责退换）

前　言

《有色金属熔炼与铸锭》一书是根据1988～1990年冶金高等院校教材选题规划编写的，是在多年教学实践、多次修订原用讲义基础上，按照专业教学计划和大纲的要求，经过精选、加工、充实而成的。

本书是金属材料及热处理、金属压力加工两专业的专业课教材，着重阐明：有色金属在熔炼和铸锭过程中，与炉气、炉衬、熔剂、涂料、空气和水蒸气等环境因素相互作用的基本规律；熔铸工艺参数对熔体中的气体及夹渣含量和铸锭的凝固过程、结晶组织、溶质再分布及偏析、裂纹等缺陷所产生的影响及其变化规律。力求将金属在熔铸过程中产生的现象，运用金属学、物理化学及传质、传热学等基础知识阐述清楚。鉴于有色金属合金品种繁多，其熔铸技术特性各异，影响熔铸质量因素较多，工艺上尚存在工序多、损耗大、能耗高、成本高、技术经济指标较低等问题，本书结合实例进行了初步分析；对已开发和正在开发的新方法、新工艺及新设备等，典型合金的熔铸技术特点，制订熔铸工艺规程的基本依据，均作了较系统的概括。本书除作为教材使用外，也可供从事有色金属熔铸工作者参考。

本教材可按五十学时左右安排授课计划，内容共三篇十章。第Ⅰ篇1至3章为熔炼基本原理，由刘维镐编写；第Ⅱ篇4至7章为铸锭基本原理，由章四琪编写；第Ⅲ篇8至10章为有色金属熔铸技术，由陈存中编写。全书由陈存中审核定稿。在编写过程中曾得到材料系、材料及热处理教研室、教材科、金相实验室的热情支持，刘展如和李胜奇为本书复印图片，在此表示感谢。对本书所用文献资料的作者谨致谢意。

编　者

1987年9月

目　录

I　有色金属熔炼的基本原理

金属熔炼的主要目的是为铸锭提供高质量的金属熔体。因此，必须研究和确定各种纯金属及其合金熔炼过程共同遵循的规律，为制定合理的熔炼工艺，开发新工艺和新设备，改造老工艺和老设备，以及为预见性地控制生产提供理论依据。

1　金属的氧化、挥发和除渣精炼

在熔炼过程中，随着温度的升高，无论是固体纯金属还是熔融合金与所接触的炉气、炉衬和炉渣之间，都会发生一系列物理化学作用。根据温度、金属和与之接触物质的性质不同，金属会产生不同程度的氧化、挥发和吸气等现象，这对金属的熔损、质量和成本有着重要的影响。金属的氧化是造成氧化烧损和非金属氧化物夹渣的主要根源。同时，金属中各合金元素的挥发和氧化程度不同，熔体与炉衬材料作用也不同，这将导致杂质成分的吸收和积累程度不同，是使合金成分发生变化的基本原因。另一方面，也可利用金属的氧化和挥发特性，对金属熔体进行氧化精炼和真空挥发，能有效地除去某些有害杂质。因此，金属的氧化和挥发都是金属的重要熔炼特性。研究氧化还原反应和挥发过程，对于掌握合金熔炼规律具有重要意义。本章主要讨论金属氧化的一般规律和影响因素，氧化精炼原理，金属的挥发以及除渣原理和方法。

1.1　氧化的热力学原理

金属氧化热力学主要研究金属氧化的趋势、各合金元素氧化的顺序和氧化程度。所有这些都是由金属与氧的亲和力决定的，并与合金成分、温度和压力等条件有关。和任何一种自发的反应一样，金属的氧化趋势可以用氧化物生成自由焓变量 ΔG 来表示。氧化物的生成自由焓变量 ΔG、分解压 p_{O_2}、生成热 $\Delta H^{\ominus}$ 以及反应的平衡常数 K_p 是相互关联的。因此通常用 ΔG、p_{O_2}、$\Delta H^{\ominus}$ 和 K_p 的大小来判断金属氧化反应的方向、趋势和限度。

1.1.1　金属氧化的热力学条件和判据

在标准状态（气相分压为一大气压，凝聚相不形成溶液）下，金属与1摩尔氧作用生成金属氧化物的自由焓变量称为氧化物标准生成自由焓变量 $\Delta G^{\ominus}$。

$$\frac{2x}{y}\mathrm{Me}_{(s,l)} + \mathrm{O}_{2(g)} = \frac{2}{y}\mathrm{Me}_x\mathrm{O}_{y(s,l)} \tag{1.1}$$

$$\Delta G^{\ominus} = -RT\ln K_p = RT\ln p_{O_2} \tag{1.2}$$

$\Delta G^{\ominus}$不仅是衡量标准状态下金属氧化趋势的判据，也是衡量标准状态下氧化物稳定性大小的一种尺度。某一金属氧化物的 $\Delta G^{\ominus}$ 值越小或越负，则该元素与氧的亲和力越大，氧化反应的趋势亦越大，氧化物就越稳定。

分析表明，某一氧化物的 $\Delta G^{\ominus}$ 值仅取决于温度。由热容 C_p 和热焓变量 $\Delta H^{\ominus}$ 导出的 $\Delta G^{\ominus}$ 与温度 T 的关系式通常是多项式 $\Delta G^{\ominus}=f(T)$，如三项式 $\Delta G^{\ominus}=A+BT\ln T+CT$。为方便计算和作图，一般经回归分析处理后得出适用于一定温度范围的二项式，即 $\Delta G^{\ominus}=A+BT$。一些元素氧化反应的 $\Delta G^{\ominus}$ 与 T 关系的二项式已列入热力学数据手册和有关书籍的附表中。各种元素氧化反应的 $\Delta G^{\ominus}$-T 关系图见图 1-1。图中给出了各种氧化物的标准生成自由焓变量随温度的变化规律，可粗略地找出给定温度下某一金属氧化反应的 $\Delta G^{\ominus}$ 值。由图 1-1 可以看出，几乎所有的氧化物在熔炼温度范围内的 $\Delta G^{\ominus}$ 值皆为负值，说明在标准状态下各元素的氧化反应在热力学上均为自动过程。从各直线之间的相互位置比较来看，直线的位置越低，$\Delta G^{\ominus}$ 值越负，金属的氧化趋势越大，氧化程度越高，如铝、镁、钙等的氧化。反之，直线位置越高，$\Delta G^{\ominus}$ 值越大，氧化趋势和程度越小，如铜、铅、镍等金属的氧化。根据直线之间的位置关系可以知道元素的氧化顺序。从图 1-1 可见，在

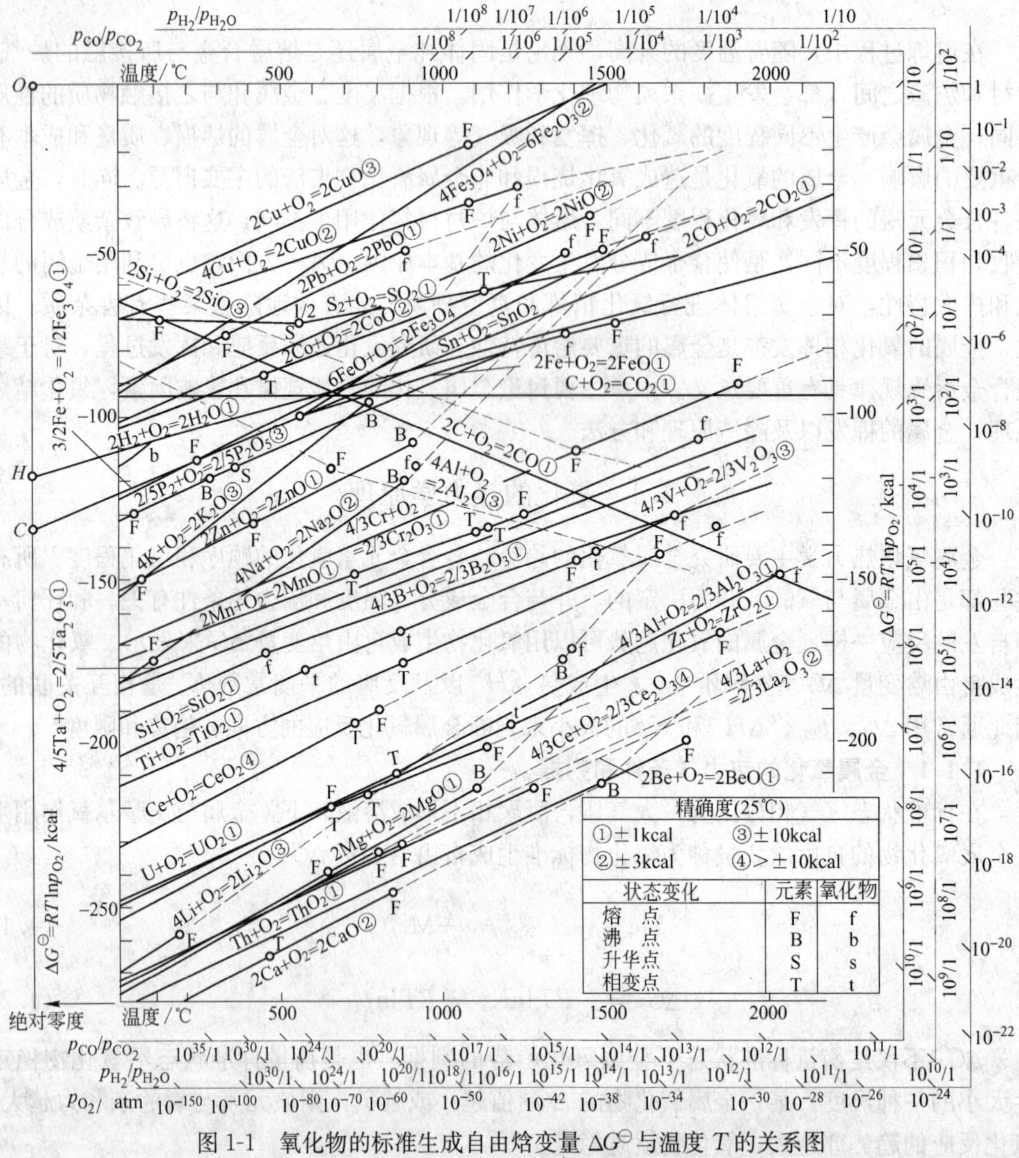

图 1-1　氧化物的标准生成自由焓变量 $\Delta G^{\ominus}$ 与温度 T 的关系图

熔炼温度范围内，各元素氧化先后的大致顺序是：钙、镁、铝、钛、硅、钒、锰、铬、铁、钴、镍、铅、铜。例如，凡在铜线以下的元素，其对氧的亲和力都大于铜对氧的亲和力，故在熔炼铜时它们会被氧化而进入炉渣。

金属 Me 可被炉气中的氧气直接氧化，也可被其他氧化剂（以 MO 表示）间接氧化。

$$Me+MO=\!=\!=MeO+M \tag{1.3}$$

研究表明，反应（1.3）的热力学条件为：$\Delta G^{\ominus}_{MeO}<\Delta G^{\ominus}_{Mo}$，即 Me 对氧的亲和力大于 M 对氧的亲和力。所以，位于 $\Delta G^{\ominus}$-T 图下方的金属可被位于上方的氧化物所氧化。它们相距的垂直距离越远，反应的趋势越大。例如

$$Al_{(l)}+\frac{3}{2}H_2O_{(g)}=\!=\!=\frac{1}{2}Al_2O_{3(\gamma\text{晶体})}+3H_{(\text{溶于Al液中})} \tag{1.4}$$

$$Mg_{(L)}+CO_{(g)}=\!=\!=MgO_{(s)}+C \tag{1.5}$$

即在熔炼温度范围内，Al、Mg 能被 H_2O、CO 或 CO_2 氧化。因此，在熔炼铝及铝合金、镁及镁合金时，应设法避免与上述气体接触。同时，熔炼 Al、Mg、Ti 及其合金时，如果用 SiO_2 作炉衬，则熔体将与耐火材料发生氧化还原反应，结果炉衬被侵蚀，金属受污染。

氧化物的分解压 p_{O_2} 是衡量金属与氧亲和力大小的另一个量度。p_{O_2} 小，金属与氧的亲和力大，金属的氧化趋势大，氧化程度高。同样可以得出反应(1.3)正向进行的热力学条件为：$p_{O_2(MeO)}<p_{O_2(RO)}$。分解压与温度的关系可由 $\Delta G^{\ominus}$-T 关系导出。由 $\Delta G^{\ominus}=A+BT$ 及式(1.2)可得

$$RT\ln p_{O_2}=A+BT$$

$$\ln p_{O_2}=\frac{A+BT}{RT}=\frac{A'}{T}+B' \tag{1.6}$$

图 1-1 右下侧配有 p_{O_2} 专用“ ⌋ ”形标尺，可用来直接读出各氧化物在给定温度下的分解压。

氧化反应（1.1）的 $\Delta G^{\ominus}$-T 直线式 $\Delta G^{\ominus}=A+BT$ 在形式上与自由焓的定义式 $\Delta G^{\ominus}=\Delta H^{\ominus}-T\Delta S^{\ominus}$ 相似。两式比较可知，$A\approx\Delta H^{\ominus}$，$B\approx\Delta S^{\ominus}$。当 $T=0$K 时，$\Delta G^{\ominus}=\Delta H^{\ominus}$。同时，多数 $\Delta G^{\ominus}$-T 直线呈大致平行的关系。因此，也可以用氧化反应生成热 $\Delta H^{\ominus}$（见表 1-1）的大小来判断氧化反应的趋势。

综上所述，在标准状态下，金属的氧化趋势、氧化顺序和可能的氧化烧损程度，一般可用氧化物的标准生成自由焓变量 $\Delta G^{\ominus}$，分解压 p_{O_2} 或氧化物的生成热 $\Delta H^{\ominus}$ 作判据。通常 $\Delta G^{\ominus}$、p_{O_2} 或 $\Delta H^{\ominus}$ 越小，元素氧化趋势越大，可能的氧化程度越高。

1.1.2 非标准条件下金属氧化的热力学分析

熔炼生产中许多氧化还原反应是在非标准状态下进行的。这是因为在实际合金熔体和炉渣熔体中，反应物和生成物的活度均不为 1，气相分压也不是一大气压，故不能按上述标准状态处理。为分析实际条件氧化还原反应的方向及限度，必须进一步较为精确地计算实际反应的 ΔG、$p_{O_2\text{实}}$ 及平衡常数 K_p。

表 1-1　氧化物的标准生成热和某些物理性质

氧化物	$-\Delta H^{\ominus}$		密 度 $/g\cdot cm^{-3}$	熔 点 /℃	氧化物	$-\Delta H^{\ominus}$		密 度 $/g\cdot cm^{-3}$	熔 点 /℃
	$\frac{kcal}{mol\text{-}Me_xO_y}$	$\frac{kcal}{mol\text{-}O_2}$				$\frac{kcal}{mol\text{-}Me_xO_y}$	$\frac{kcal}{mol\text{-}O_2}$		
CaO	151.6	303.2	3.40	2615	MoO_2	140.5	140.5	4.51	—
ThO_2	293.3	293.3	5.49	3220	SnO_2	138.8	138.8	7.00	1930
Ce_2O_3	435.0	290.0	—	1687	Fe_2O_3	197.3	131.5	5.24	$T_{D.p.}$ 1462
MgO	143.7	287.4	3.65	2825	FeO	65.0	130.0	5.70	1377
BeO	143.1	286.2	3.02	2547	MnO_2	124.3	124.3	—	—
Li_2O	143.1	286.2	2.01	1570	CdO	61.1	122.2	8.15	T_{sb}1497
Al_2O_3	400.0	266.7	4.0	2030	$H_2O_{(g)}$	58.0	116.0	1.00	0
BaO	132.3	264.6	5.72	1925	NiO	57.5	115.0	7.45	1984
ZrO_2	262.3	262.3	4.60	2677	CoO	57.1	114.2	5.63	1805
TiO_2	225.8	225.8	4.26	1870	SbO_2	113.5	113.5	—	—
SiO_2	217.7	217.7	2.65	1723	TeO	56.0	112	—	747
Na_2O	99.9	199.8	2.27	1132	PbO	52.4	104.8	9.53	885
Ta_2O_5	489.0	195.6	8.73	1877	As_2O_3	156.1	104.1	3.71	309
V_2O_3	293.0	195.3	4.87	＞2000	CO_2	94.1	94.1	—	—
MnO	92.0	184.0	5.00	1785	Sb_2O_5	232.3	92.9	3.78	—
Nb_2O_5	454.6	181.8	4.60	1512	Cu_2O	40.7	81.4	6.00	1236
Cr_2O_3	270.0	180.0	5.21	2400	CuO	37.9	75.8	—	$T_{D.p.}$ 1026
K_2O	86.8	173.6	2.78	$T_{D.p.}$ 881	SO_2	70.9	70.9	—	—
ZnO	83.2	166.4	5.60	1970	CO	26.4	52.8	—	—
P_2O_5	356.6	142.6	2.39	570	Ag_2O	7.3	14.6	7.14	300
WO_2	140.9	140.9	19.60	$T_{D.p.}$ 1724	Au_2O_3	−11.4	−7.3	—	−160

1.1.2.1　气相的氧化特性　当炉气中氧的实际分压 $p_{O_{2实}}$ 不等于一大气压时，反应 (1.1) 的自由焓变量为

$$\Delta G=\Delta G^{\ominus}+RT\ln Q_p=RT\ln p_{O_2}-RT\ln p_{O_{2实}}=RT\ln\frac{p_{O_2}}{p_{O_{2实}}} \quad (1.7)$$

式中，Q_p 为压力商。文献中有时称 $RT\ln p_{O_{2实}}$ 为氧位，它表示反应体系氧化能力的大小。满足 $p_{O_{2实}}>p_{O_2}$ 条件，反应 (1.1) 才能自动正向进行。大气中氧的分压为 0.21atm，而在熔炼温度下，大多数金属氧化物的分解压都很小。例如，1000℃时 Cu_2O 的 p_{O_2} 为 10^{-7}atm；1600℃时 FeO 的 p_{O_2} 为 10^{-8}atm；750℃时 Al_2O_3 的 p_{O_2} 为 10^{-46}atm。因此，在大气中熔炼金属时氧化反应是不可避免的。

由 CO、CO_2 或 H_2O、H_2 等组成的混合炉气，对金属的氧化还原作用可用如下方法判断。

CO 和 CO_2 或 H_2O 和 H_2 之间存在下列反应：

$$2CO+O_2═══2CO_2 \quad (1.8)$$

$$2H_2+O_2 = 2H_2O \tag{1.9}$$

上列反应达到平衡时，体系中存在一氧分压 p_{O_2}。比较混合炉气中氧气分压和金属氧化物的分解压之间的数量关系，就可以判断在混合炉气体系中金属的氧化还原规律。由图1.1上$\frac{p_{CO}}{p_{CO_2}}$和$\frac{p_{H_2}}{p_{H_2O}}$的"]"形专用标尺，可直接量出在给定温度下各元素被混合炉气氧化的气相平衡分压比，或量出在给定气相分压条件下的氧化温度。

1.1.2.2 合金熔体的氧化 在熔炼过程中，氧化反应主要是在合金熔体和炉渣熔体中进行的。在以 Me_1 为基的多元（Me_1，Me_2，$Me_3 \cdots Me_i \cdots$）合金熔体中，Me_i 的氧化反应可用下式表示

$$[Me_i]+\frac{1}{2}\{O_2\} = (Me_iO) \tag{1.10}$$

式中，$[Me_i]$表示溶于基体金属 Me_1 熔体中的 i 组元；$\{O_2\}$ 表示炉气中的氧；(Me_iO) 表示溶于炉渣熔体中的氧化物。多数氧化物的熔点较合金熔体熔化温度高且不溶于熔体，而以固态纯物质形式存在，即 $a_{(Me_iO)}=1$，则反应（1.10）的自由焓变量为

$$\Delta G = \Delta G^{\ominus}+RT\ln\frac{1}{a_i p_{O_{2实}}^{1/2}} = \Delta G^{\ominus}+RT\ln\frac{1}{f_i[\%i]p_{O_{2实}}^{1/2}} \tag{1.11}$$

式中，$p_{O_{2实}}$ 为炉气中氧的分压；a_i、f_i、$[\%i]$ 分别为组元 i 的活度、活度系数和重量百分浓度。而

$$\lg f_i = \sum_{i=1}^{n} f_i^j = \sum_{i=1}^{n} e_i^j[\%j] \tag{1.12}$$

式中，e_i^j 为组元 j 对组元 i 的活度相互作用系数。不同金属熔体中各组元的活度或活度相互作用系数可参阅有关文献。

由式(1.11)可以看出，气相氧的分压 $p_{O_{2实}}$ 高，组元含量$[i\%]$多及活度系数大，则氧化反应趋势大。因此，在实际熔炼条件下，元素的氧化反应不仅与 $\Delta G^{\ominus}$ 有关，而且反应物的活度和分压也起很大作用。改变反应物或生成物的活度与炉气中反应物的分压，可影响氧化反应进行的顺序、趋势和限度，甚至改变反应进行的方向。这就是人们进行控制或调整氧化还原反应的理论依据。

1.2 氧化的动力学机制

研究氧化反应动力学的主要目的之一，是要弄清在熔炼条件下氧化反应机制、限制性环节及影响氧化速度的诸因素（温度、浓度、氧化膜结构及性质等），以便针对具体情况，改善熔炼条件，控制氧化速度，尽量减少金属的氧化烧损。

1.2.1 金属氧化机理和氧化膜结构

固体金属炉料在室温或在炉内加热时，被空气或氧化性炉气氧化是气-固相间的多相反应。金属熔体被氧化是气-液相间的多相反应。首先研究固体纯金属在空气中氧化的气-固多相反应。

固体金属的氧化首先在表面进行。氧化时，氧分子开始是吸附在金属表面上，然后氧分子分解成原子，即由物理吸附过渡到化学吸附。在形成超薄的吸附层后，氧化物在基底金属晶粒上的有利位置（如位错或晶界处）外延成核。各个成核区逐渐长大，并与其他成

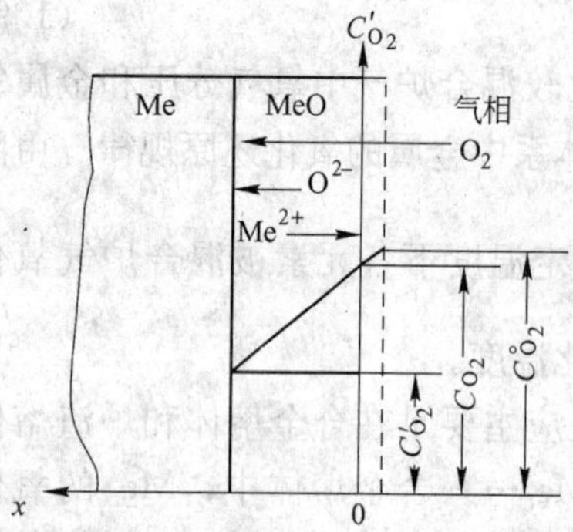

图 1-2 金属氧化机理示意图

核区相互接触，直至氧化薄膜覆盖住整个表面为止。其后整个氧化过程由以下几个主要环节组成（如图 1-2 所示）：

（1）氧由气相通过边界层向氧-氧化膜界面扩散（即外扩散）。气相中氧主要是依靠对流传质而不是浓差扩散，成分比较均匀。由于固相对气相的摩擦阻力和氧化反应消耗了氧，在氧-氧化膜界面附近的气相中，存在一个有氧浓度差的气流层（即边界层）。边界层中气流呈层流运动，在垂直于气流的方向上几乎不存在对流传质，氧主要依靠浓差扩散。故边界层中氧的扩散速度 v_D 由下式决定：

$$v_D = \frac{DA}{\delta}(C^{\circ}_{O_2} - C_{O_2}) \tag{1.13}$$

式中，D 为氧在边界层中的扩散系数；A、δ 分别表示边界层面积和厚度；$C^{\circ}_{O_2}$、C_{O_2} 分别代表边界层外和相界面上氧的浓度。

（2）氧通过固体氧化膜向氧化膜-金属界面扩散（即内扩散）。氧化膜因其结构、性质不同，有的连续致密，有的疏松多孔。氧在氧化膜中的扩散速度仍取决于式（1.13），此时浓差为 $(C_{O_2} - C'_{O_2})$，C'_{O_2} 为反应界面上氧的浓度；D 为氧在氧化膜中的扩散系数；δ 为氧化膜的厚度。通常金属是致密的，因而反应界面将是平整的，并且随着氧化过程的继续，反应界面平行地向金属内移动，氧化膜逐渐增厚。

（3）在金属-氧化膜界面上，氧和金属发生界面化学反应，与此同时金属晶格转变为金属氧化物晶格。若这种伴有晶格转变的结晶化学变化为一级反应，则其速度 v_K 为

$$v_K = KAC'_{O_2} \tag{1.14}$$

式中，K 为反应速度常数；A 表示反应面积；C'_{O_2} 为金属-氧化膜界面上氧的浓度。

金属氧化过程是由上述三个环节连续完成的。然而各个环节的速度是不相同的，总的反应速度将取决于最慢的一个环节，即限制性环节。在金属熔炼过程中，气流速度较快，常常高于形成边界层的临界速度，因而外扩散一般不是限制性环节。内扩散和结晶-化学变化两个环节中哪一个是限制性环节，这取决于氧化膜的性质。而氧化膜的主要性质是其致密度，即 Pilling-Bedworth 比 α。α 定义为氧化物的分子体积 MV 与形成该氧化物的金属原子体积 AV 之比，即

$$\alpha = \frac{MV}{AV} \tag{1.15}$$

如 $\alpha_{Al_2O_3} = \dfrac{MV_{Al_2O_3}}{2AV_{Al}}$。室温下各种氧化物的 α 值列于表 1-2。至于其他温度下的 α 值，只要知道它们各自的热膨胀系数就可以进行换算。

表 1-2 室温下某些氧化物的 α 近似值

Me	K	Na	Li	Ca	Mg	Cd	Al	Pb	Sn	Ti
Me_xO_y	K_2O	Na_2O	Li_2O	CaO	MgO	CdO	Al_2O_3	PbO	SnO_2	Ti_2O_3
α	0.45	0.55	0.60	0.64	0.78	1.21	1.28	1.27	1.33	1.46

续表 1-2

Me	Zn	Ni	Be	Cu	Mn	Si	Ce	Cr	Fe
Me_xO_y	ZnO	NiO	BeO	Cu_2O	MnO	SiO_2	Ce_2O_3	Cr_2O_3	Fe_2O_3
α	1.57	1.60	1.68	1.74	1.79	1.88	2.03	2.04	2.16

各种金属由于其氧化膜结构不同，对氧扩散的阻力不一样，因而氧化反应的限制性环节及氧化速度随时间的变化规律也各不相同。

当 $\alpha>1$ 时，生成的氧化膜一般是致密的，连续的，有保护性的，氧在这种氧化膜内扩散无疑会遇到较大阻力。在这种情况下，结晶化学反应速度快，而内扩散速度慢，因而内扩散成为限制性环节。氧化膜逐渐增厚，扩散阻力愈来愈大，氧化速度将随时间的延续而降低。Al、Be、Si 等大多数金属生成的氧化膜具有这种特性。

当 $\alpha<1$ 时，氧化膜是疏松多孔的，无保护性的。氧在这种氧化膜内扩散阻力将比前者小得多。在这种情况下，限制性环节将由内扩散变为结晶化学反应。氧化反应速度为一常数。碱金属及碱土金属（如 Li、Mg、Ca）的氧化膜具有这种特性。

$\alpha\gg1$ 这是一种极端情况，大量过渡族金属如铁的氧化膜就是如此。这种十分致密但内应力很大的氧化膜增长到一定厚度后即行破裂，这种现象周期性出现，故氧化膜也是非保护性的。

严格地讲，金属氧化不仅依靠氧在氧化膜中的扩散，还存在着金属正离子向气相-氧化膜界面扩散和氧负离子向金属-氧化膜界面扩散。当氧化膜很致密且氧的扩散阻力很大时，氧化膜内离子的扩散将占很大比重。研究表明，氧化物的晶体与金属一样，在绝对零度以上的温度时包含有点阵缺陷，例如阴离子空位或阳离子空位及填隙原子等。离子的迁移速率取决于氧化膜的点阵缺陷性质。

1.2.2 金属氧化的动力学方程

鉴于高温熔炼过程的复杂性以及实验技术上存在的困难，氧化过程动力学的研究远远落后于热力学的研究。近年来，随着测试技术、材料科学和电子计算机的飞速发展，大大加速了多相反应动力学的研究进程，并已取得了多方面的成果，有的还建立了包含多因素的数学模型。不同的金属在不同条件下常常表现出不同的氧化动力学特性，如图 1-3 所示。下面首先研究固态纯金属氧化的动力学方程。

平面金属的氧化速度可用重量随时间的变化来表示，也可用氧化膜的厚度随时间的变化来表示。

在温度、面积一定时，内扩散速度为

$$\left(\frac{dx}{dt}\right)_D=\frac{D}{x}(C_{O_2}-C'_{O_2}) \qquad (1.16)$$

式中，x 为氧化膜厚度，其他符号的意义同前。

结晶化学反应速度为

$$\left(\frac{dx}{dt}\right)_K=KC'_{O_2} \qquad (1.17)$$

上两式中，反应界面上氧的浓度 C'_{O_2} 是不可测的。如果扩散速度慢而结晶化学反应速度很快时，C'_{O_2} 将接近反应的平衡浓度；相反，则将高于反应的

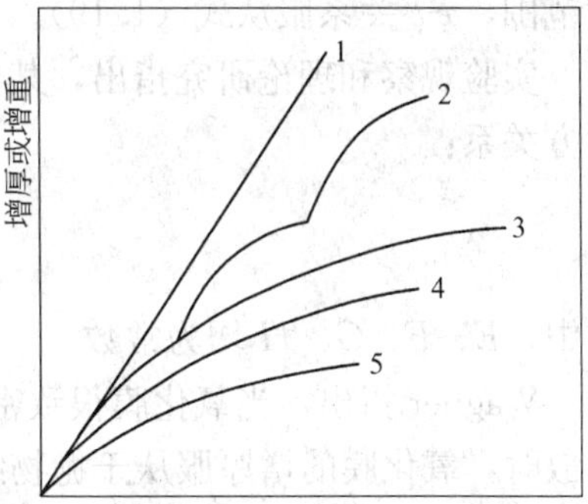

图 1-3 金属氧化的动力学曲线

1—直线关系；2—抛物线剥落；3—抛物线关系；4—立方关系；5—对数关系

平衡浓度，介于平衡浓度与 C_{O_2} 之间。然而由于扩散和结晶化学反应是连续进行的，因而 C'_{O_2} 对式（1.16）、式（1.17）都是同一个数值。

若两阶段速度相等，则氧化反应的总速度为

$$\frac{dx}{dt}=\left(\frac{dx}{dt}\right)_D=\left(\frac{dx}{dt}\right)_K \tag{1.18}$$

将式（1.16）、式（1.17）代入式（1.18）消去 C'_{O_2}，整理得

$$\frac{1}{D}x\,dx+\frac{1}{K}dx=C_{O_2}\,dt$$

当时间 t 由 $0\to t$，氧化膜厚度 x 由 $0\to x$，求定积分得

$$\frac{1}{2D}x^2+\frac{1}{K}x=C_{O_2}t \tag{1.19}$$

式（1.19）即为扩散和结晶化学反应综合控制金属氧化反应的一般动力学方程。可见，氧化膜厚度 x 与时间 t 呈曲线关系。

对于 $\alpha<1$ 的金属，氧化膜疏松多孔，氧在其中扩散阻力小，扩散系数 D 比反应速度常数 K 大得多，即 $D\gg K$，式（1.19）中 $\frac{1}{2D}x^2$ 项可忽略不计，则

$$x=KC_{O_2}t \tag{1.20}$$

为该类金属氧化的动力学方程。由式（1.20）可以看出，$\alpha<1$ 的金属氧化反应速度受结晶化学变化控制。炉气中氧的浓度 C_{O_2} 一定时，x 与 t 呈直线关系。换言之，这类金属氧化以恒速持续进行，如图 1-3 中的线 1 所示。

对于 $\alpha>1$ 的金属，氧化膜是连续致密的，氧在其中扩散困难。这时 $D\ll K$，式（1.19）中 $\frac{1}{K}x$ 项可忽略不计，则

$$x^2=2DC_{O_2}t \tag{1.21}$$

为该类金属氧化的动力学方程。由式（1.21）可以看出，金属氧化速度取决于扩散速度，x 与 t 呈抛物线关系。氧化速度随时间的增长而减小，如图 1-3 中线 3 所示。这类金属氧化初期，氧化膜很薄，氧扩散并不十分困难，所以此时氧化过程处于动力学范围，遵守直线规律。氧化膜增厚以后才处于扩散范围，服从抛物线规律。在这两种情况之间，则为过渡范围，x-t 关系服从式（1.19）。

实验观察和理论研究指出，某些金属的氧化有时不遵守上述规律而符合对数规律，或立方关系：

$$x^3=E\log(Ft+G) \tag{1.22}$$

$$x^3=Ht \tag{1.23}$$

式中，E、F、G、H 均为常数。

Wagner 指出，当氧化膜很致密，金属的氧化在很大程度上依靠离子在氧化膜点阵中扩散时，氧化膜的增厚服从于抛物线规律。他研究了这个规律以及氧化膜增厚的机制后得出结论：氧化速率依赖于阳离子和电子各自的输运数目、氧化物的导电性、界面处扩散离子的化学势以及氧化膜的厚度。

上述氧化动力学方程是在面积和温度一定的条件下推导出来的。显然，多相化学反应的表观速率与界面面积成正比。因此，固体炉料的性状对氧化速度有很大影响，如碎屑及

薄片料氧化速度大。式（1.19）中 K 和 D 都与温度有关。一般认为，低温下氧化过程受化学反应控制；而在高温下化学反应速度迅速增大，以致大大超过扩散速度，这时氧化反应过程由动力学区转移到扩散区。

由以上分析可以得出结论，高温下固态纯金属的氧化速度受氧化膜的性质所控制，并且与反应温度、反应面积以及氧的浓度有关。不同金属的氧化动力学，随时间增加呈现不同的变化规律。

进一步研究表明，固态纯金属的氧化动力学规律也适用于液态纯金属。但由于氧化物的特性以及它们的熔化或溶解，情况就变得复杂得多。根据金属氧化速度与时间的关系，通常把金属分为两类：第一类金属氧化遵守抛物线规律，其氧化速度随时间递减。例如470～626℃铅的氧化和600～700℃锌的氧化。氧在这些金属液中的溶解度很小，而在金属液表面形成致密固态氧化膜。第二类金属氧化服从直线规律，氧或氧化物在金属液中有较大的溶解度或者生成的固态氧化膜呈疏松多孔状。还有一些金属，在某一情况下遵守抛物线规律，在另一种情况下遵守直线规律，铋的氧化就是如此。

合金熔体氧化动力学的实验研究很少。观察表明，添加合金元素能强烈地影响金属的氧化特性。含镁10%的铝合金熔体氧化很快，其表面为一厚层氧化浮渣所覆盖。添加0.002%铍，能有效地抑制这种合金的氧化。纯铝，含镁和含镁、铍的铝合金氧化特性的差别，是由于在不同情况下熔体表面形成的氧化膜性状有所不同。比较上面三种金属合金的氧化速度，可以认为，与氧亲和力大的元素优先氧化，其氧化速度遵守动力学的质量作用定律。氧化膜的性质控制氧化过程。因此，加入少量使基体金属氧化膜致密化的元素，能改变熔体的氧化行为并降低氧化烧损。

1.3 影响氧化烧损的因素及降低氧化烧损的方法

1.3.1 影响金属氧化烧损的因素

熔炼过程中金属的实际氧化烧损程度取决于金属氧化的热力学和动力学条件，即与金属和氧化物的性质、熔炼温度、炉气性质、炉料状态、熔炉结构以及操作方法等因素有关。

1.3.1.1 金属及氧化物的性质 如前所述，纯金属氧化烧损的大小主要取决于金属与氧的亲和力和金属表面氧化膜的性质。金属与氧亲和力大，且氧化膜呈疏松多孔状则其氧化烧损大，如镁、锂等金属即属于此。铝、铍等金属与氧亲和力大，但氧化膜的 $\alpha>1$，故氧化烧损较小。金、银及铂等与氧亲和力小，且 $\alpha>1$，故很少氧化。

有些金属氧化物虽然 $\alpha>1$，但其强度较小，且线膨胀系数与金属不相适应，在加热或冷却时会产生分层、断裂而脱落，CuO 就属于此类。在熔炼温度下，有些氧化物呈液态或是可溶性的，如 Cu_2O、NiO 及 FeO；有些氧化物易于挥发，如 Sb_2O_3、Mo_2O_3 等。显然这些氧化物无保护作用，往往会促进氧化烧损。

合金的氧化烧损程度因加入合金元素而异。凡与氧亲和力较大的表面活性元素多优先氧化，或与基体金属同时氧化。这时合金元素氧化物和基体金属氧化物的性质共同控制着整个合金的氧化过程。氧化物 $\alpha>1$ 的合金元素，能使基体金属的氧化膜更致密，可减少合金的氧化烧损，如镁合金或高镁铝合金中加入铍，就可提高合金的抗氧化能力，降低氧化烧损。黄铜中加铝，镍合金中加铝和铈，均有一定的抗氧化作用。氧化物 $\alpha<1$ 的活性

元素，使基体金属氧化膜变得疏松，一般会加大氧化烧损，如铝合金中加镁和锂都更易氧化生渣。研究表明，含镁的铝合金表面氧化膜的结构和性质，随含镁量的增加而变化。镁含量在0.6%以下时，MgO溶解于 Al_2O_3 中，且 Al_2O_3 膜的性质基本不变；当镁含量在1.0%～1.5%时，合金氧化膜由MgO和 Al_2O_3 的混合物组成。镁含量越高，氧化膜的致密性越差，氧化烧损越大。合金元素与氧的亲和力和基体金属与氧的亲和力相当，但不明显改变合金表面氧化膜结构的合金元素，如铝合金中的Fe、Ni、Si、Mn及铜合金中的Fe、Ni、Pb等，一般不会促进氧化，本身也不会明显氧化。合金中与氧亲和力较小且含量少的元素将受到保护，甚至还会因基体金属和其他元素的烧损而相对含量有所增加。

1.3.1.2 熔炼温度　在温度不太高时，金属多按抛物线规律氧化；高温时多按直线规律氧化。因为温度高时扩散传质系数增大，氧化膜强度降低，加之氧化膜与金属的线膨胀系数有差异，因而氧化膜易破裂。有时因为氧化膜本身的溶解、液化或挥发而使其失去保护作用。例如，铝的氧化膜强度较高，其线膨胀系数与铝接近，熔点高且不溶于铝，在400℃以下氧化服从抛物线规律，保护作用好。但在500℃以上则按直线规律氧化，在750℃以上时易于断裂。镁氧化时放出大量热量，氧化镁疏松多孔，强度低，导热性差，使反应区域局部过热，因而会加速镁的氧化，甚至还会引起镁的燃烧。如此循环将使反应界面温度越来越高，最高可达2850℃，此时镁会大量气化，并加剧燃烧而发生爆炸。钛的氧化膜在低温时也很稳定，但升温到600～800℃以上时，氧化膜溶解而失去保护作用。可见，熔炼温度越高，氧化烧损就越大。但高温快速熔炼时也可减少氧化烧损。

1.3.1.3 炉气性质　根据所用炉型及结构、热源及燃料燃烧完全程度的不同，炉气中往往含有各种不同比例的 O_2、$H_2O_{(g)}$、CO_2、CO、H_2、C_mH_n、SO_2、N_2 等气体。从本质上讲，炉气的性质取决于该炉气平衡体系中氧的分压与金属氧化物在该条件下的分解压的相对大小，即炉气的性质要由炉气与金属之间的相互作用性质而定。因此，同一组成的炉气，就其性质而言，对一些金属是还原性的，而对另一些金属则可能是氧化性的。在实际条件下，若金属与氧的亲和力大于碳、氢与氧的亲和力，则含有 CO_2、CO或 $H_2O_{(g)}$ 的炉气就会使金属氧化，这种炉气是氧化性的。否则便是还原性的或中性的。如 CO_2 和 $H_2O_{(g)}$ 对铜基本上是中性气体，但对含铝、锰的铜合金则是氧化性的。铝、镁是很活泼的金属，它们与氧的亲和力大，既可被空气中的氧气氧化，也可被 CO_2、$H_2O_{(g)}$ 氧化，因此，含有这些成分的炉气对它们来说是氧化性的。使用燃料的熔炼炉炉气成分，一般是通过调节空气过剩系数和炉膛压力来控制的。在熔沟式低频感应炉内熔炼无氧铜时，利用加入煅烧过的活性木炭覆盖和严闭炉盖，就可以使铜的氧化烧损减到最小。因为在弱的氧化气氛中，氧的浓度小，铜的氧化速度很慢。而对于氧化物分解压很小的金属，即使在一般的真空炉内也很难避免氧化损失。真空电弧炉熔炼钛、锆合金时，仍有微量氧化物呈溶解状态存在。在氧化性炉气中，氧化烧损是难以避免的。炉气的氧化性强，一般氧化烧损程度也大。

1.3.1.4 其他因素　生产实践表明，使用不同类型的熔炉时，金属的氧化烧损程度有很大差异。这是因为不同的炉型，其熔池形状、面积和加热方式不同。例如，熔炼铝合金，用低频感应炉时，其氧化烧损为0.4%～0.6%；用电阻反射炉时烧损为1.0%～1.5%；用火焰炉时烧损为1.5%～3.0%。炉料的状态是影响氧化烧损的另一个重要因素。炉料块度越小，表面积越大，其烧损也越严重。通常原铝锭烧损为0.8%～2.0%；

打捆的薄片废料的烧损为3%～10%；碎屑料最大烧损可达30%。在其他条件一定时，熔炼时间越长，氧化烧损也越大。反射炉加大供热强度或采用富氧鼓风，电炉采用大功率送电，或在熔池底部用电磁感应器加以搅拌，均可缩短熔炼时间，降低氧化烧损。搅拌和扒渣等操作方法不合理时，易把熔体表面的保护性氧化膜搅破而增加氧化烧损。装炉时在炉料表面撒上一薄层熔剂覆盖，也可减少氧化烧损。

1.3.2 降低氧化烧损的方法

如前所述，在氧化性炉气中熔炼金属时氧化烧损在所难免，只是在不同情况下其损失程度不同而已。应采取一切必要措施来降低氧化损失，以提高金属的收得率和质量。从分析影响氧化烧损的诸因素可以看出，当所熔炼的合金一定时，主要应从熔炼设备和熔炼工艺两方面来考虑。

1.3.2.1 选择合理炉型 尽量选用熔池面积较小、加热速度快的熔炉。目前广泛选用工频或中频感应电炉熔炼铜、镍及其合金。推广用ASARCO竖炉熔炼紫铜和铝，以天然气或液化石油气作燃料，热效率高，可以连续生产，熔化速率高达10～85吨/小时。另外它还具有工艺简单，占地面积小，炉衬寿命长，可实现机械化、自动化等优点，是熔炼紫铜和工业纯铝的高效率设备。采用单向流动熔沟低频感应电炉和快速更换感应器等新技术熔炼铜合金，采用圆型火焰炉和炉顶快速加料技术熔炼铝合金，可缩短装料及熔化时间，降低能耗和熔损。

1.3.2.2 采用合理的加料顺序和炉料处理工艺 易氧化烧损的炉料应加在炉料下层或待其他炉料熔化后再加入到熔体中，也可以中间合金形式加入。碎屑应重熔或压成高密度料包后使用。

1.3.2.3 采用覆盖剂 易氧化的金属和各种金属碎屑应在熔剂覆盖下熔化和精炼。

1.3.2.4 正确控制炉温 在保证金属熔体流动性及精炼工艺要求的条件下，应适当控制熔体温度。通常，炉料熔化前宜用高温快速加热和熔化；炉料熔化后应调控炉温，勿使熔体强烈过热。

1.3.2.5 正确控制炉气性质 对于氧化精炼的紫铜及易于吸氢的合金，宜采用氧化性炉气。在紫铜熔炼的还原阶段及无氧铜熔炼时，宜用还原性炉气，并且用还原剂还原基体金属氧化物。所有活性难熔金属，只能在保护性气氛或真空条件下进行熔炼。

1.3.2.6 合理的操作方法 铝和硅的氧化膜熔点高，强度大，黏着性好，在熔炼温度下有一定的保护作用。在熔炼铝合金及含铝、硅的青铜时，应注意操作方法，避免频繁搅拌，以保持氧化膜完整。这样做即使不用覆盖剂保护，也可有效地降低氧化烧损。

1.3.2.7 加入少量$\alpha>1$的表面活性元素 其目的是改善熔体表面氧化膜的性质，能有效地降低烧损。

1.4 金属的氧化精炼原理

新金属、粗金属、再生金属和各种回炉废料都不同程度地含有杂质元素。合金中的杂质往往随回炉重熔次数的增加而逐渐积累起来，它们对金属材料的性能大都有不利影响。在熔炼过程中应采取一切必要措施，防止金属吸收杂质和减少污染；同时宜通过各种精炼提纯方法除去金属中的杂质。

除去金属中杂质的精炼提纯方法，有火法精炼和电解提纯两大类。电解提纯又分为通常的湿法电解和熔盐电解两种。火法精炼中，氧化精炼是除去某些杂质的一种经济有效的方法。采用氧化精炼应具备三个条件：一是基体金属的氧化物能溶解于自身金属液中，并能氧化杂质元素；二是杂质元素氧化物不溶于金属熔体中，并易与后者分离；三是基体金属氧化物可用其他元素还原。分析表明，铝、镁等金属都不能满足上述条件，这种方法一般只适用于铁、铜、镍等金属。在有色金属中，紫铜是可用氧化精炼法除去杂质元素的典型金属。氧化精炼过程通常分为杂质的氧化和基体金属氧化物的还原两个阶段。至于杂质氧化物及脱氧产物的排除将在除渣精炼一节中讨论。

1.4.1 杂质的吸收和积累

金属中的杂质除来自金属炉料外，在熔炼过程中还可能从炉衬、炉渣或炉气中吸收杂质。旧料的多次重熔，其吸收的杂质可能积累起来。合金中某一成分或杂质的含量一旦超过有关标准，就会造成废品。

杂质的吸收和积累主要是由于金属熔体与炉衬、炉渣、炉气及操作工具相互作用，或因混料造成的结果。这与合金和炉衬的性质、纯度和熔炼工艺等有关。

1.4.1.1　从炉衬中吸收杂质　炉衬材料一般系由一些氧化物，如 MgO、Al_2O_3、SiO_2、Cr_2O_3 等组成的。当熔体中某元素氧化物的分解压低于炉衬中某氧化物的分解压时，就可能发生置换反应。如在酸性炉衬的熔炉内熔炼铝青铜、铝白铜或含铝镍合金时，或用铁坩埚熔炼铝合金及含镁铝合金时，都会因产生下列反应而使合金增硅和增铁：

$$3(SiO_2)+4[Al]=\!=\!=2(Al_2O_3)+3[Si] \qquad (1.24)$$

$$3(FeO)+2[Al]=\!=\!=(Al_2O_3)+3[Fe] \qquad (1.25)$$

反应生成的 Si 和 Fe 为熔体所吸收。熔炼温度越高，金属在炉内运动越强烈，这种固液两相间的反应进行得也越剧烈。尽管每次熔炼所吸收的杂质量很有限，但由于部分炉料的反复使用，杂质会逐步积累而增多。

在真空高温下熔炼化学活性强的钛、锆等金属时，它们几乎能与所有耐火材料反应而吸收杂质。只有用水冷铜坩埚代替耐火材料坩埚，才解决了炉衬污染金属的问题。

1.4.1.2　从炉气中吸收杂质　使用含硫的煤气或重油作燃料时，在加热和熔炼铜、镍的过程中，就可使下列反应向右进行而增硫：

$$2[Cu]+\{S\}=\!=\!=[Cu_2S] \qquad (1.26)$$

$$3[Ni]+\{S\}=\!=\!=[Ni_3S] \qquad (1.27)$$

即使吸收微量的硫，其危害性都是非常明显的。如含硫为 0.0012%以上的镍锭热轧即裂。

1.4.1.3　从熔剂和熔炼添加剂中吸收杂质　熔剂选用不当时，不仅精炼及保护作用不佳，有时反而会使熔剂中的某些元素进入熔体中，增加杂质含量。如用木炭作为某些白铜熔体的覆盖剂时，在高温下会使熔体增碳。当合金含碳量超过其溶解度时，结晶过程中碳就会以石墨形态沿晶界析出，导致合金轧制困难。在米糠或麦麸覆盖下熔炼铜及铜合金时，发现随着重熔次数增加，熔体中含磷量也随之增加。高镁铝合金不得使用钠盐作熔剂，以免出现钠脆性。

在熔炼紫铜及各种合金时，大都需要向熔体中加入一定数量的覆盖剂、脱氧剂等添加剂。当旧料多次往返使用时，这类添加剂的残留量以及积累情况必须引起注意。

1.4.1.4　从炉料及炉渣中吸收杂质　金属炉料尤其是回炉废料含有多种杂质。用同一熔炉先后熔炼两种成分不同的合金时，由于两种合金的主要成分及杂质含量各不相同，残留在炉内的熔体及炉渣都可能是杂质的来源之一。高温下铁制工具在金属中的熔解，是高纯铝合金中增铁的重要原因。

1.4.2 减少杂质污染金属的途径

当前对材料的纯度和性能的要求日益提高，而杂质的吸收和积累使得废料的经济价值降低，直接回炉用量受到限制。例如断口发黑或带有明显裂纹、分层的钛合金废料就不能作为合格废料直接用于配料。钛合金废料的处理和利用，目前是一个没有很好解决的问题。因此，防止或减少杂质的吸收积累对于废料的利用和合金成分的控制具有重要的实际意义。

为减少杂质对金属的污染可采用下列措施：

(1) 选用化学稳定性高的耐火材料。根据所熔炼金属或合金化学性质不同，分别选用不同性质的耐火材料。紫铜、黄铜、硅青铜、锡青铜可用硅砂炉衬；铝合金、铝青铜低镍白铜宜选用高铝耐火炉衬；镍合金用镁砂炉衬；真空炉熔炼钛、锆合金时需用水冷铜坩埚。

(2) 在可能条件下采用纯度较高的新金属料以保证某些合金纯度的要求。如熔炼LT66 特殊制品时最好不要使用返回料。

(3) 火焰炉应选用低硫燃料。

(4) 所有与金属炉料接触的工具，尽可能采用不会带入杂质的材料制作，或用适当涂料保护好。

(5) 变料或转换合金时，应根据前后两种合金的纯度和性能的要求，对熔炉进行必要的清洗处理。

(6) 注意辅助材料的选用。

(7) 加强炉料管理，杜绝混料现象。

1.4.3 杂质元素的氧化

氧化精炼的实质是利用氧将金属中的杂质氧化成渣或生成气体而排除的过程。该法的热力学条件是：杂质元素对氧的亲和力大于基体金属对氧的亲和力。

氧化精炼过程是把含有杂质的金属熔体在氧化气氛下熔化，或将纯氧、空气或富氧空气导入金属熔池或熔池表面，有时也可加入固体氧化剂（如基体金属氧化物）。此时杂质元素 Me′氧化生成氧化物 Me′O，或以独立固相析出，或溶入炉渣熔体中，或以气体形式挥发而与基体金属液分离。

当氧化性炉气直接与金属熔体接触，或以气体形式导入熔体中时，在气体与熔体接触界面发生如下反应

$$2[\mathrm{Me}]+\{\mathrm{O_2}\}=\!=\!=2[\mathrm{MeO}] \tag{1.28}$$

$$2[\mathrm{Me'}]+\{\mathrm{O_2}\}=\!=\!=2(\mathrm{Me'O}) \tag{1.29}$$

由于杂质 Me′的浓度小，直接与氧接触几率小，故杂质按式（1.29）直接被氧化的反应可能性小。因此，主要由下列反应而使杂质 Me′氧化：

$$[\mathrm{MeO}]+[\mathrm{Me'}]=\!=\!=(\mathrm{Me'O})+[\mathrm{Me}] \tag{1.30}$$

转炉炼铜法以及现代转炉炼钢法均用这种传氧方式来氧化杂质。

金属熔体在氧化精炼阶段通常为[MeO]所饱和，且常有少量 MeO 呈独立相析出，并聚集在熔池表面，与加入的熔剂一起形成炉渣熔体。杂质 Me′的进一步氧化要依靠含有

(MeO) 的氧化性炉渣来传氧。在氧与炉渣的接触界面上，渣中低价氧化物（MeO）被氧化成高价氧化物（MeO_2）。在浓度梯度的作用下，（MeO_2）由氧气-炉渣界面向炉渣-金属界面扩散并再度与金属液接触，高价氧化物被 Me 还原

$$(MeO_2)+[Me]=\!=\!=2(MeO) \tag{1.31}$$

MeO 既可熔于炉渣，也能溶于金属，它起着传氧媒介的作用。当炉渣中（MeO）高时，可按分配定律由炉渣转入金属液中。

$$(MeO)=\!=\!=[MeO] \tag{1.32}$$

因此，通过炉渣间接传氧而氧化杂质的反应可用下式表示：

$$(MeO)+[Me']=\!=\!=(Me'O)+[Me] \tag{1.33}$$

粗铜氧化精炼时的表面氧化法，传统的平炉炼钢法就是用这种传氧方式氧化杂质的。

反应（1.33）的自由焓变量为

$$\Delta G=\Delta G^{\ominus}+RT\ln\frac{a'_{(Me'O)}\cdot a'_{[Me]}}{a'_{(MeO)}\cdot a'_{[Me']}} \tag{1.34}$$

当反应达到平衡即 $\Delta G=0$ 时，

$$\Delta G^{\ominus}=-RT\ln\frac{a_{(Me'O)}\cdot a_{[Me]}}{a_{(MeO)}\cdot a_{[Me']}}=-RT\ln K_p \tag{1.35}$$

氧化精炼时，$a_{[Me]}\approx 1$，故式（1.35）可改写为

$$[\%Me']=\frac{\gamma_{(Me'O)}\cdot N_{(Me'O)}}{\gamma_{(MeO)}\cdot N_{(MeO)}\cdot f_{[Me']}\cdot K_p} \tag{1.36}$$

式（1.34）～式（1.36）中，a'_i 和 a_i 分别表示非平衡体系和平衡体系中组元 i 的活度；γ 和 N 分别代表炉渣熔体中组元的活度系数和摩尔分数；$[\%Me']$为氧化精炼后尚残存于金属中的杂质浓度，即氧化的限度。

由式（1.36）可见，为获得良好的精炼效果，希望有小的 $\gamma_{(Me'O)}$ 和 $N_{(Me'O)}$ 值及大的 $\gamma_{(MeO)}$、$N_{(MeO)}$、$f_{[Me']}$ 与 K_p 值。在铜氧化精炼渣系中添加 SiO_2 利于除铅，添加苏打、石灰利于除砷及锡，都是因为可使 $N_{(Me'O)}$ 和 $\gamma_{(Me'O)}$ 值降低所致。为了最大限度地除去杂质，精炼时一般要使熔体稍微过氧化，使少量 MeO 呈独立相析出，即 $a_{(MeO)}=1$，此时体系氧化杂质的能力最大。反应（1.33）一般为放热反应，故在达到足够反应速率的前提下，应当选用较低的精炼温度。生产实践和计算表明，在适当条件下，利用氧化法可以把铜中的铁、硫等杂质除到工业生产所要求的限度。

1.4.4 金属的脱氧

1.4.4.1 脱氧原理及脱氧剂　氧化精炼后，金属熔体中含氧量高。为降低其含氧量和氧化损失，必须进行脱氧。

所谓脱氧就是向金属液中加入与氧亲和力比基体金属与氧亲和力更大的物质，将基体金属氧化物还原，本身形成不溶于金属熔体的固态、液态或气态脱氧产物而被排除的工艺过程。能使基体金属氧化物还原的物质称为脱氧剂。熔体中脱氧反应为

$$x[M]+y[O]=\!=\!=(M_xO_y) \tag{1.37}$$

式中，[M]为脱氧剂。反应(1.37)的平衡常数 K_M 为

$$K_M=\frac{a_{(M_xO_y)}}{a^x_{[M]}\cdot a^y_{[O]}} \tag{1.38}$$

当脱氧产物为纯氧化物或呈饱和状态时，$a_{(M_xO_y)}=1$，所以

$$K_M=1/a_{[M]}^x \cdot a_{[O]}^y \tag{1.39}$$

当 $f_{[M]}=1$，$f_{[O]}=1$ 或 $f_{[M]}^x \cdot f_{[O]}^y=$常数时

$$K_M=1/[M]^x[O]^y \tag{1.40}$$

取其倒数 $K=\frac{1}{K_M}=[M]^x[O]^y$ 叫做脱氧常数。当金属熔体和温度一定时，对某一脱氧元素 M 而言，脱氧常数是一个恒量，即[M]增大时，[O]下降。反之亦然。

脱氧常数可用来判断脱氧元素的脱氧能力。元素的脱氧能力是指在一定温度下，与一定浓度的脱氧元素相平衡的氧含量高低。平衡的氧含量高则脱氧能力弱；反之，平衡的氧含量低则脱氧能力强。

脱氧剂应满足下列要求：

(1) 脱氧剂与氧的亲和力应明显地大于基体金属与氧的亲和力。它们相差越大，其脱氧能力越强，脱氧反应进行得越完全越迅速。

(2) 脱氧剂在金属中的残留量应不损害金属性能。

(3) 脱氧剂要有适当的熔点和比重。通常多用基体金属与脱氧元素组成的中间合金作为脱氧剂。

(4) 脱氧产物应不溶于金属熔体中，易于凝聚、上浮而被除去。

(5) 脱氧剂不稀贵，且无毒。

1.4.4.2 脱氧方法及特点　根据使用的脱氧剂及脱氧工艺不同，脱氧方法有以下几种：

(1) 沉淀脱氧：把脱氧剂 M 加入到金属熔体中，使它直接与金属中的氧按式 (1.37) 进行反应。脱氧产物以沉淀形式排除，故名沉淀脱氧。例如铜、镍及其合金常用的这类脱氧剂有磷、硅、锰、铝、镁、钙、钛、锂等。这些元素可以纯物质，更多是以中间合金（见表 3-1）形式加入。铜用磷脱氧的反应如下：

$$5[Cu_2O]+2[P]=\!=\!=P_2O_{5(g)}+10[Cu] \tag{1.41}$$

$$6[Cu_2O]+2[P]=\!=\!=2CuPO_{3(l)}+10[Cu] \tag{1.42}$$

炼钢用 Fe-Si 及 Fe-Mn 等加到炉内或盛钢桶内脱氧，紫铜用重油或插木还原均属沉淀脱氧。

利用两种以上脱氧剂同时加入金属熔体中，或采用多元脱氧剂进行复合脱氧，可增强脱氧能力。复合脱氧产物是复合氧化物，其熔点一般较低，有可能成为液态脱氧产物，易于聚集上浮，从而提高了金属熔体的纯洁度。

沉淀脱氧反应是在熔体内部进行的，作用快，耗时少。但脱氧产物不能排除干净时将增加金属中非金属夹杂物量。残余的脱氧剂有可能污染金属，影响其使用性能。如用 Cu-P 脱氧的紫铜，残余的磷会强烈降低其导电性能，故要注意控制加磷量。

(2) 扩散脱氧：扩散脱氧是将脱氧剂加在金属熔体表面或炉渣中，脱氧反应仅在炉渣-金属熔体界面上进行。溶于金属中的氧会不断地根据分配定律向界面扩散而脱氧，故称扩散脱氧。其脱氧反应为

$$[MeO]=\!=\!=(MeO) \tag{1.43}$$

$$(MeO)+(M)=\!=\!=(MO)+[Me] \tag{1.44}$$

式中，M、Me 分别为脱氧剂及基体金属。用低频感应电炉熔炼无氧铜及铜合金时，铜液表面常覆盖一层煅烧过的活性木炭，或覆盖含有碳氢化合物和微量钾、磷的麦麸或米糠。此时脱氧反应仅在铜液与含脱氧剂的炉渣界面上进行。

与沉淀脱氧比较，扩散脱氧的最大优点是脱氧剂及脱氧产物很少或不会污染金属，因而可得到高质量高纯洁度的金属液。其缺点是脱氧反应速度慢和时间长。

以上两种脱氧方法各有利弊。为充分发挥两者的长处，克服其弱点，可采用沉淀和扩散综合脱氧法。用低频感应炉熔炼无氧铜时，先用厚层木炭覆盖进行扩散脱氧，然后加磷铜进行沉淀脱氧。也可采用以下措施：精选炉料，用足够厚度的煅烧木炭覆盖铜液，密封炉盖，尽量少打开炉盖，浇注时流柱尽可能短，并用煤气保护。

(3) 真空脱氧：在低压下，凡伴随有气相形成的反应过程都能进行得迅速、完全，如形成 CO 和 $H_2O_{(g)}$ 等气体或 Mg、Mn 等金属蒸气的各种反应都能顺利进行。如碳的脱氧反应为

$$[C]+[O]=\!=\!=\{CO\} \tag{1.45}$$

平衡时，$K_p=\dfrac{p_{CO}}{a_{[C]}\cdot a_{[O]}}$。当金属液中[C]、[O]不高时，可以认为 $a_{[C]}\cdot a_{[O]}\approx[\%C][\%O]$，所以

$$[\%C][\%O]=\!=\!=p_{CO}/K_p \tag{1.46}$$

在真空条件下，p_{CO} 很低，在温度一定时 K_p 为常数，故[%C][%O]乘积也小。可见，在真空下用碳脱氧时其脱氧能力提高了，脱氧效果好。

图 1-4 表示不同压力下碳的脱氧能力和各种脱氧元素的比较。真空感应炉重熔镍，真空电弧炉熔炼钛及真空炼钢用碳脱氧的反应如下：

$$[NiO]+[C]=\!=\!=[Ni]+\{CO\}\uparrow \tag{1.47}$$

$$[TiO_2]+[C]=\!=\!=\{TiO\}\uparrow+\{CO\}\uparrow \tag{1.48}$$

$$[FeO]+[C]=\!=\!=[Fe]+\{CO\}\uparrow \tag{1.49}$$

$$(Al_2O_3)+2[C]=\!=\!=\{Al_2O\}\uparrow+2\{CO\}\uparrow \tag{1.50}$$

反应生成的 CO 能使熔池产生沸腾和搅拌作用，既可均匀温度和成分，加速反应过程，又能促使金属中非金属夹杂物的除去。但能形成稳定碳化物的金属不宜用碳作脱氧剂。

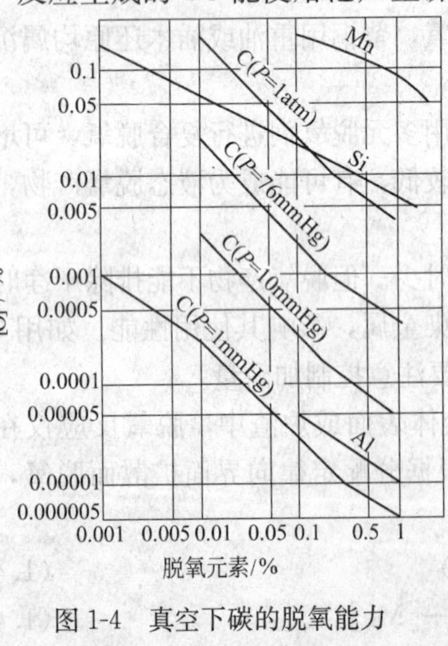

图 1-4　真空下碳的脱氧能力

真空条件下，元素及其氧化物的挥发程度与常压不同。某些金属的蒸气压比其氧化物的蒸气压高，而另一些金属的蒸气压则比其氧化物的蒸气压低。后一种情况，在足够高的温度和真空度下，氧化物容易从金属中蒸发出来而明显增强脱氧效果。这种由于氧化物的挥发而使金属脱氧的现象称为自脱氧。表 1-3 列出了 2000K 时某些金属氧化物的蒸气压与其金属蒸气压的比值。从表列数据可以估计某些难熔金属的自脱氧趋势。氧化物和金属蒸气压比值越大，这种自脱氧作用越显著。钛左边的金属则不能发生自脱氧作用。在真空度高的电子束炉

内，由于 NbO 挥发的自脱氧率比碳脱氧快四倍，成为主要的脱氧方法。而真空熔炼 Mo-Ti 合金时，则不能指望靠自脱氧作用而使合金达到满意的脱氧程度。

表 1-3　2000K 时某些金属氧化物与金属蒸气压的比值

MeO/Me	NiO/Ni	FeO/Fe	MnO/Mn	CrO/Cr	BeO/Be	VO/V	TiO/Ti	MoO/Mo
p_{MeO}/p_{Me}	10^{-7}	10^{-6}	10^{-5}	10^{-4}	10^{-3}	10^{-2}	10^{0}	$10^{0.5}$
MeO/Me	NbO/Nb	BO/B	ZrO/Zr	WO/W	ThO/Th	HfO/Hf	TaO/Ta	YO/Y
p_{MeO}/p_{Me}	10^{1}	10^{2}	10^{2}	10^{2}	10^{3}	10^{4}	10^{4}	10^{5}

总之，真空脱氧的特点是，借助形成气态脱氧产物，可增强脱氧剂的脱氧能力，加快脱氧过程，提高脱氧程度。一些低价氧化物的挥发自脱氧，也有促进真空脱氧的作用。

1.5　挥发及挥发损失

金属由固态或液态转变为气态的现象统称为挥发。它是金属的重要熔炼特性之一。金属的挥发除了可用于精炼提纯外，在高温熔炼时还会导致有用金属成分的挥发损失。由于各合金元素的挥发程度不同，挥发损失各异，故使合金成分控制困难。挥发的金属蒸气及其氧化物污染环境，危害人身健康。因此，应研究金属挥发的规律，以便采取适当措施减少挥发损失。

1.5.1　挥发的热力学

金属的挥发相变反应式为

$$Me_{(l,s)} = Me_{(g)} \tag{1.51}$$

在某一温度达到平衡时，气相中金属的蒸气分压称为该金属在该温度下的饱和蒸气压，简称蒸气压，记为 p°_{Me}。蒸气压是衡量金属挥发趋势大小的一个重要热力学参数。在相同条件下，蒸气压高的金属一般易于挥发。金属的挥发能力也可用其蒸发热或沸点来判断，一般蒸发热小，沸点低的金属较易挥发（见表 1-4）。

表 1-4　一些元素的沸点及蒸发热

元素	T_{BP} /℃	$-\Delta H_B$ /kcal·mol^{-1}	元素	T_{BP} /℃	$-\Delta H_B$ /kcal·mol^{-1}	元素	T_{BP} /℃	$-\Delta H_B$ /kcal·mol^{-1}
P	277	12.500	Sb	1635	42.000	Au	2808	80.070
Hg	357	14.130	Pb	1743	42.360	Fe	2875	83.710
Na	742	23.700	Mn	2051	52.800	Co	2901	89.760
Cd	770	23.900	Ag	2164	61.680	Ni	2920	89.600
Zn	911	27.620	Al	2450	69.500	Ti	3302	101.900
Mg	1105	30.500	Be	2471	71.140	Pt	3824	121.800
Tl	1487	39.410	Cu	2573	72.600	Zr	4504	141.130
Ca	1489	36.500	Sn	2623	70.780	Mo	4651	140.800
Bi	1579	41.100	Cr	2665	81.290	W	5663	192.824

在外压一定时，纯金属的蒸气压只取决于该金属所处的温度，即 $p^{\circ}_{Me}=f(T)$。

蒸气压可以通过实验测定，也可由相变反应的热力学数据进行计算。对反应（1.51），利用 Clausius-Clapeyron 方程，可得到温度与金属升华或蒸发时蒸气压的关系式：

$$\frac{d\ln p^{\circ}_{Me}}{dT}=\frac{\Delta H^{\ominus}_{(S,V)}}{RT^2} \tag{1.52}$$

式中，$\Delta H^{\ominus}_{(S,V)}$ 表示 1mol 金属在温度 T 时的标准升华或蒸发热。

如以 $\Delta H^{\ominus}$ 表示 $\Delta H^{\ominus}_{(S,V)}$，并设 $\Delta H^{\ominus}$ 不随温度变化而改变，将式(1-52)取不定积分得

$$\log p^{\circ}_{Me} = -\frac{\Delta H^{\ominus}}{2.303RT} + \frac{C}{2.303} = \frac{A}{T} + B \qquad (1.53)$$

某些金属的 $\log p^{\circ}_{Me}$-$\frac{1}{T}$关系见图 1-5。

若 $\Delta H^{\ominus}$ 随温度而改变，当 $\Delta C_p = \Delta a + \Delta bT + \Delta cT^2 + \Delta dT^{-2}$ 时

$$\log p^{\circ}_{Me} = AT^{-1} + B\log T + CT + D \qquad (1.54)$$

式中，p°_{Me} 为纯金属的蒸气压；T 为温度；A、B、C、D 为金属蒸气压常数，可查阅有关文献。

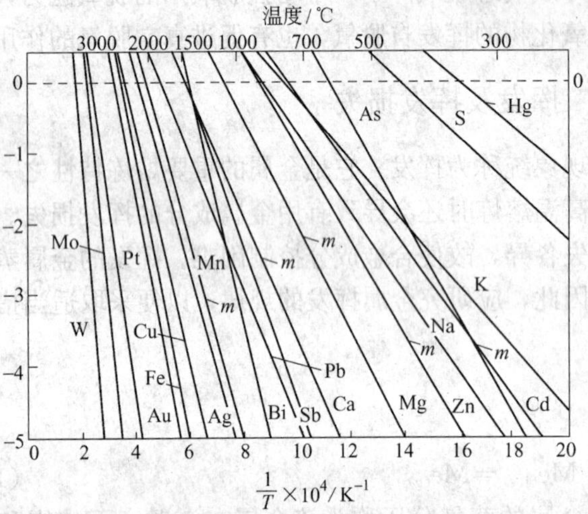

图 1-5 某些金属的蒸气压与温度的关系

（m 为熔点）

由图 1-5 和式(1.54)可见，温度升高，金属的蒸气压增大，即挥发趋势增强。

合金熔体的蒸气总压为各组元蒸气分压之和。

$$P_{\Sigma} = \sum_{i=1}^{n} p^{\circ}_i a_i = \sum_{i=1}^{n} p^{\circ}_i \gamma_i N_i \qquad (1.55)$$

式中，P_{Σ} 为合金蒸气压，其余各项意义同前。

为确定合金中某组元的挥发趋势，必须知道该组元在一定温度和一定成分合金液面上的蒸气分压，这就需要知道纯元素的蒸气压和温度的关系以及在合金熔体中的活度数据。其 p°_i 大，N_i 高，且与理想溶液产生较大正偏差（即 $\gamma>1$）时，则该组元挥发趋势较强。但在合金熔体中的组元间形成化合物时，情况就会变化。若形成难挥发的稳定化合物而降低该组元的活度时，合金的总蒸气压将减小；若化合物是易挥发性的，总的蒸气压将大于各组元蒸气压之和，合金的挥发趋势将增大。

1.5.2 挥发动力学

挥发速率随着体系趋于平衡状态而减小，其数量关系可用 Dalton 经验公式表示：

$$u_V = \frac{b}{p}(p^{\circ}_{Me} - p_{Me}) \qquad (1.56)$$

式中，u_V 表示挥发速率；p、p°_{Me} 及 p_{Me} 分别表示体系的外压、金属的蒸气压和实际分压；b 是与量度单位和金属性质有关的常数。由式(1.56)可见，金属的挥发速率与 $p^{\circ}_{Me} - p_{Me}$ 成正比。当 $p^{\circ}_{Me} > p_{Me}$ 时，挥发速率为正；反之为负，即不是凝聚相的挥发，而是蒸气相的凝聚。因此凡影响 p°_{Me} 和 p_{Me} 的因素都能影响挥发速率。例如，温度升温，p°_{Me} 增大，挥发速率增大；当挥发空间的体积一定，挥发面积越大，p_{Me} 升高得越快，并迅速达到饱和值，此时，$u_V \to 0$；当挥发表面积一定，挥发空间体积越大，p_{Me} 值升高越慢，使挥发速率达到零值所需时间就越长。在挥发表面上不断有气流流过的挥发过程中，挥发速率随金属蒸气在气相中的传质速率的增大而加快。在气流速度大，能把金属蒸气及时带离蒸发空间

时，则金属的挥发过程可一直进行到凝聚相消失。

外压对金属蒸气压影响很小。但外压对挥发过程的动力学却有着显著的影响。p 减小，u_V 将迅速增大，即金属在低于 p_{Me}° 很多的真空下熔炼时，可在较低的温度下达到较高的挥发速率。

$$u_{max} = (p_{Me}^{\circ} - p_{Me})\sqrt{\frac{M}{2\pi RT}} \tag{1.57}$$

式中，u_{max} 为最大挥发速率；T 为挥发表面蒸气的温度；M 和 R 分别表示金属的原子量和气体常数；其余符号意义同前。

表 1-5 列出了某些金属在加热时的蒸气压和挥发速率。

表 1-5 某些元素在加热时的蒸气压和挥发速率

元素	T/℃ u_V/g·(cm²·s)$^{-1}$	p_{Me}° /mmHg						T_M① /℃	T_M 时的 p_{Me}° /mmHg
		10^{-5}	10^{-4}	10^{-3}	10^{-2}	10^{-1}	10^{0}		
Al	T	724	808	889	996	1123	1279		
	u_V	9.60×10^{-8}	9.21×10^{-7}	8.88×10^{-6}	8.51×10^{-5}	8.11×10^{-4}	7.69×10^{-3}	660	1.2×10^{-6}
Be	T	942	1092	1130	1246	1395	1582		
	u_V	5.03×10^{-8}	4.86×10^{-7}	4.64×10^{-6}	4.49×10^{-5}	—	—	1289	1.95×10^{-2}
C	T	2129	2288	2471	2681	2926	3214		
	u_V	4.13×10^{-8}	4.00×10^{-7}	3.86×10^{-6}	3.72×10^{-5}	3.58×10^{-4}	3.42×10^{-3}	3836	—
Cd	T	148	180	220	264	321	—		
	u_V	3.01×10^{-7}	2.91×10^{-6}	2.79×10^{-5}	2.67×10^{-4}	2.54×10^{-3}	—	321	1.0×10^{-1}
Co	T	1249	1362	1494	1649	1833	2056		
	u_V	1.15×10^{-7}	1.11×10^{-6}	1.06×10^{-5}	1.02×10^{-4}	9.76×10^{-4}	9.28×10^{-3}	1494	7.6×10^{-4}
Cr	T	907	992	1096	1205	1342	1504		
	u_V	1.22×10^{-7}	1.18×10^{-6}	1.14×10^{-5}	1.09×10^{-4}	1.05×10^{-3}	1.00×10^{-2}	1863	6.35×10^{1}
Cu	T	946	1035	1141	1273	1432	1628		
	u_V	1.33×10^{-7}	1.29×10^{-6}	1.24×10^{-5}	1.18×10^{-4}	1.13×10^{-3}	1.07×10^{-2}	1084	3.1×10^{-4}
Fe	T	1094	1195	1310	1447	1602	1783		
	u_V	1.29×10^{-7}	1.20×10^{-6}	1.10×10^{-5}	1.02×10^{-4}	1.01×10^{-3}	9.60×10^{-3}	1538	3.72×10^{-2}
Mg	T	287	331	383	443	515	605		
	u_V	1.21×10^{-7}	1.17×10^{-6}	1.12×10^{-5}	1.08×10^{-4}	1.02×10^{-3}	9.71×10^{-3}	649	2.20
Mn	T	717	781	878	980	1103	1251		
	u_V	1.38×10^{-7}	1.32×10^{-6}	1.27×10^{-5}	1.22×10^{-4}	1.17×10^{-3}	1.11×10^{-2}	1246	9.04×10^{-3}
Mo	T	1923	2095	2295	2535	—	—		
	u_V	1.29×10^{-7}	1.18×10^{-6}	1.12×10^{-5}	1.05×10^{-4}	—	—	2623	2.20×10^{-2}
Ni	T	1157	1257	1371	1510	1679	1884		
	u_V	1.18×10^{-7}	1.14×10^{-6}	1.10×10^{-5}	1.06×10^{-4}	1.01×10^{-3}	9.62×10^{-3}	1455	4.37×10^{-3}
Si	T	1024	1116	1223	1348	1485	1670		
	u_V	8.58×10^{-8}	8.29×10^{-7}	7.99×10^{-6}	7.68×10^{-5}	7.37×10^{-4}	7.01×10^{-3}	1414	3.16×10^{-2}
Sn	T	823	922	1042	1189	1373	1609		
	u_V	1.92×10^{-7}	1.84×10^{-6}	1.75×10^{-5}	1.66×10^{-4}	1.57×10^{-3}	1.47×10^{-2}	232	—
Ti	T	1134	1249	1384	1546	1742	1965		
	u_V	1.08×10^{-7}	1.04×10^{-6}	9.92×10^{-6}	9.47×10^{-5}	9.00×10^{-4}	8.53×10^{-3}	1672	8.43×10^{-2}
W	T	2554	2767	3016	3309	—	—		
	u_V	1.47×10^{-7}	1.46×10^{-6}	1.45×10^{-5}	1.43×10^{-4}	—	—	3387	1.75×10^{-4}
Zn	T	211	248	292	343	405	—		
	u_V	2.15×10^{-7}	2.07×10^{-6}	1.98×10^{-5}	1.90×10^{-4}	1.81×10^{-3}	—	419	1.60×10^{-1}
Zr	T	1527	1660	1816	2001	2212	2459		
	u_V	1.31×10^{-7}	1.27×10^{-6}	1.22×10^{-5}	1.17×10^{-4}	1.12×10^{-3}	1.07×10^{-2}	1865	4.07×10^{-3}

① T_M 为熔点。

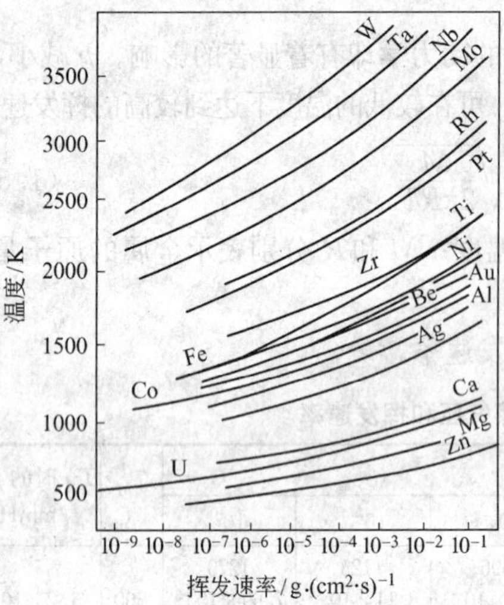

图 1-6　真空下某些金属的挥发速率与温度的关系

真空下某些金属的挥发速率与温度的关系如图 1-6 所示。

由式（1.56）、（1.57）可以看出，在真空熔炼过程中，金属的挥发随压力的降低而加速。这是因为挥发的同时，存在一个金属蒸气原子之间或与气体分子碰撞而返回熔体的"回凝"过程。真空度高时，炉气中金属蒸气原子和气体分子的平均自由程增大，质点间碰撞的几率减少，回凝速率减小，因而净挥发速率增大。同理，向真空室内通入惰性气体，可降低挥发速率和挥发损失，这对于真空熔炼具有重要意义。实践证明，只要充入 0.1atm 的惰性气体，就能使挥发损失大为降低。

当熔体边界层的传质是金属挥发的限制性环节时，可用下式表示合金中某组元 Me_i 挥发时的浓度变化

$$-\frac{d[\%Me_i]}{dt}=\frac{F_M}{V_M}\cdot\frac{D_{Me_i}}{\delta_M}([\%Me_i]-[\%Me_i]^*) \tag{1.58}$$

式中，$[\%Me_i]$为熔体内部组元 Me_i 的浓度；$[\%Me_i]^*$ 表示熔体表面与气相平衡时 Me_i 的浓度；F_M、V_M 分别为熔体表面积和体积；D_{Me_i} 为组元在熔体中的扩散系数；δ_M 为熔体边界层厚度。F_M/V_M 是熔体的比表面积。由上式可见，熔池的强烈沸腾，能增加比表面积，减少边界层厚度，使金属挥发速率加快。

1.5.3　影响金属挥发损失的因素和降低挥发损失的方法

综上所述，金属的挥发损失主要取决于它的蒸气压，此外还与熔炼温度和时间，元素在合金中的状态及浓度，炉气的性质和压力，氧化膜的性状以及操作工艺等有关。现概述如下。

1.5.3.1　熔体温度　在其他条件一定时，金属的温度越高，其蒸气压越大，挥发速率越快，挥发损失就越大。

1.5.3.2　金属及合金元素　各种纯金属在同一温度下的蒸气压以及蒸发热和沸点有很大差别，蒸气压大，蒸发热小，沸点低的金属易挥发损失。所有碱金属及ⅡB 族金属锌、镉等都易挥发损失；而ⅣB 族金属铬、钼、钨等一般挥发损失较小。

金属熔体中某一组元的挥发损失，不仅取决于该组元本身的挥发特性，而且与它在合金中的含量，其他元素对其活度相互作用系数的影响有关。凡增大该组元活度系数的合金元素（如锌、镁之对于铝；铁、镉之对于铜），都会增大挥发损失。

1.5.3.3　炉膛压力　炉膛压力对金属挥发损失影响很大。一般压力越小，挥发损失越大。在低于金属三相点的压力下加热金属时，将得不到液态金属。因为此时金属由固态直接转变为气态而挥发掉。所以，在真空炉内熔炼蒸气压较大的金属时，若炉内压力小于或等于金属的蒸气压，真空度的影响便非常明显，挥发损失很大。如用真空炉熔炼含锰的钛合金时，锰的挥发损失可达 90%～95%。同时，真空熔炼是在连续抽气的情况下进行

的，金属的挥发是达不到平衡的。此外，由于妨碍挥发的氧化膜被部分除去，还有某些蒸气压高的低价金属氧化物的挥发，均增大挥发损失。

1.5.3.4 其他因素 金属的挥发损失还与金属处于高温液态的时间、金属的比表面积和氧化膜的性质有关。金属处于高温液态的时间越长，比表面积越大，搅拌及扒渣次数越多，则挥发损失也越大。熔体表面有致密氧化膜或熔剂及炉渣覆盖时，可降低挥发损失。反之，在还原性炉气中熔炼时，由于熔体表面无保护性氧化膜，挥发损失会加大。

防止或降低挥发损失的方法与降低氧化烧损的方法基本相同。此外，易挥发元素宜在脱氧后或熔炼后期加入。在真空熔炼时，为提高精炼效果和降低氧化烧损，要用较高的真空度，但这样会增大挥发损失。为尽量减少挥发损失和准确控制合金成分，在熔炼蒸气压高和挥发速率大的金属时，必须在炉内充入惰性气体。例如，在真空熔炼钛合金时，充入氩气后再加锰，可将锰的挥发损失和含量基本上控制住。

1.6 夹渣和除渣精炼

金属中非金属夹杂物的含量和分布，是反映金属熔体冶金质量的一个重要标志。它们的存在会破坏金属基体的连续性，降低金属材料的塑性、韧性和耐蚀性，恶化金属的工艺性能和表面质量。

如何降低金属熔体中非金属夹杂物的含量，乃是当前材料科技工作者最关注的主要课题之一，也是金属熔炼过程中的一个重要任务。本节讨论金属熔体中非金属夹杂物的来源和种类，除渣原理和方法，以及影响除渣效果的因素。

1.6.1 非金属夹杂物的种类和来源

金属中的非金属化合物，如氧化物、氮化物、硫化物以及硅酸盐等大都以独立相存在，统称为非金属夹杂物，一般简称为夹杂或夹渣。

根据夹渣的化学成分不同可分成氧化物（如 FeO、SiO_2、Al_2O_3、TiO_2、MgO 等），复杂氧化物（如 $FeO \cdot Al_2O_3$ 等），氮化物（如 AlN、ZrN、TiN 等），硫化物（如 NiS、CeS 等），氯化物（如 NaCl、KCl、$MgCl_2$ 等），氟化物（如 CaF_2、NaF 等），硅酸盐（如 $Al_2O_3 \cdot SiO_2$ 等）等几种。此外，还有碳化物、氢化物及磷化物等。

按夹渣的形态可分为两类。一是薄膜状，如铝合金中的氧化铝膜，其危害甚大，加工时易造成开裂和分层。二是不同大小的团块状或粒状夹渣。尺寸小的夹渣以微粒状弥散分布于金属熔体中，不易除去。

按夹渣的来源可分为外来夹渣和内生夹渣两种。外来夹渣是由原材料带入的或在熔炼过程中进入熔体的耐火材料、熔剂、锈蚀产物、炉气中的灰尘以及工具上的污物等。内生夹渣是在金属加热及熔炼过程中，金属与炉气和其他物质相互作用生成的化合物（如氧化物、碳化物、氮化物和氢化物等）。

熔炼的合金不同，熔体内夹杂物的种类、存在状态、性质及分布情况也各不相同。铝镁合金常见的夹渣有 Al_2O_3、MgO、SiO_2 等；铜合金和镍合金中的夹杂物通常为 Cu_2O、NiO、ZnO、SnO_2、SiO_2、Al_2O_3 等。因此，不同的合金应采用不同的除渣方法。

1.6.2 除渣精炼原理

1.6.2.1 比重差作用 当金属熔体在高温静置时，非金属夹杂物与金属熔体比重不同，因而产生上浮或下沉。球形固体夹杂颗粒在液体中上浮或下沉的速度服从 Stokes

定律

$$u = \frac{2g(\rho_{Me} - \rho_i)}{9\eta} r^2 \tag{1.59}$$

式中，u 为夹杂物上浮或下沉的速度，cm/s；η 为金属液的黏度，g/(cm·s)；r 表示球形夹杂半径，cm；ρ_{Me}、ρ_i 分别为金属熔体和夹杂的密度，g/cm^3；g 是重力加速度，cm/s^2。

由式(1.59)可以看出，夹渣的上浮或下沉速度与两者的比重差成正比，与熔体的黏度成反比，与夹渣颗粒半径平方成正比。当合金和温度一定时，由于熔体的黏度及熔体与夹渣的比重差不会有很大变化，所以主要靠增大夹渣尺寸以利于与熔体分离。如夹渣以不同尺寸的颗粒混杂存在，则较大颗粒上浮得快。在其上浮过程中，将吸收其他较小夹杂而急速长大。但 $r \leqslant 0.001$mm 的球形夹杂便难以用静置法除去。

1.6.2.2　吸附作用　向金属熔体中导入惰性气体或加入熔剂产生的中性气体，在气泡上浮过程中，与悬浮状态的夹渣相遇时，夹渣便可能被吸附在气泡表面而被带出熔体。

加入金属熔体中的低熔点熔剂，在高温下与非金属夹杂物接触时，也会产生润湿和吸附作用。

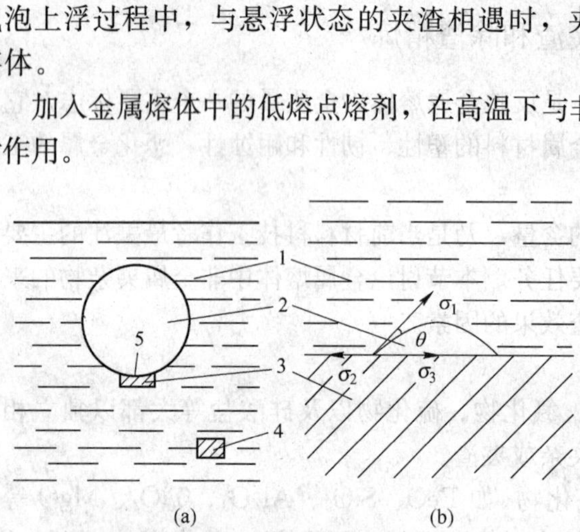

图 1-7　熔剂滴（或气泡）与固体夹渣间吸附时的能量条件

(a)熔剂（或气泡）吸附夹渣；(b)熔剂（或气泡）与固体夹渣间的润湿情况

1—液体金属；2—液体熔剂（或气泡）；3—固体夹渣；4—自由悬浮的夹渣；5—熔剂（或气泡）与夹渣的接触界面

气泡或熔剂之所以能吸附熔体中的非金属夹杂物，是受了界面能的作用，驱动力是界面能的降低。如图 1-7(a) 所示，熔剂或气泡吸附夹渣后，在接触界面，原先的金属-熔剂（或气泡）和金属-夹渣界面被熔剂（或气泡）-夹渣界面所代替。设熔剂（或气泡）-夹渣界面为 S；金属-熔剂（或气泡）间界面张力为 σ_1；金属-夹渣间的界面张力为 σ_2；夹渣-熔剂（或气泡）间的界面张力为 σ_3。吸附过程自由焓变量即界面自由能变化为

$$\Delta G = \sigma_3 S - \sigma_2 S - \sigma_1 S \tag{1.60}$$

熔剂或气泡吸附夹渣的热力学条件为

$$\Delta G = (\sigma_3 - \sigma_2 - \sigma_1) S < 0$$

即

$$\sigma_3 - \sigma_2 - \sigma_1 < 0 \tag{1.61}$$

熔剂（或气泡）对夹渣的吸附能力也可由接触角 θ[见图 1-7(b)]的大小来判断。根据力平衡条件，界面张力与接触角的关系为 $\cos\theta = \frac{\sigma_2 - \sigma_3}{\sigma_1}$。通常 $\theta < 90°$ 表示熔剂（或气泡）能吸附或润湿夹渣；$\theta > 90°$ 则吸附或润湿能力较弱。

由以上分析可知，增大 σ_1、σ_2，降低 σ_3，有利于吸附过程，从而可加速金属与夹渣的分离。

熔剂的吸附能力取决于化学组成。就铝合金而言，在其他条件相同时，氯化物的润湿吸附能力比氟化物好；碱金属氯化物比碱土金属好；氯化钠和氯化钾的混合物要比纯氯化

物好。在氯化钠和氯化钾的混合物中加入少量氟化物如冰晶石（Na_3AlF_6），其吸附能力大为提高。

1.6.2.3 溶解作用 非金属夹杂物溶解于液态熔剂中后，可随熔剂的浮沉而脱离金属熔体。熔剂溶解夹渣的能力取决于它们的分子结构和由此而产生的化学性质。当其分子结构和化学性质相近时，在一定温度下就能互溶。如阳离子结构类同的 Al_2O_3 和 Na_3AlF_6、MgO 和 $MgCl_2$ 等都有一定的互溶能力。等量的氯化钠和氯化钾混合物中加入 10%的冰晶石，能溶解 0.15%的 Al_2O_3，且随冰晶石含量的增加，氧化铝在熔剂中的溶解度也随之增加。由图 1-8 可知，在共晶温度时，冰晶石能溶解约 18.5%的 Al_2O_3。通常认为，冰晶石是溶解 Al_2O_3 的最好熔剂。

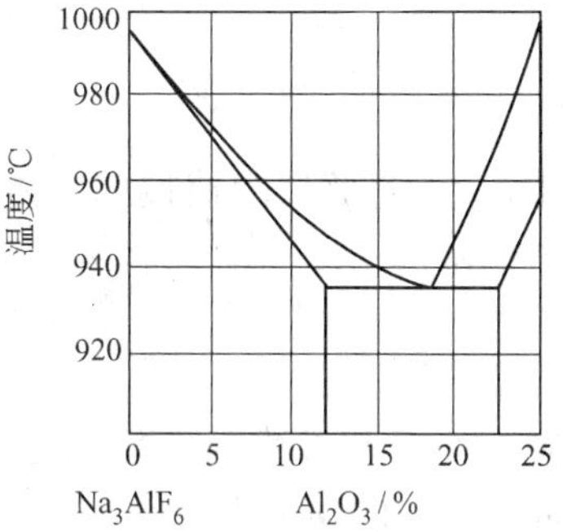

图 1-8 Na_3AlF_6-Al_2O_3 二元相图

1.6.2.4 化合作用 化合作用是以夹渣和熔剂之间有一定亲和力并能形成化合物或络合物为基础的。碱性氧化物和酸性熔剂，或酸性氧化物与碱性熔剂，在一定温度条件下是可相互作用形成体积更大，熔点较低，且易于与金属分离的复盐式炉渣。根据其比重大小，在熔体中可上浮或下沉而除去。

碱性氧化物 MeO 与酸性熔剂 M_xO_y 发生化合造渣的反应如下：

$$aMeO+bM_xO_y = aMeO\cdot bM_xO_y \quad (1.62)$$

熔炼铜、镍合金及钢时，广泛应用上述造渣作用。例如，铜液中的 CuO（或 FeO）与熔剂或炉衬中的 SiO_2（或 Al_2O_3）作用为

$$CuO+SiO_2 = CuO\cdot SiO_2 \quad (1.63)$$

$$FeO+Al_2O_3 = FeO\cdot Al_2O_3 \quad (1.64)$$

化合造渣作用主要在金属熔体表面进行，在炉渣与炉衬接触处也会发生这种反应。悬浮于金属熔体中的非金属夹杂物，在分配定律和比重差作用下，不断地从熔体内部上浮到表面炉渣中参与造渣反应。例如为除去铝青铜、铝白铜中的 Al_2O_3 夹杂，可选用含冰晶石或焙烧苏打的熔剂，其造渣反应如下：

$$2Al_2O_3+2Na_3AlF_6 = 3Na_2O\cdot Al_2O_3+4AlF_3 \quad (1.65)$$

$$Al_2O_3+Na_2CO_3 = Na_2O\cdot Al_2O_3+CO_2 \quad (1.66)$$

熔炼锡青铜可用下列造渣反应除去 SnO_2：

$$SnO_2+2CaCO_3+Na_2B_4O_7 = Ca_2B_4O_8\cdot Na_2SnO_3+2CO_2\uparrow \quad (1.67)$$

$$SnO_2+2Na_2CO_3+B_2O_3 = Na_2B_2O_4\cdot Na_2SnO_3+2CO_2\uparrow \quad (1.68)$$

由于化合造渣反应是多相反应，其总的反应速率主要取决于扩散传质速率。因此，反应的温度和浓度等条件对化合造渣影响很大，故熔炼温度较高的铜、镍等合金更适合用化合造渣精炼法。

1.6.2.5 机械过滤作用 目前，材料生产中难度最大的课题之一是饮料罐的深冲和箔材的加工问题。熔体中残留微米级的夹渣就会给加工带来不良影响。显然，上述几种精炼法对于与熔体密度相差不大、粒度甚小而分散度极高的非金属夹杂物是无能为力的。因此，各种过滤除渣法就应运而生。

所谓机械过滤作用，是指当金属熔体通过过滤介质时，对非金属夹杂物的机械阻挡作用。此外，过滤介质还有对夹杂物的吸附作用。

通常，过滤介质间的空隙越小，厚度越大，金属熔体流速越低，机械过滤效果越好。按照 G. Apelian 等人的理论，过滤介质捕捉夹杂物的速度与夹杂物在熔体中的浓度成比例，即

$$\left[\frac{\partial \sigma}{\partial t}\right]_Z=KC \tag{1.69}$$

式中，σ 为过滤器中捕捉的夹渣量；t 为时间；Z 表示过滤器入口处的深度；C 为熔体中夹渣的浓度；K 为动力学参数，可用下式表示：

$$K=K_0\left[1-\frac{\sigma}{\sigma_m}\right] \tag{1.70}$$

式中，σ_m 是被过滤器捕捉的最大夹渣量；K_0 为与熔体性质、过滤器网目、夹杂物形状及尺寸等有关的动力学参数。

当式（1.70）中 σ 近似 σ_m 时，K 值为零，表示过滤完毕。过滤终了时熔体中夹渣浓度可用下式表示：

$$\frac{C_0}{C_i}=\exp\left[-\frac{K_0 L}{u_m}\right] \tag{1.71}$$

式中，C_i、C_0 分别表示过滤前后熔体中夹渣的浓度；L 为过滤器厚度；u_m 为熔体在过滤器中的流速。

过滤效率 η 可用下式表示：

$$\eta=\frac{C_i-C_0}{C_i}=1-\exp\left[-\frac{K_0 L}{u_m}\right] \tag{1.72}$$

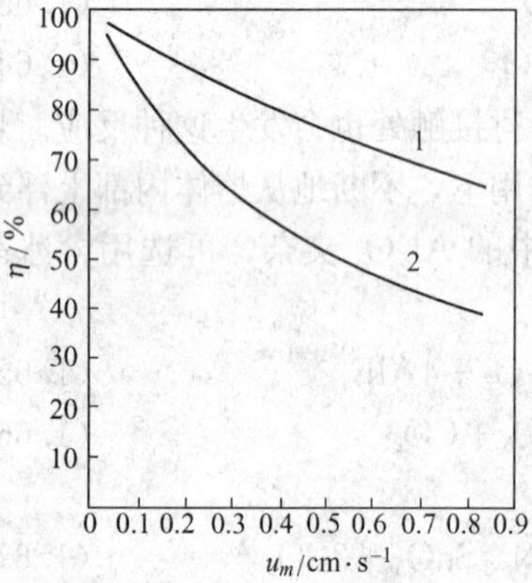

图 1-9　过滤器种类和过滤速度与过滤效率的关系

1—3～6 网目氧化铝片，层厚 25cm；2—直径为 2cm 的氧化铝球，层厚 25cm

图 1-9 为实验结果，表明过滤效果取决于过滤器的结构和过滤速度。较好的过滤效果是在较低的熔体流速下取得的。但在实际生产中，如静压过小，流速太低，会影响生产率。增加过滤层厚度也可获得较好的净化效果。

1.6.3　除渣精炼方法

不同的金属熔体所含的非金属夹杂物的性质和分布状态各不相同，因此，应采用不同的除渣精炼方法。

1.6.3.1　静置澄清法　此法适用于金属熔体与非金属夹杂物间密度差较大，且夹杂物颗粒不太小的合金。静置澄清法一般是让金属熔体在精炼温度和熔剂覆盖下保持一段时间，使夹杂物上浮或下沉而除去。静置时间为

$$t=\frac{9\eta H}{2g(\rho_{\mathrm{Me}}-\rho_i)r^2} \tag{1.73}$$

式中，H 为夹渣上浮或下沉的深度，其余符号同式（1.59）。

由上式可知，静置除渣所需时间，随金属熔体黏度的增大而延长。金属液的黏度与温度、化学成分及固体夹杂的形状、尺寸、数量等因素有关。金属液温度低，夹杂物数量

多，则金属液的黏度大，夹渣上浮或下沉的时间就长。夹渣的形状和尺寸对上浮或下沉时间的影响较大。例如铝青铜熔体用静置法除渣，设其他条件相同，仅当 Al_2O_3 的 r 由 0.1mm 减小到 0.001mm 时，所需静置时间即由 5 秒增加到 13.8 小时，即夹渣上浮或下沉时间延长近一万倍。片条状夹渣有利于上浮而不利于下沉。多角形夹渣对上浮和下沉都不利。因此静置时间长短主要由合金和夹渣的性状来决定。铝合金通常静置 20～30 分钟，但除渣效果仍很有限。该法耗时费能，且难以除去细小分散的夹渣。一般要在一定的过热温度下，用熔剂搅拌结渣后，然而静置一段时间，才能收到一定但不够理想的除渣效果。

1.6.3.2　浮选法　浮选法是利用通入熔体的惰性气体或加入的熔剂所产生的气泡，在上浮过程与悬浮的夹杂相遇时，夹渣被吸附在气泡表面并带到熔体液面的熔剂中去，如图 1-10 所示。此法对于熔点较低的铝合金、镁合金等较为有效。气泡的数目多，尺寸小，浮选效果好。所用惰性气体一般为氮气和氩气。铝合金还常用以氯盐为主的熔剂作浮选剂。

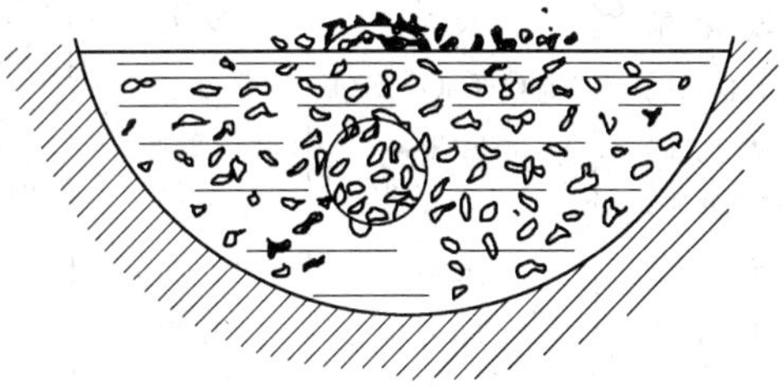

图 1-10　浮选除渣原理示意图

1.6.3.3　熔剂法　熔剂法是通过熔剂与夹渣之间的吸附、溶解和化合等作用而实现除渣的。常用熔剂及其某些性质见表 1-6 和表 1-7。根据夹杂物与金属熔体的相对比重不同，可分别采用上熔剂法和下熔剂法，如图 1-11 所示。

表 1-6　某些熔剂的性质

物质名称	化学式	密　度 /g·cm^{-3}	熔　点 /℃	沸　点 /℃	熔化潜热 /kcal·mol^{-1}	$-\Delta H_{298}^{\ominus}$ /kcal·mol^{-1}
氯化铝	$AlCl_3$	2.44	193	187 升华	8.44	168.53
氯化硼	BCl_3	1.43	−107	13	—	96.31
氯化钡	$BaCl_2$	4.83	962	1830	4.0	205.40
氯化铍	$BeCl_2$	1.89	415	532	2.07	118.6
木　炭	C	2.25	3800	—	—	—
四氯化碳	CCl_4	1.58	−23.8	77	$_{\Delta}H_{B}$7.28	32.4
碳酸钙	$CaCO_3$	2.9	—	825 分解	—	288.4
萤　石	CaF_2	2.18	1418	2510	7.1	291.9
氯化铜	$CuCl_2$	3.05	498	993	—	49.2
氯化铁	$FeCl_3$	2.80	304	332	10.3	95.46
氯化钾	KCl	2.0	771	1437	6.28	104.37
氟化钾	KF	2.48	857	1510	6.75	135.60
氯化锂	LiCl	2.07	610	1383	4.74	97.57
氟化锂	LiF	2.60	848	1093	6.5	146.5
氯化镁	$MgCl_2$	2.30	714	1418	10.3	153.3
光卤石	$MgCl_2 \cdot KCl$	2.20	487	—	—	—
氟化镁	MgF_2	2.47	1263	2332	13.9	268.5
氯化锰	$MnCl_2$	2.93	650	1231	9.00	115.2

续表 1-6

物质名称	化学式	密度 /g·cm^{-3}	熔点 /℃	沸点 /℃	熔化潜热 /kcal·mol^{-1}	$-\Delta H_{298}^{\ominus}$ /kcal·mol^{-1}
氯化铵	NH_4Cl	1.53	520	—	—	75.18
冰晶石	Na_3AlF_6	2.9	1006	—	26.71	790.0
脱水硼砂	$Na_2B_4O_7$	2.37	743	1575分解	19.4	738.16
氯化钠	NaCl	2.17	801	1465	6.73	98.26
脱水苏打	Na_2CO_3	2.5	850	960分解	7.09	270.26
氟化钠	NaF	2.77	996	1710	7.92	137.1
工业玻璃	$Na_2O\cdot CaO\cdot 6SiO_2$	2.5	900～1200	—	—	—
氯化硅	$SiCl_4$	1.48	−70	58	1.85	164.18
石英砂	SiO_2	2.62	1713	2250	7.29	217.7
氯化锡	$SnCl_4$	2.23	−34	115	2.2	122.2
氯化钛	$TiCl_4$	1.73	−24	136	2.38	192.2
氯化锌	$ZnCl_2$	2.91	3.8	732	2.45	99.5

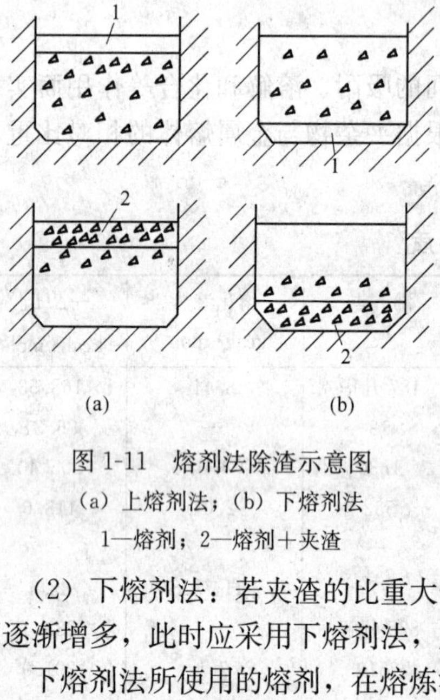

图 1-11　熔剂法除渣示意图

(a) 上熔剂法；(b) 下熔剂法

1—熔剂；2—熔剂＋夹渣

(1) 上熔剂法：若夹渣的比重小于金属熔体，它们多聚集熔池上部及表面，此时应采用上熔剂法。

上熔剂法所使用的熔剂在熔炼温度下的比重应小于金属液。熔剂加在熔池表面，熔池上层的夹渣与熔剂接触，发生吸附、溶解或化合作用而进入熔剂中。这时，与熔剂接触的一薄层金属液较纯，其比重比含夹渣的金属液大而向下运动。与此同时，含夹渣较多的下层金属液则上升与熔剂接触，其中的夹渣又不断地与熔剂发生吸附、溶解或化合而滞留在熔剂中。这一过程一直进行到整个熔池内的夹渣几乎都为熔剂吸收为止。重有色金属及钢铁多采用这种除渣精炼法。

(2) 下熔剂法：若夹渣的比重大于金属熔体，则多聚集于熔池下部或炉底，且自上而下逐渐增多，此时应采用下熔剂法，又称沉淀熔剂除渣精炼法。

下熔剂法所使用的熔剂，在熔炼温度下的比重大于金属液。加入熔池表面后，它们逐渐向炉底下沉。在下沉过程中与夹渣发生吸附、溶解或化合作用，并一起沉至炉底。镁及镁合金多采用这种除渣法。

另外，还有一种所谓全体熔剂法，它是用钟罩或多孔容器将熔剂加入到熔体内部，并随之充分搅拌，使熔剂均匀分布于整个熔池中去。熔剂在吸收夹渣的同时，在比重差作用下，轻者上浮，重者下沉。采用比重较小的熔剂时，装料前先将熔剂撒在炉底上，也可以收到同样的去渣效果。全体熔剂法与前两种熔剂法比较，其特点是：增大了夹渣与熔剂的接触机会，有利于吸附、溶解或化合作用的进行，提高除渣精炼效果；可缩短精炼时间；便于使用各种比重不同的熔剂。和下熔剂法一样，由于靠炉底部分的金属液含熔剂夹渣多，不能用于铸锭。此法多用于铝及铝合金。

表 1-7 有色合金常用熔剂的组成（wt%）

№	NaCl	KCl	$MgCl_2$	$CaCl_2$	$MgCl_2 \cdot KCl$	NaF	CaF_2	Na_3AlF_6	B_2O_3	$Na_2B_4O_7$	MgO	Na_2CO_3	MgF_2	$BaCl_2$	LiCl	NH_4Cl	用途
1	40	50				10											铝合金废料重熔，覆盖，洗炉
2	40	50					4	6									
3	50	50															铝合金覆盖
4								50									铝及铝合金精炼（4＊熔剂可用100%CCl_4或$TiCl_4$代替）
5	25K_2TiF_6	47	25K_2BF_4						50C_2Cl_4								
6	30							23									
7		32～40	38～46	<8							<1.5			5～8			铝镁及镁合金精炼。铝镁及铝镁硅合金还可用60%～80%$MgCl_2 \cdot KCl$+40%～20%CaF_2精炼
8		35	55				10										
9		40	60														
10		55	40				2							3			
11			15～25												75～85		含Li的镁合金
12		55		28			2							15			含RE及Th的镁合金精炼
13		36													64		含Li的铝合金复合精炼
14		23					25							2.5		72$MnCl_2$	含Mn的镁合金加锰用
15		16～29	20～35				14～23		5～8				14～23	8～12			适用于含Zr及RE的镁合金精炼

续表 1-7

No	NaCl	KCl	$MgCl_2$	$CaCl_2$	$MgCl_2 \cdot KCl$	NaF	CaF_2	Na_3AlF_6	B_2O_3	$Na_2B_4O_7$	MgO	Na_2CO_3	MgF_2	$BaCl_2$	LiCl	NH_4Cl	用　途
16	100	木炭或米糠															除铝青铜、硅青铜以外的铜合金覆盖
17								100									铝青铜覆盖，精炼
18	35						15	50									铝青铜精炼，覆盖
19						47.3	52.7										
20							20	80									
21							50	20	20CuO	10							锡青铜、硅青铜精炼
22							33	7				60					
23								6		$54SiO_2$		40					黄铜精炼
24							50		$50CaCO_3$								青铜、白铜及镍合金精炼
25							33		$42CaCO_3$	25							
26	15					15				10						60 玻璃	铜合金覆盖，黄铜精炼
27										50		50					各种青铜、白铜精炼
28									50			$50CaCO_3$					
29	50CaO		$25Al_2O_3$				7				18						镍及镍合金造渣、覆盖
30	45.5CaO		$13.5Al_2O_3$				6.5				16.5					18Al 粉	镍及镍合金扩散脱氧

1.6.3.4　过滤法　根据所使用的过滤介质不同，过滤法可分为下列几种：

（1）网状过滤法：此法是让熔体通过由玻璃丝或耐热金属丝制成的网状过滤器（见图1-12），夹渣受到机械阻挡而与熔体分离。这对于除去薄片状氧化膜和大块夹渣效果显著。过滤器的网格尺寸为$(0.5\times0.5)\sim(1.7\times1.7)mm^2$。这种过滤器结构简单，制造方便，可安装在静置炉到结晶器之间的任何部位。但它只能滤掉那些比网格尺寸大的夹渣，因而净化作用较差，过滤器易于破损，寿命短，需频繁更换。

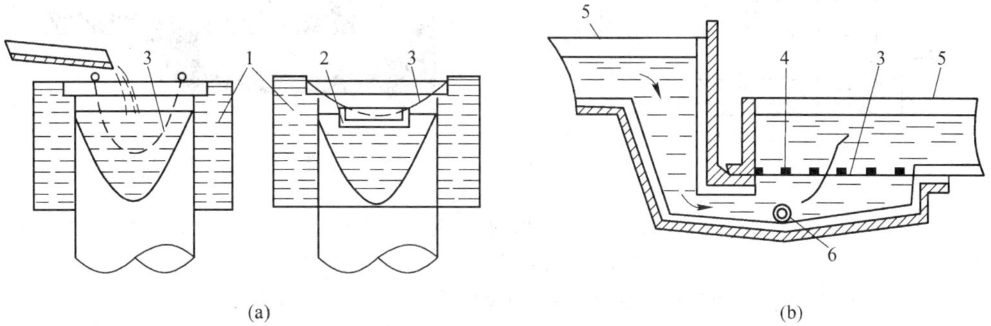

图1-12　网状过滤法示意图

(a) 单层玻璃布过滤；(b) 多层玻璃布过滤

1—结晶器；2—漏斗；3—玻璃丝布；4—压板格子；5—流槽；6—排放孔

（2）填充床过滤法：这种过滤器是由各种不同尺寸，不同材料（熔剂、耐火材料、陶瓷等），不同形状（球形、块状、颗粒状、片状等）的过滤介质组成的填充床，见图1-13。有时也用液态熔剂作过滤介质。填充床除具有机械阻挡作用外，还有过滤介质与夹渣之间的吸附、溶解或化合作用。该法的优点是熔体与过滤介质之间有较大的接触面积，过滤除渣效果比网状过滤法要好。通常过滤层越厚，介质粒度越小，过滤效果越好。但粒度过小，会影响熔体的流量，降低生产率。此外，装置笨重，占地面积大，使用过程中要加热保温，有时易产生"沟流"现象。

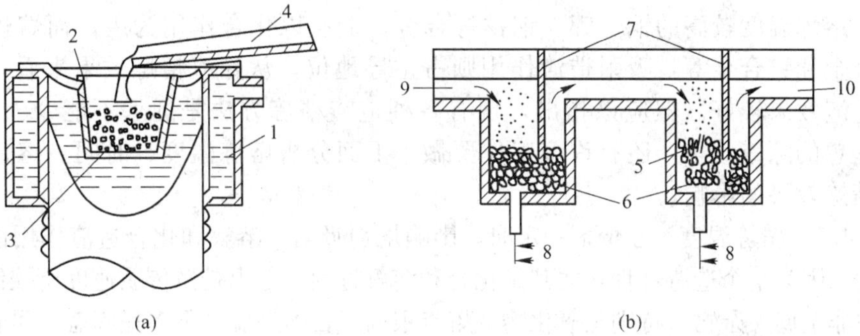

图1-13　填充床过滤法示意图

(a) 块状材料过滤；(b) 氧化铝球过滤

1—结晶器；2—漏斗；3—块状材料；4—流槽；5—片状氧化铝；6—氧化铝球；7—隔板；8—氩气或氮气；9—熔体入口；10—熔体出口

(3) 刚性微孔过滤法：刚性微孔过滤器分陶瓷微孔管过滤器和陶瓷泡沫过滤器，见图1-14。

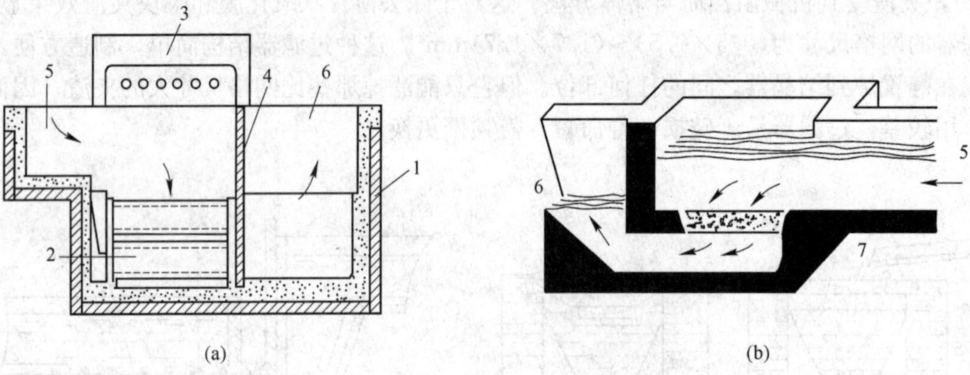

图 1-14　刚性微孔过滤器示意图

(a) 陶瓷微孔管过滤器；(b) 陶瓷泡沫过滤器

1—耐火材料；2—陶瓷管；3—加热装置；4—隔板；5—熔体入口；6—熔体出口；7—过滤器 (CFF)

陶瓷微孔过滤管由一定粒度的刚玉砂，加入低硅玻璃作粘结剂，经压制成形，低温烘干、高温烧结而成。它是一种具有均匀贯穿微孔的刚性过滤器。当含有夹渣的金属熔体通过时，夹渣因受到管壁的摩擦、吸附、惯性沉降等作用而与金属熔体分离留于管内，金属熔体则可通过此微孔。此法可滤除比微孔尺寸小的微粒夹渣。它是目前最可靠的熔体过滤法之一。其缺点是过滤成本高，且有时晶粒细化剂也可能被截留。

陶瓷泡沫过滤器是用氧化铝、氧化铬等制成的海绵状多孔物质，简称 CFF。其厚度大约为 50 毫米，原则上每通过一次熔体后就要更换 CFF。此法设备费用便宜，操作使用也简单，最近已得到广泛采用。不足之处是 CFF 性脆，安装后要仔细清扫。

1.6.4 影响熔剂除渣精炼效果的因素

在生产中使用的除渣精炼剂，实际上都有吸附、溶解和化合三种造渣作用，且三者之间是相辅相成的，而不是彼此孤立的。从熔剂和夹渣的性质、熔炼温度和造渣情况来看，熔炼温度较高的铜、镍、钢铁等合金，造渣以化合作用为主；而熔炼温度较低的轻合金和锌合金等，吸附造渣作用则占主导地位。从除渣精炼效果来看，铜、镍合金的造渣效果较好。但应该指出，现有各种造渣精炼方法是远远不能令人满意的，要得到理想的除渣效果，还有许多工作要做。下面分析熔炼温度、时间、熔剂性质等对除渣精炼效果的影响。

1.6.4.1　精炼温度　在熔剂一定时，影响熔剂吸附、溶解和化合造渣作用的主要因素是温度。因为整个造渣过程，尤其是化合和溶解过程，是由扩散传质速度所控制的。合金熔体中非金属夹杂物（特别是氧化物）熔点很高，在熔炼温度下多呈固态。尽管它们能为液态熔剂所润湿，但氧化物在熔剂中溶解和化合反应的限制性环节是扩散过程。因此，要提高化合和溶解造渣效果，就要提高精炼温度。熔炼温度高于 1200℃ 的铜、镍合金，用冰晶石可溶解约 18% 的 Al_2O_3；而在 750℃ 熔炼铝合金时，则只能溶解 1% 左右的 Al_2O_3。另外，提高精炼温度对吸附造渣也是有利的，因为温度高时，金属黏度小，可提高熔剂的润湿能力和夹渣上浮或下沉的速度。从表 1-8 可以看出，铝合金精炼温度越高，除渣效果也越好。但过高的精炼温度对脱气不利，并且可能粗化晶粒。所以控制精炼温度时要兼顾除渣、脱气两方面。一般是先用高温进行除渣精炼，然后在较低的温度下进行脱气，最后保温静置。铝合金一般取浇铸温度加 20～30℃为精炼温度。铜、镍和镁合金可用较高的精炼温度，如取浇铸温度加 30～50℃为精炼温度。

表 1-8　铝合金精炼温度对精炼效果的影响

精炼温度		690℃		720℃		800℃	
夹杂含量		Al_2O_3/%	H_2/%	Al_2O_3/%	H_2/%	Al_2O_3/%	H_2/%
	精炼前	0.05	0.54×10^{-3}	0.056	0.48×10^{-3}	0.044	0.85×10^{-3}
	精炼后	0.05	0.25×10^{-2}	0.040	0.24×10^{-3}	0.012	0.51×10^{-3}
	降低/%	0	35.2	28.6	50.0	72.7	40.0

1.6.4.2　熔剂　熔剂的造渣能力强，除渣精炼效果就好。熔剂的吸附、溶解和化合造渣能力与其结构、性质及熔点等有关。

氧化物熔点高，且不为金属液润湿，在金属熔体中多呈分散的固体质点存在。要造渣除去这些固体夹渣，首先熔剂要有润湿氧化物的能力。实际表明，熔剂的熔点和表面张力越低，其吸附造渣能力就越强。还发现，随熔剂阳离子或阴离子半径的增大，熔剂的熔点和表面张力下降。因此，可以利用离子半径大的物质，配制成熔点低，表面张力小，流动性好的精炼熔剂。例如，碱金属氯化物中，表面张力按 LiCl→CsCl 的次序降低，这是因为阳离子半径依次增大(Li^+—0.7Å，Na^+—0.98Å，K^+—1.33Å)；当阳离子(Na^+)相同时，随阴离子半径的增大(F^-—1.31Å，Cl^-—1.88Å，Br^-—1.95Å，I^-—2.16Å)，其表面张力按 NaF→NaI 依次降低。所以 $\sigma_{KCl}(9.44\times10^{-4}N/cm)<\sigma_{NaCl}(1.38\times10^{-3}N/cm)<\sigma_{NaF}(1.99\times10^{-3}N/cm)$。可见，吸附能力以 KCl 最好，NaCl 次之，NaF 较差。一些熔盐的表面张力见表 1-9。熔剂的化合造渣能力，主要取决于熔剂与夹渣间的化学亲和力。酸性或碱性较强的熔剂，其化合造渣能力也强，如玻璃、硼酸、苏打、石灰等。熔点较高的熔剂，在铜、镍及其合金熔炼温度下的黏度仍很高，故必须同时加入一些降低熔点和黏度的稀释剂以提高造渣能力。此外，在结构上与夹渣接近的熔剂，一般都具有一定的溶解造渣能力。当然，夹渣在熔剂中的溶解度还与熔炼温度有关。

1.6.4.3　精炼时间　精炼除渣效果的好坏，除与温度及所用熔剂种类有关外，还与精炼及其后的静置时间有关。一般在加入精炼熔剂并充分搅拌后，或在金属液转注到保温炉或中间浇包后，应使金属液静置一段时间，使熔剂和夹渣能上浮到液面或下沉到底部去。不难理解，静置时间对于轻合金，特别是镁合金来说，是一个决定性影响因素。因为含有夹渣的熔剂与金属液的比重差较小，温度较低，即使静置较长时间，熔剂和夹渣仍可在熔体中呈悬浮状态。另外，随着静置时间的延长，金属可能继续氧化生渣，使熔体逐渐变稠。故轻合金即使采用较长的静置时间，也难以获得满意的除渣效果。

1.6.4.4　其他因素　熔剂吸收夹渣是一个复杂的多相过程。熔剂与夹渣接触面积越大，它们之间的吸附、溶解和化合作用就进行得越充分。夹渣或吸收夹渣的熔剂颗粒由于碰撞而聚集长大，可加速与金属熔体的分离过程。因此，生产中通常使用粉状熔剂，并在熔体中充分搅拌以增大熔剂与夹渣的接触面积和碰撞几率。

表 1-9 某些熔盐的表面张力

熔 盐	气 体	温度/℃	表面张力（$\times10^{-5}$N/cm）
KCl	氮	1167	69.6
KCl	氮	1054	77.2
KCl	氮	909	88
$CaCl_2$	氮	664	89.2
KCl	空 气	熔 点	98.4
CaF	氮	723	104.5
LiCl	氮	1075	104.8
NaCl	空 气	908	106.4
NaCl	空 气	803	113.8
LiCl	氮	614	137.8
KF	空 气	913	138.4
$CaCl_2$	空 气	熔 点	152
$BaCl_2$	空 气	熔 点	171
NaF	空 气	1010	199.5
LiF	氮	868.5	249.5

由上分析可见，影响除渣效果的因素是较复杂的。现在还不能说有关除渣精炼的一切问题都已经清楚，各种除渣精炼的效果也不能令人完全满意，还有一系列问题尚待研究解决。

2 吸气和脱气精炼

在加热和熔炼过程中，固态和液态金属都有一定的吸收 H_2、O_2、N_2 等气体的能力。金属的这种性质称为吸气性，它是金属的重要熔炼特性之一。实践证明，以吸附、溶解和化合状态存在于金属中的气体，对金属及合金的性能和铸锭质量有着不良影响。溶解于合金中的氢是使铸锭产生气孔、疏松、板带材起泡及分层的主要原因，甚至使材料发生氢脆。材料中的氧和氮及其化合物夹杂，会恶化材料的工艺和力学性能。因此，熔炼的另一主要任务就是脱除溶解于金属熔体中的气体。研究气体的来源，气体在金属中的溶解过程，影响金属含气量的因素以及脱气精炼的原理和方法，是制定减少金属吸气及脱气工艺的关键，对于提高金属熔体质量和保证获得合格铸锭，具有十分重要的意义。

2.1 气体在金属中的存在形态及来源

2.1.1 气体存在形态

气体在铸锭中有三种存在形态：固溶体、化合物和气孔。

气体和其他元素一样，多以原子状态溶解于金属晶格内，形成固溶体。超过溶解度的气体及不溶解的气体，则以气体分子吸附于固体夹渣上，或以气孔形态存在。若气体与金属中某元素间的化学亲和力大于气体原子间的亲和力，则可与该元素形成化合物，如 TiN、ZrN、BeH、Al_2O_3、MgO 等夹渣。

常见的单质气体中，氢的原子半径最小（0.37Å），几乎能溶解于所有金属及合金中。氢也可与一些金属如 La、Nb、Th、Ta、Ce、Ti、Zr、W、V 等形成金属氢化物。氧的原半径也小（0.66Å），它是一种极活泼的元素，除能形成各种金属氧化物外，还能与铁等金属形成类似中间相为基的固溶体。Fe、Ni、Cu 等金属氧化物能溶解于各该金属熔体中，而 Al、Mg、Si 的氧化物则否。氮的原子半径为 0.80Å，与 Fe、Mn、Al、Mg、Cr、V、W、Ti、Zr 等及某些稀土金属，在高温时可形成氮化物。氮在铁中有一定的溶解度，但在大多数有色金属，如 Cu、Sn、Zn、Cd、Pb、Bi、Au、Ag 等中则不溶解或仅微量溶解。

在熔炼过程中，最常与金属熔体接触且危害较大的化合物气体是水蒸气，其次是 SO_2，另外还有 CO、CO_2 等。水蒸气与金属反应产生的氢和氧易于为金属所吸收。SO_2 能与铜、镍及铁等反应，使金属中的含硫量和含氧量增加。

无论是分子气体还是化合物气体，都不能直接溶解于金属熔体中。首先，它们要在金属表面分解成单质气体的原子，然后才能被金属吸收。另外，金属熔体中的气体，还可以 $\gamma\text{-}Al_2O_3 \cdot xH$ 等络合物形式而存在。有时也可以吸附层或气泡状态少量的存在于非金属夹杂物中。

研究表明，溶解于金属熔体中的气体，在铸锭凝固时析出来最易形成气孔。据分析，这些气孔中的气体主要是氢气，故一般所谓金属吸气，主要指的就是吸氢。金属中的含气量，也可近似地视为含氢量。因此，脱气精炼主要是指从熔体中除去氢气。

2.1.2 气体的来源

大气中，氢的分压极其微小。可以认为，除了金属原料本身含有气体以外，金属熔体中的气体主要来源于与熔体接触的炉气以及熔剂、工具带入的水分和碳氢化合物等。

2.1.2.1 炉料 金属炉料中一般都溶解有不少气体，表面有吸附的水分，电解金属上残留有电解质，如电解铜板上常含有较多的 $CuSO_4 \cdot 5H_2O$ 等。加工车间返回料上大都含有油、水及乳状液等。外来废料也有水垢、腐蚀物及锈层等。特别是在潮湿季节或露天堆放时，炉料表面吸附的水分就更多。

2.1.2.2 炉气 非真空熔炼时，炉气是金属中气体的主要来源之一。炉气的成分随所用燃料和燃烧情况不同而异，如燃料（煤、焦炭、煤气、天然气、重油等）和空气中的水分及碳氢化合物，以及燃烧产物（如水蒸气、CO、CO_2、SO_2）等。

2.1.2.3 耐火材料 耐火材料表面吸附有水分，停炉后残留炉渣及熔剂也能吸附水分。若烘炉时未彻底去掉的这些水分，将使金属大量吸气，尤其是新炉开始生产时更为严重。

2.1.2.4 熔剂 许多熔剂都含有结晶水，精炼用气体中也含有水分。为减少气体来源，熔剂和精炼用气体均应进行干燥或脱水处理。

2.1.2.5 操作工具 与熔体接触的操作工具表面吸附有水分，烘烤不彻底时，也会使金属吸气。

2.2 气体的溶解度及影响因素

在一定条件下，金属吸收气体的饱和浓度即为气体在金属中的溶解度。常用每 100 克金属中在标准状态下的气体体积 $cm^3/100g$ 来表示。由于金属中气体的溶解度一般很小，故又常以溶解气体重量百万分之一的浓度即 ppm 表示。$1cm^3 H_2$(标准)/100g＝0.9ppm；$1cm^3 N_2$(标准)/100g＝12.5ppm；$1cm^3 O_2$(标准)/100g＝14.3ppm。气体在金属中的溶解度可由实验测定，也可由热力学数据计算求得。

气体在金属中的溶解度，与金属和气体的性质、合金元素、温度及压力等因素有关。

2.2.1 金属和气体的性质

金属的吸气能力是由金属与气体的亲和力决定的。在一定温度和压力下，气体在金属中的溶解度是金属和气体亲和力大小的标志。金属与气体的亲和力不同，气体在金属中的溶解度也不同。在熔点温度，无论是固态或是液态，氢在铁、镍、镁、钛、锆、铈、钽、铌中的溶解度都比在铝和铜中的高。同时，金属在相变温度时，氢的溶解变化较大。因此，在金属凝固时，过饱和的氢就逆转析出，此时最易在铸锭中形成气孔。在凝固温度范围的金属中，固液态含气量相对变化值越大，则金属铸锭中越易形成气孔缺陷。

蒸气压高的金属，由于具有蒸发去吸附作用，会显著降低气体在金属液中的溶解度，见图 2-1。

2.2.2 气体的分压

铝及其合金从炉气中吸气的反应为

$$H_{2(g)} = 2[H] \tag{2.1}$$

$$\frac{2}{3}Al_{(l)} + H_2O_{(g)} = \frac{1}{3}Al_2O_{3(s)} + 2[H] \tag{2.2}$$

反应（2.1）的平衡常数为

$$K_H=\frac{[H]^2}{p_{H_2}} \tag{2.3}$$

$$[H]=K_H\sqrt{p_{H_2}} \tag{2.4}$$

通式为

$$C=K\sqrt{p} \tag{2.5}$$

式中，C 为气体的溶解度；K 为溶解度常数，表示标准状态时金属中气体的平衡溶解度；p 为气体分压。

由式(2.5)可知，双原子气体在金属中的溶解度与其分压的平方根成正比，这就是著名的平方根定律。在一定的温度下，气体的溶解度随分压的增大而增大。表 2-1 为 1200℃时氢在铜中的溶解度与分压的关系。按此关系作图可知，氢在铜中的溶解度与其分压的平方根呈直线关系。

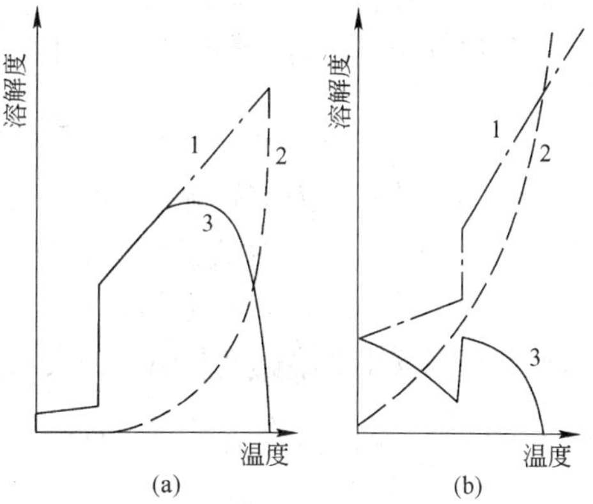

图 2-1　金属的挥发特性对气体溶解度的影响

（a）难挥发金属；（b）易挥发金属

1—不考虑金属蒸气压的影响；2—蒸气压影响溶解度的减少量；3—受蒸气压影响的情况

表 2-1　氢在铜液中的溶解度与其分压的关系

氢分压/mmHg	101	196	313	436	585	672	751
溶解度/$cm^3 \cdot 100g^{-1}$	2.62	3.66	4.62	5.52	6.40	7.01	7.46

据研究，在含有水蒸气的炉气中，即使其含量甚微，也足以使铝、镁中的氢含量增加。例如，$\frac{2}{3}Al+H_2O=\frac{1}{3}Al_2O_3+H_2$ 反应的自由焓变量 $\Delta G=-78003-5.73\log T+32.95T$。其平衡常数 $K=p_{H_2}/p_{H_2O}$，$\log K=-\Delta G^{\ominus}/RT$。当 $T=1000K$ 时，由上述二式可求得 $K=4.03\times10^{13}$，说明水蒸气很易与铝反应。其结果是不仅使铝氧化生渣，更重要的是使铝液中的氢含量增加。进一步研究表明，在 $T=1000K$ 时，即使气相中水蒸气的分压仅 2.59×10^{-19}atm，上述反应也能进行。在 Me-H_2-H_2O 系统中，由于氢分压增大，且有 $MeO\cdot xH_2O$ 之类产物存在，故金属含氢量大大提高。例如据某厂对 LY11 合金熔体中含气量所作的测定，发现空气湿度不同，在相同的熔炼条件下，其含氢量有明显变化，如表 2-2 所示。由此可见，金属熔体中的气体在很大程度上来自于炉气中的水蒸气，炉料及工具上的水分。在以重油、煤气或天然气为燃料的火焰炉中，水蒸气分压比电炉炉气中的大得多。还原性气氛比氧化性气氛中的氢分压大，故熔体中含氢量就比较多。特别是在湿度较大的梅雨和多雾的潮湿季节，铝合金铸锭更易产生气孔和疏松。

表 2-2　空气湿度与含气量的关系

月　份	1	2	3	4	5	6	7	8	9	10	11	12
平均湿度/%	30	32	34	38	38	40	52	60	46	40	32	30
含气量/$cm^3 \cdot 100g^{-1}$	0.11	0.11	0.12	0.125	0.13	0.14	0.155	0.16	0.14	0.12	0.10	0.10

2.2.3 温度

在气体分压一定时，气体在金属中的溶解度与温度的关系如下

$$C=K\exp\left[-\frac{E}{2RT}\right] \tag{2.6}$$

式中，K 为常数；E 为溶解热；其他符号意义同前。由上式可知，温度对溶解度的影响取决于溶解热。当溶解为吸热时，E 为正值，C 随 T 升高而增大。以原子状态溶解于金属熔体的气体都如此，如氢在 Fe、Cu、Al、Mg 等金属中的溶解。在 $p_{H_2}=1\text{atm}$ 时，氢在纯铝及纯铜液中的溶解度与温度的关系如下

$$\log[\mathrm{H}]_{\mathrm{Al}}(\mathrm{cm^3/100g})=-\frac{2760}{T}+1.356 \tag{2.7}$$

$$\log[\mathrm{H}]_{\mathrm{Cu}}(\mathrm{ppm})=-\frac{5250}{T}+5.502 \tag{2.8}$$

它们的溶解热分别为 104.6kJ/mol 和 88kJ/mol。图 2-2 表示氢在某些纯金属中的溶解度与温度的关系。可见，在 Al、Cu 等熔体中，气体的溶解度均随温度升高而增大。因此，熔炼过程中，在满足精炼效果及浇铸温度的前提下，应注意防止熔体过度过热及长期高温保温。

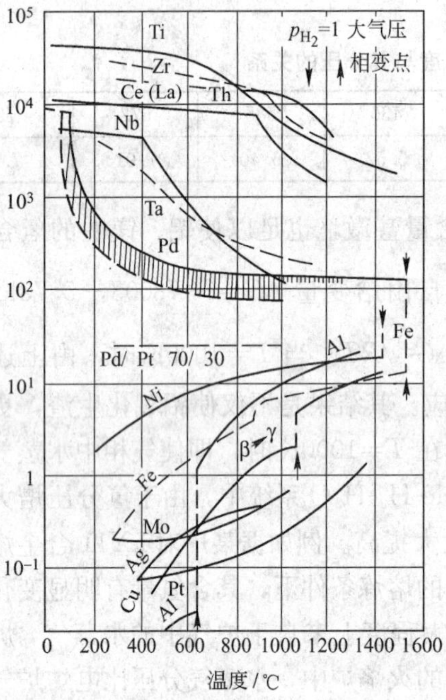

图 2-2 金属中氢的溶解度与温度的关系

当气体能与金属形成化合物且溶解热为负（即放热反应）时，C 随温度升高而降低。例如，氢在 Ti、Zr、Ta、Th、V、Ce 以及氮在 Al、Ti 等金属中的溶解即属如此。

2.2.4 合金元素

在实际的多元系合金熔体中，气体的溶解度除受制于温度和气体分压外，还在一定程度上受到合金成分的影响。与气体有较大亲和力的合金元素，通常会使合金中的气体溶解度增大；与气体亲和力较小的合金元素则相反。

若式（2.1）表示氢在多元系合金中的溶解度，于是

$$K_H=\frac{a_{[\mathrm{H}]}}{\sqrt{p_{\mathrm{H_2}}}}=\frac{f_{[\mathrm{H}]}[\%\mathrm{H}]}{\sqrt{p_{\mathrm{H_2}}}} \tag{2.9}$$

或 $$\log[\%\mathrm{H}]=\log K_H+\log\sqrt{p_{\mathrm{H_2}}}-\log f_{[\mathrm{H}]} \tag{2.10}$$

式中，$[\%\mathrm{H}]$ 为合金中氢的溶解度；$a_{[\mathrm{H}]}$、$f_{[\mathrm{H}]}$ 分别为合金中氢的活度及活度系数。由式(2.10)可以证明，凡活度交互作用系数 $e_{[\mathrm{H}]}^{[j]}$ 大于零的合金元素，如铜液中的 Zn、Sn、Al 等，均能提高 $f_{[\mathrm{H}]}$，降低氢在合金中的溶解度；相反，$e_{[\mathrm{H}]}^{[j]}$ 小于零的合金元素，如铜中的 Mn、Ni 等，则增大氢在合金中的溶解度。图 2-3 为合金元素对氢在金属熔体溶解度的影响。某些实验结果表明，Cu、Sn、Mn、Zn 能降低氢在铝合金中的溶解度，而 Ti、Ce、Th、Zr、Mg 等则相反。微量的 Sn、Pb、Bi、Cd 会使镁中氢的溶解度下降，而 Ca、Sb

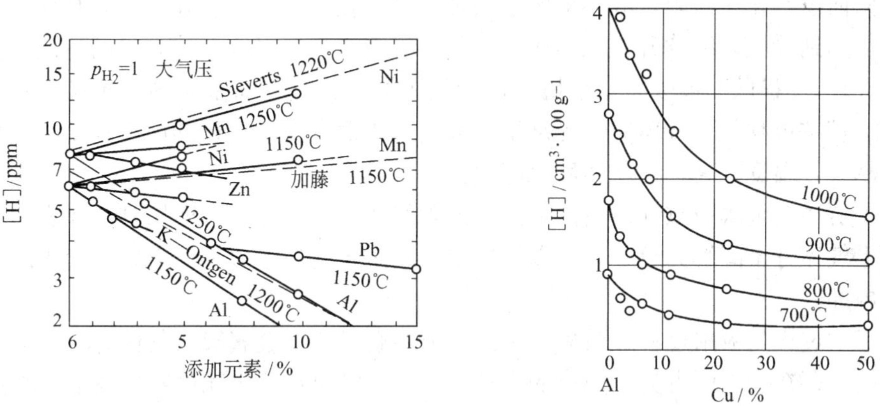

(a) (b)

图 2-3 合金元素对氢在金属熔体中溶解度的影响

(a) 铜液中；(b) 铝液中

则使之增大。Ni、Pt、Mn、Fe 能增大铜中氢的溶解度，但 Sn、Al、Zn、Pb、Cd 和 P 则降低铜中氢的溶解度。合金元素影响气体在金属中溶解度的机理还有待研究。

综合各种因素对双原子气体溶解度的影响，可用下式表示

$$C = K\sqrt{p}\exp\left(-\frac{E}{2RT}\right) \tag{2.11}$$

或

$$\log C = -\frac{A}{T} + B + \frac{1}{2}\log p \tag{2.12}$$

式中，A、B、K 为常数，其余符号意义同前。

2.3 吸气的动力学过程及影响因素

上节讨论的影响气体溶解度的诸因素，都是对平衡状态而言的。根据热力学计算得出的公式(2.12)，只能确定气体在金属熔体中溶解的限度。要了解吸气的速度和最终结果，则必须分析金属吸气的动力学过程及影响因素。

2.3.1 吸气过程

吸气过程即气体在金属中的溶解过程，主要分为吸附和扩散两个阶段。

2.3.1.1 吸附阶段 金属吸附气体有两种形式，即物理吸附和化学吸附。前者是由于金属表层原子受力不平衡，因而存在一表面力场，当气体分子碰撞到金属表面时，就会被粘附在金属表面上。物理吸附最多只能覆盖单分子层厚度。气体能否稳定地吸附在金属表面，取决于金属表面力场的强弱、温度的高低及气压的大小。若表面力场较大，则易吸附且不易脱离；若表面力场小，则吸附气体会很快离去。随着温度的升高，气体分压的减小，或金属蒸气压的增大，物理吸附逐渐减弱，吸附气体的浓度就降低；反之，则有利于物理吸附。物理吸附热不大，很快就能达到平衡。吸附的气体处于稳定的分子状态，故不能为金属所吸收。当金属和气体间具有一定亲和力时，吸附在金属表面的气体分子便可离解为原子状态。只有在气体分子离解为原子时，气体才能为金属液所吸收。

惰性气体如 He、Ar 等虽属单原子气体，但它们与金属原子间没有亲和力，只能进行

物理吸附而没有化学吸附，故不能溶解在金属中。化学吸附速度随温度升高而加快，至一定温度后达到最大；继续升温反而减小。化学吸附是金属吸收气体必经的过渡阶段。

2.3.1.2 扩散 被吸附在金属表面的气体原子，只有向金属内部扩散，才能溶解于金属中。扩散过程就是气体原子，从浓度较高的表面向浓度较低的内部运动的过程。显然浓度差越大，温度越高，扩散速度也越快。

综上所述，金属吸收气体由以下四个过程组成：1)气体分子碰撞到金属表面；2)在金属表面上气体分子离解为原子；3)以气体原子状态吸附在金属表面上；4)气体原子扩散进入金属内部。

前三个过程是吸附过程，最后一个是扩散溶解过程。金属吸收气体时，实际上这四个过程是同时存在的。而占支配地位的是扩散过程，它决定着金属的吸气速度。在达到饱和浓度以前，吸气速度越快，金属与气体的接触时间越长，金属吸收的气体量就越多。

2.3.2 影响金属实际吸气量的因素

不难理解，在合金一定时，熔体中的实际含气量取决于吸气速度、熔炼温度及时间等。从气体溶解机制可知，金属的吸气速度主要决定于其扩散速度。由 Fick 第一扩散定律 $J=-D\dfrac{dC}{dx}$ 和平方根定律 $C=K\sqrt{p}$ 可以得出，气体通过单位金属表面的扩散速度如下：

$$J=-\frac{D_0K}{x}\sqrt{p}\exp(-E_D/2RT) \tag{2.13}$$

式中，J 为扩散速度，即扩散通量；D_0 为扩散系数；E_D 为扩散激活能；x 为扩散层厚度；其它符号同前。由式（2.13）可见，气体分压越大，温度越高，扩散系数越大，金属吸气速度就越快。

金属中气体的扩散系数与合金元素有关。例如，Mg 和 Ti 都显著降低氢在铝液中的扩散系数。气体原子通过金属表面致密氧化膜或熔剂的扩散速度比在液体金属中慢得多，故氧化膜和覆盖剂越致密越厚，金属吸气量越少。氢通过铝表面的致密氧化膜的扩散速度仅为通过纯洁铝表面时的十分之一。据试验，铝在 800℃时，1 分钟内可吸收 75%平衡溶解度的气体；在 1000℃时，1 分钟即可达到饱和浓度。但在铝液表面有 Al_2O_3 膜时，在 820℃吸收氢气量与时间的关系为：经过 48、72、108、162、282 分钟后，金属含气量分别是 0.9、1.1、1.4、1.8、2.0cm³/100g。

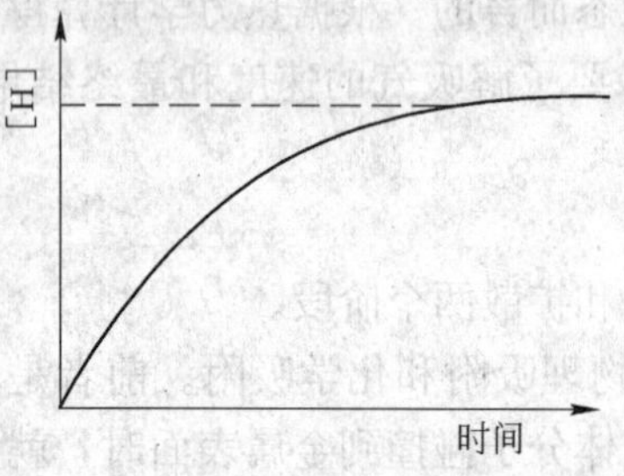

图 2-4 金属含气量与熔炼时间的关系

气体分压大，气体在金属表面的浓度高，故气体在金属中的浓度梯度大，致使扩散速度加快。吸气过程需要一定的时间。金属中的含气量与熔炼时间的关系如图 2-4 所示。

上面分析了金属吸气的一般规律即热力学和动力学条件。在熔炼成分一定的合金时，熔体的实际含气量主要取决于熔炼工艺和操作。正确地执行“以防为主”的原则，严防水分和氢的载体接触炉料或熔体，再配合以有效的脱气措施，就能使金属熔体的含气量达到制品可以接受的水平。

2.4 脱 气 精 炼

为获得含气量低的金属熔体，一方面要精心备料，严格控温快速熔化，采用覆盖剂等措施以减少吸气；另一方面必须在熔炼后期进行有效的脱气精炼，使溶于金属中的气体降低到尽可能低的水平。

气体从金属中脱除途径有三：一是气体原子扩散至金属表面，然后脱离吸附状态而逸出；二是以气泡形式从金属熔体中排除；三是与加入金属中的元素形成化合物，以非金属夹杂物形式排除。这些化合物中除极少数（如 Mg_3N_2 等）较易分解外，大多数不致在金属锭中产生气孔。脱气精炼的主要目的，就在于脱除溶解于金属中的气体。

根据脱气机理的不同，脱气精炼可分为分压差脱气、化合脱气、电解脱气和预凝固脱气等方法。

2.4.1 分压差脱气的热力学分析

气体溶于金属熔体和自金属熔体中脱除，是同一个问题的两个方面。式（2.1）在一定温度和压力下达到平衡时

$$\Delta G^{\ominus} = -RT\ln K_p = -RT\ln \frac{[\mathrm{H}]^2}{p_{\mathrm{H_2}}} \tag{2.14}$$

若金属中气体含量一定，而气体的实际分压为 $p'_{\mathrm{H_2}}$，从热力学分析，平衡就要移动

$$\Delta G = \Delta G^{\ominus} + RT\ln Q_p = RT\ln \frac{p_{\mathrm{H_2}}}{p'_{\mathrm{H_2}}} \tag{2.15}$$

当 $p'_{\mathrm{H_2}} > p_{\mathrm{H_2}}$ 时，$\Delta G < 0$，反应(2.1)向右移动，即气体向金属中溶解；当 $p'_{\mathrm{H_2}} < p_{\mathrm{H_2}}$ 时，反应向左移动，即气体自金属中脱除。因此，将溶解有气体的金属熔体置于氢分压很小的真空中，或将惰性气体导入熔体，便提供了脱氢的驱动力。在工业生产中，通常是把 N_2、Ar 等惰性气体通入熔体中(见图 2-5)，或将能产生气体的熔剂压入熔体中。由于气泡内部开始完全没有氢气，即 $p'_{\mathrm{H_2}}$ 为零，而气泡周围的熔体中，氢的分压 $p_{\mathrm{H_2}} \gg 0$。在气泡内外氢分压差的作用下，使溶解的氢原子向熔体-气泡界面扩散，并在该处复合为氢分子进入气泡内，然后随气泡一起上浮而自熔体逸出。这一过程将进行到氢在气泡内外的分压相等，即处于平衡状态为止。

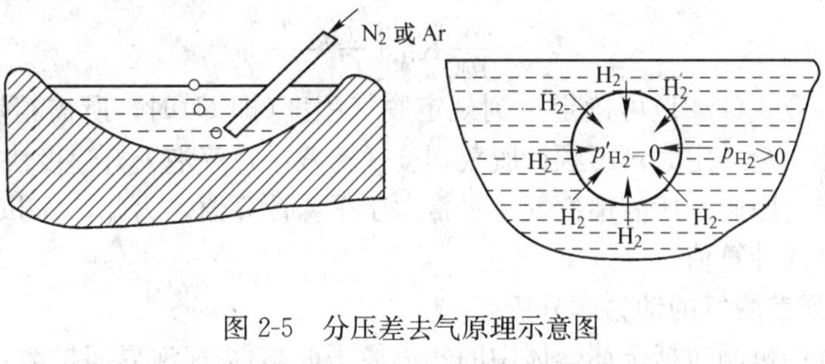

图 2-5 分压差去气原理示意图

当脱离熔体气泡中氢的分压与熔体中氢的瞬时浓度所决定的平衡分压相等时，其关系可用下式表示：

$$-\mathrm{d}V_{\mathrm{H_2}} = (\mathrm{d}V_F + \mathrm{d}V_{\mathrm{H_2}}) \frac{p_{\mathrm{H_2}}}{p_{\mathrm{H_2}} + p_F} \tag{2.16}$$

式中，V_{H_2}、V_F 分别表示熔体中溶解的氢的体积和导入熔体中惰性气体的体积；p_{H_2}、p_F 分别表示气泡中氢的分压和惰性气体分压。

设体系中总压力 1atm，即 $p_{H_2}+p_F=1$ 时，式(2.16)可改写为

$$dV_F=-dV_{H_2}\left(\frac{1+p_{H_2}}{p_{H_2}}\right) \tag{2.17}$$

将氢的标准 m^3 换算为 $cm^3/100g$，则

$$dV_F=-\frac{W}{100}\frac{1+p_{H_2}}{p_{H_2}}dC_{H_2} \tag{2.18}$$

式中，W 为金属熔体重量，t；C_{H_2} 为熔体中氢的浓度，$cm^3/100g$。

由平方根定律即 $C_{H_2}=K_{H_2}\sqrt{p_{H_2}}$，得

$$p_{H_2}=\left[\frac{C_{H_2}}{K_{H_2}}\right]^2$$

代入式(2.18)，取定积分为下述形式

$$\int_0^{V_F}dV_F=-\frac{W}{100}\int_{C_0}^{C}\left(dC_{H_2}+K_{H_2}^2\frac{dC_{H_2}}{C_{H_2}^2}\right)$$

为使熔体中氢的含量从 C_0 降到 C，所需以标准立方(Nm^3)计的惰性气体体积为

$$V_F=\frac{W}{100}\left[\frac{(C_0-C)(K_{H_2}^2-C_0C)}{C_0C}\right] \tag{2.19}$$

在用惰性气体脱气的大多数情况下，气泡逸出熔体时，其中氢的浓度比惰性气体的浓度小得多，因此式(2.16)可改写为

$$-dV_{H_2}=dV_F\frac{p_{H_2}}{p_F} \tag{2.20}$$

当 $p_F=1atm$ 时，则

$$dV_F=-\frac{W}{100}\left[\frac{dC_{H_2}}{p_{H_2}}\right]$$

或

$$\int_0^{V_F}dV_F=\frac{W}{100}K_{H_2}^2\int_{C_0}^{C}-\left[\frac{dC_{H_2}}{C_{H_2}^2}\right]$$

积分得

$$V_F=\frac{W}{100}K_{H_2}^2\left[\frac{1}{C}-\frac{1}{C_0}\right] \tag{2.21}$$

从式(2.19)或式(2.21)可确定达到规定脱气程度(即 C)时，所需精炼气体的最小体积。在惰性气体用量一定时，可预计脱气程度。实践中，气泡上升速度快，多在未达平衡状态时便已逸出。因此，所需惰性气体量常大于平衡计算值。为此，Geller 曾用一经验有效系数来修正平衡计算值。

2.4.2 分压差脱气的动力学分析

分压差脱气的机制包括金属熔体中的气体原子向熔体-气泡界面扩散；在熔体-气泡界面发生 $2[H]=\{H_2\}$ 反应和氢气进入惰性气泡内；氢气随气泡上浮并自熔体逸出。研究表明，氢原子透过气泡周围边界层的扩散控制着自熔体向惰性气泡的迁移。因为扩散系数一定，而气泡停留时间很短，故在一般情况下是难以达到平衡的。因此，增大熔体与惰性气泡的接触界面面积，将有利于溶解气体的脱除。

在脱气精炼过程中，设溶解气体为均匀分布，进入惰性气泡中的氢气浓度很小。在界面处氢气浓度为零时，其线性浓度梯度可近似认为 $\Delta c/\Delta x=(c-0)/\delta$。因此，气泡脱气的动力学可用下式表示：

$$-\frac{\mathrm{d}C}{\mathrm{d}t}=\left[\frac{D\cdot A_B}{\delta\cdot V_m}\right]ut_RC \qquad (2.22)$$

式中，D 为气体原子在金属液中的扩散系数；A_B 为气泡的平均表面积；δ 为边界层厚度；V_m 为金属熔体体积；u 为气流速度；t_R 为气泡平均停留时间；C 为金属熔体中气体的瞬时浓度。积分上式得

$$\lg\left[\frac{C_0}{C_t}\right]=K't \qquad (2.23)$$

式中，K'为常数，其值可由式（2.22）右边诸因子求得。由式（2.23）可预计达到规定脱气量所需时间，如图 2-6 所示。

在脱气过程中，惰性气体会强烈搅拌熔体，使金属熔体-气泡界面增大，并减小边界层厚度，从而增大脱气速度。

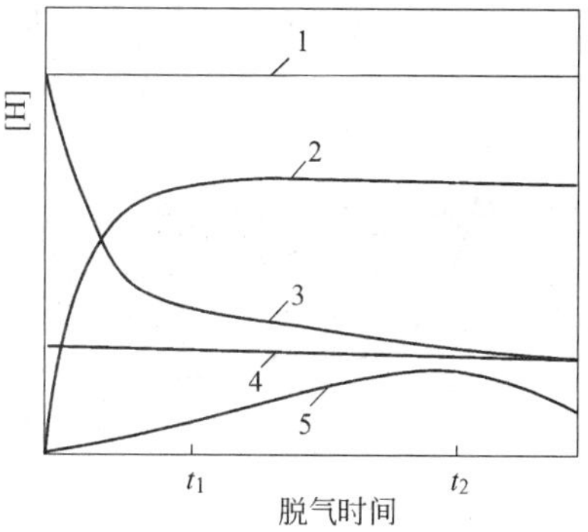

图 2-6　脱气程度与脱气时间的关系示意图
1—熔体中原始含气量；2—气泡脱除的气体量；
3—熔体中实际含气量；4—平衡状态含气量；
5—扩散脱气量

2.4.3　分压差脱气精炼法

分压差脱气精炼法可分为气体脱气法、熔剂脱气法、沸腾脱气法和真空脱气法四种。

2.4.3.1　气体脱气法　气体脱气法所用气体有惰性气体、活性气体和混合气体数种。此外，还有在精炼气体中加入固体熔剂粉末的气体和熔剂混合物脱气法。

（1）惰性气体精炼：惰性气体是指那些本身不溶于金属熔体，且不与熔体中的元素发生化学反应的气体，如铝合金常用的氮气和氩气等。

惰性气体脱气的特点是它本身无毒，不腐蚀设备，操作方便、安全，但脱气效果不够理想。在精炼温度超过 800℃时，会形成大量硬脆的 AlN 夹杂，影响合金质量。此外，工业用惰性气体中常含有少量 O_2 及 H_2O，不仅会使熔体氧化和吸气，而且还由于在气泡和铝液界面形成 Al_2O_3 膜，阻碍氢向气泡内扩散而降低脱气效果。故惰性气体在导入熔体前必须进行脱水处理和净化处理。

（2）活性气体精炼：铝合金用氯气脱气效果较好。Cl_2 与铝的反应为

$$2Al+3Cl_2 = 2AlCl_3\uparrow \qquad (2.24)$$

$$2[H]+Cl_2 = 2HCl\uparrow \qquad (2.25)$$

式（2.24）是主要反应，生成大量沸点为 183℃的三氯化铝，在熔炼温度下，其蒸气压约为 23atm，在熔池中以气泡形式上浮而起脱气作用。氯气泡上浮很快，有些 Cl_2 来不及与铝反应便直接逸出液面，只起搅拌和惰性气泡作用。一般认为，活性气体脱气效果好，并有除钠作用。但氯气有毒，有害人体健康，腐蚀设备和污染环境，需有完善的通风排气设备。使用氯气精炼有可能使铸锭组织粗化，这是因为 Ti 的细化晶粒作用由于生成了 $TiCl_3$ 而降低。

（3）混合气体精炼：混合气体精炼能充分发挥惰性气体和活性气体的长处，并减免其害处，因而在生产中获得了广泛应用。氮-氯混合气体多采用 10%～20%Cl_2＋90%～80%

N_2。实践表明，当氯气的浓度为16%时，除气效果最好。除此之外，还有使用15%Cl_2+11%CO+74%N_2脱气的，其反应如下：

$$Al_2O_3+3CO+3Cl_2 = 2AlCl_3\uparrow+3CO_2\uparrow \tag{2.26}$$

或

$$Al_2O_3+2[H]+4Cl_2+3CO = 2HCl\uparrow+2AlCl_3\uparrow+3CO_2\uparrow \tag{2.27}$$

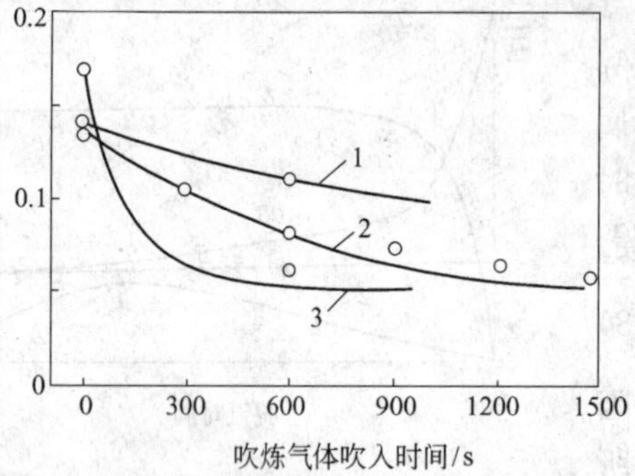

图2-7 精炼气体导入方式对脱气效果的影响

1—直管；2—多孔塞砖；3—旋转喷嘴

氯气或含氯的混合气体的除气效果比惰性气体好，是因为有氯参加的脱气反应为放热反应，气体总体积增加，且生成的$AlCl_3$气泡细小，从而使金属熔体和气泡间界面积增大，可加速脱气速率。

为提高脱气精炼效果，应注意控制气体的纯度和导入方式。研究证明，若氮中氧含量为0.5%和1%，脱气效果分别下降40%和90%。故精炼气体中氧含量不得超过0.03%（体积）、水分不得超过3.0g/L，对一般合金来讲，这能达到满意的脱气效果。导入气体的方式也会影响精炼效果。若形成的气泡直径大，上升速度快，逸出表面时会引起金属液的飞溅，破坏熔体表面的氧化膜。若气流速度过快，易形成链式气泡流。在这种条件下，气泡-金属接触界面小，会降低脱气效果。形成小直径非链式气泡时，能加强熔体搅拌，增大气泡与熔体的接触界面积。且直径小的气泡上浮速度慢，通过熔体的时间长，因而精炼效果好。图2-7为不同导气方式的脱气效果。单管导入气体时脱气效果较差，为此可用装有带小孔的横向吹管予以改善。图2-8为多孔塞砖（又名透气砖）导流精炼的情况，气体通过多孔砖可形成细小弥散的气泡，精炼效果较单管吹气好得多。高速旋转喷嘴（见图2-9）能将精炼气体分散成极细小的气泡，均匀分布于熔体中，具有最佳的脱气精炼效果。

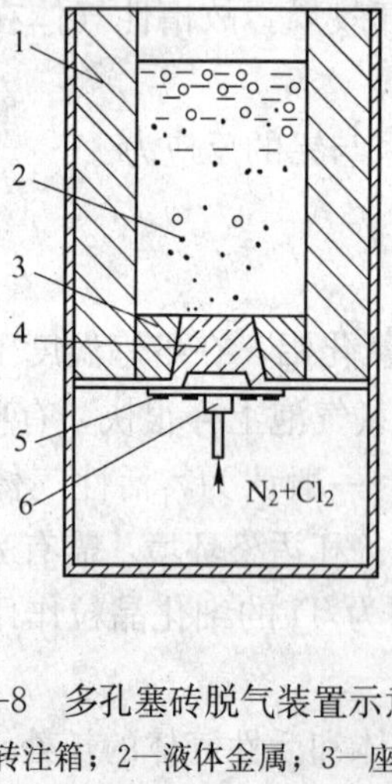

图2-8 多孔塞砖脱气装置示意图

1—转注箱；2—液体金属；3—座砖；4—透气砖；5—气室；6—接头

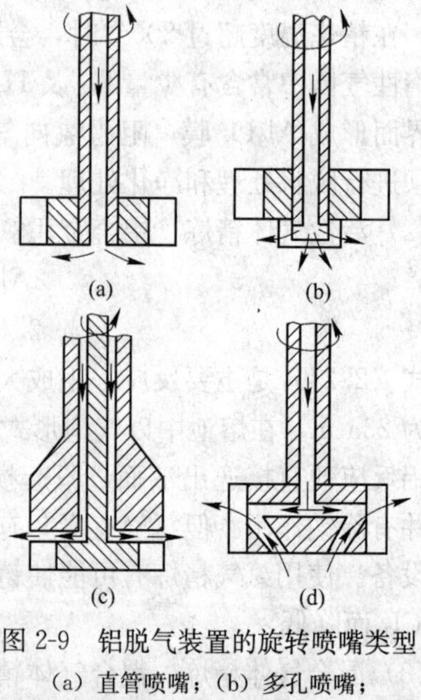

图2-9 铝脱气装置的旋转喷嘴类型

（a）直管喷嘴；（b）多孔喷嘴；（c）利用剪切；（d）利用离心力

2.4.3.2 熔剂脱气法 使用固态熔剂脱气时，将脱水的熔剂用钟罩压入熔池内，依靠熔剂的热分解或与金属进行的化学反应所产生的挥发性气泡，达到脱氢的目的。如铝合金及铝青铜等常用含有氯盐的熔剂来脱气，其反应为

$$2Al+3MeCl \longrightarrow 2AlCl_3\uparrow +3Me \tag{2.28}$$

近年来趋向用六氯乙烷代替氯盐或氯气来脱气

$$3C_2Cl_6+2Al \longrightarrow 3C_2Cl_4\uparrow +2AlCl_3\uparrow \tag{2.29}$$

$$3C_2Cl_4+2Al \longrightarrow 3C_2Cl_2\uparrow +2AlCl_3\uparrow \tag{2.30}$$

就精炼效果而言，同一重量的熔剂产生的气体量越多则脱气效果越好。在同一重量条件下，C_2Cl_6 产生的气体量比 $MnCl_2$ 多 1.5 倍，所以脱气效果好。用 C_2Cl_6 精炼时，所生气泡多，同时它不吸潮，用量少，价格也便宜，是一种较好的固体脱气精炼剂。但使用时需加强通风排气，以免污染环境。近年来铸铝行业广泛使用各种“无毒精炼熔剂”，已引起人们的重视。它们大都是以碳酸盐或硝酸盐等氧化剂和碳组成的混合熔剂，在熔体中生成 CO、CO_2 等气泡，其反应为

$$4NaNO_3+5C \longrightarrow 2Na_2O+2N_2\uparrow +5CO_2\uparrow \tag{2.31}$$

为提高精炼效果和减缓反应强度，还在其中配入不同比例的六氯乙烷、冰晶石粉、食盐及耐火砖粉等。通常将各组成物分别烘干、筛分、混合，压制成圆饼或圆柱体，密封包装待用。“无毒精炼剂”除有精炼作用外，对 Al-Si 合金还有一定的变质作用，故又称“无毒精炼变质综合处理剂”。但精炼时烟尘较多，渣多，金属损耗也较大。

2.4.3.3 沸腾脱气法 沸腾脱气法是利用金属本身在熔炼过程中产生的蒸气泡内外气体分压差来脱气的。很明显，这种方法仅适用于高锌黄铜的脱气。已经知道，铜锌合金的沸腾温度随含锌量的增加而降低，其关系如图 2-10 所示。在低频感应电炉内熔炼 H62、H68、HPb59-1 等黄铜时，熔沟部分温度高，形成的锌蒸气泡随即上浮。由于熔沟上部的金属液温度低，在气泡上浮过程中，可能有部分蒸气泡冷凝下来，只有那些吸收了氢以及来不及冷凝的蒸气泡，才能顺利逸出熔池。随着熔池温度的升高，金属蒸气压也逐渐增大。当整个熔池温度升高到接近或超过沸点时，大量蒸气从熔池喷出，形成“喷火”现象。喷火程度强烈，喷火次数多，脱气效果就好。此法缺点是金属挥发损失大，配料时应予考虑。高锌黄铜喷火三次，即可达到脱气要求。

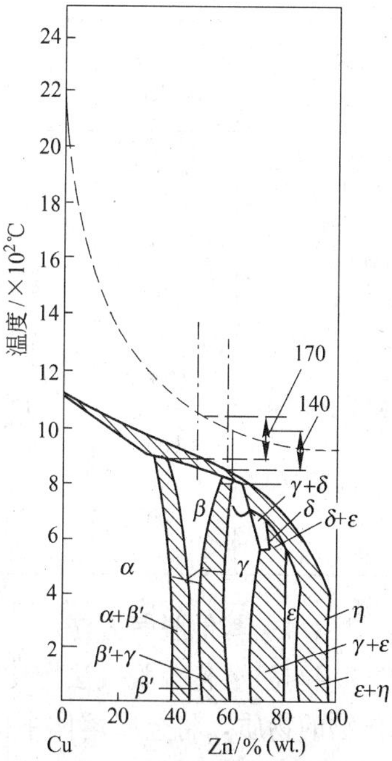

图 2-10 铜锌合金沸点与成分的关系

2.4.3.4 真空脱气法 活性难熔金属及其合金、耐热及精密合金等，采用真空熔铸法脱气效果较好。近年来，真空熔铸和真空处理的应用范围日益扩大。重要用途的铜、镍、铝及其合金，也愈来愈多地采用真空熔炼及真空处理脱气法。其特点是脱气速度和程度高，因此，它是一种有效的脱气方法。

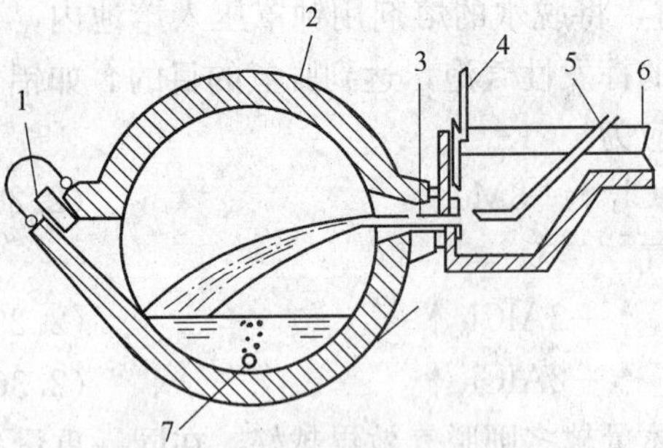

图 2-11 动态真空脱气示意图

1—出口；2—炉体；3—喷嘴；4—密封板；5—熔剂喷嘴；6—流槽；7—气体入口

实践和研究表明，一般在 10 托(1mmHg=1 托）真空度下能使铝熔体中的氢含量降到 $0.1cm^3/100g$。

真空脱气法分为静态真空脱气法和动态真空脱气法。静态真空脱气法是将熔体置于 10～30 托的真空度下，保持一段时间。动态真空脱气过程如图 2-11 所示。它是将金属液经流槽导入抽至 10 托的真空炉内，使金属液以分散的液滴喷落在熔池中。借助于对熔体的机械或电磁搅拌，或通过炉底的多孔砖吹入精炼气体，可加快脱气过程。使用此法处理铝合金液，与静态法比较不仅脱气时间短，含氢量低（$\leqslant 0.10cm^3/100g$），钠含量可降至 2ppm，还能减少夹渣，可满足航空工业产品的要求。表 2-3 为真空脱气前后铝熔体中氢平均含量的变化。

表 2-3 真空脱气前后铝熔体中氢平均含量的变化

合金类型	在低压下静置的温度/℃	气 压 /$\times 10^2$Pa	液体金属中的平均含氢量 /$cm^3\cdot 100g^{-1}$		备 注
标 准			除气前	除气后	
AlSi12，DIN			0.25	0.05	精炼是在容量为 180kg 的浇包内进行
AlSi19Mg			0.17	0.05	
AlSi17Mg			0.30	0.05	
AlMg3			0.172	0.12	
AlCu4Ti			0.15	0.055	
AlCu4TiMg			0.17	0.05	
Al			0.33	0.05	在 70kg 浇包内进行
AK9，PN	600	13	0.17	0.08	
AK9	600		0.25	0.09	
AK11，PN	600	12	0.30	0.07	
AK51	600		0.24	0.09	
АЛ9，ГОСТ	600	13		0.08	在密封坩埚内

2.4.4 其他脱气方法

2.4.4.1 化合脱气法 化合脱气法是利用在熔体中加入某种能与气体形成氢化物和氮化物的物质，将金属熔体中的气体脱除的一种方法。如加入 Li、Ca、Ti 和 Zn 等活性金属形成 LiH、CaH_2、TiH_2、TiN、ZrN 等化合物。这些化合物的比重小且多不溶于金属液，易于通过除渣精炼而排除。溶于金属液中的氢和氧有时可相互作用而形成中性水蒸气，也能达到脱气的目的。如在铜中有

$$2[H]+[O]=\{H_2O\} \tag{2.32}$$

$$[H]=K_H\sqrt{\frac{p_{H_2O}}{[O]}} \tag{2.33}$$

在温度及 p_{H_2O}一定时，金属中的氢含量将随氧含量的增多而减少。因此，可利用先氧化脱氢，然后用脱氧的办法使之还原，便可达到氧化精炼及脱氢的双重目的。

2.4.4.2 预凝固脱气法（又称慢冷脱气法） 在大多数情况下，气体在金属中的溶

解度随温度的降低而减少。预凝固脱气法就是利用这一规律的。将金属液缓慢冷却到固相点附近，让气体按平衡溶解度曲线变化，使气体自行扩散析出而除去大部分气体，如图 2-12 中的 *abcd* 线所示。再将冷凝后的金属快速升温重熔，此时气体来不及大量重溶于金属即行浇铸，故可得到含气量较少的熔体。此法要额外消耗能量和时间，仅在重熔含气量较多的废料时使用。

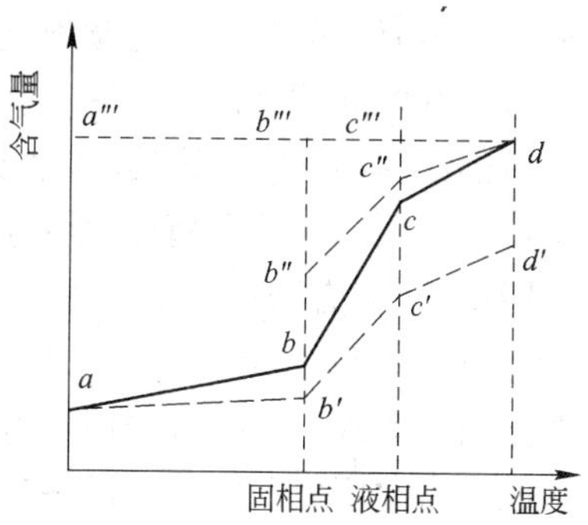

图 2-12　冷却速度和温度对含气量的影响示意图

abcd—平衡冷却；*ab'c'd'*—快速加热；*b''c''d*—较快冷却；*a'''b'''c'''d*—极快冷却

2.4.4.3　振荡脱气法　金属液受到高速定向往复振动时，导入金属液中的弹性波会在熔体内部引起“空化”现象，产生无数显微空穴，于是溶于金属中的气体原子就以空穴为气泡核心，进入空穴并复合为气体分子，长大成气泡而逸出熔体，达到脱气的目的。该法的实质就是瞬时局域性真空泡脱气法。振动方法有机械振动和超声波振动两种。在功率足够大时，超声波振动的空化作用范围可达到全部熔体，不仅能消除宏观气孔，也能消除显微气孔，提高致密度。此外还有细化晶粒作用。

2.4.4.4　直流电解脱气法　此法是用一对电极插入金属液中，其表面用熔剂覆盖，或以金属熔体作为一个电极，另一极插入熔剂中，然后通直流电进行电解。在电场作用下，金属中的 H^+ 趋向阴极，取得电荷中和后聚合成氢分子并随即逸出。金属中的其他负离子如 O^{2-}、S^{2-} 等则在阳极上释放电荷，然后留在熔剂中化合成渣而被除去。实验表明，此法不仅能脱气，还能除去夹渣，可用于铝、铜、镍及其他金属合金。

2.5　联合在线精炼

为提高铝合金产品的质量和产量，降低成本，减少能耗和防止公害，近年来在精炼方面出现了一种新的发展趋势——联合在线精炼。即在炉外配备一套装置，以炉外连续处理工艺取代传统的炉内间歇式分批处理工艺。炉外处理熔体有多种形式，但根据对铸锭质量的要求，可采用以脱气为主，以除去非金属夹杂为主或同时脱气和除渣等工艺。下面介绍几种典型和较有实用价值的熔体处理新技术。

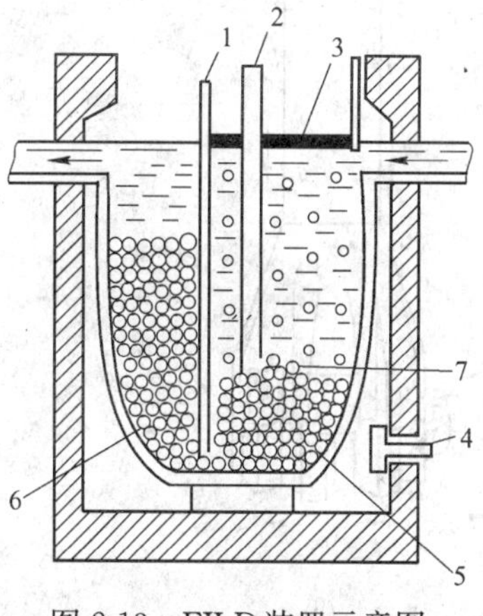

图 2-13　FILD 装置示意图

1—隔板；2—氮气通入管；3—液态熔剂；4—燃烧喷嘴；5—涂有熔剂的氧化铝球；6—氧化铝球；7—氮扩散器

2.5.1　FILD 法

FILD（*Fumeless In Line Degasing*）法是在作业线上的一种无烟连续脱气和净化铝液新技术，为英国铝业公司（BACO）首次公布。它是英国铝业公司与瑞士高奇电炉公司（Gauts Chi Electro-Fours SA）共同开发的。据称已成功地应用于工业生产，并在英国、澳大利亚、加拿大、法国、德国、荷兰、瑞士、意大利、美国和日本取得了专利权。FILD 装置如图 2-13 所示。在耐火坩埚或耐火砖衬里的容器中，用耐火隔板将容器分成两个室。

从静置炉中流出的铝液，经倾斜流槽进入第一室，在熔剂覆盖下进行吹氮脱气和除渣，然后通过涂有熔剂的氧化铝球滤床除去夹渣，再流到第二室，通过氧化铝球滤床，以除去铝液夹带的熔剂和夹渣。FILD装置处理过程中需要加热。在静置炉与铸造机之间安装这种装置，就无须进行炉内精炼，可连续脱气和除渣。

FILD装置有圆形坩埚和耐火砖砌的长方形容器两种，各有三种标称容量：260-340-600kg/min。以340kg/min为例，处理1吨铝液用0.7～1.1m^3氮气和1kg熔剂。坩埚使用寿命约6个月，氮扩散器使用寿命约两个月。设备总尺寸ϕ2.0×1.4m，总重5吨。处理总成本为常用氯气精炼加过滤工艺的1/4。

在正常使用条件下，FILD法处理的铝铸锭中含氢量为0.1cm^3/100g，试样中未发现气孔和夹渣，质量能满足航空工业的严格要求。选用适当熔剂（如含$MgCl_2$）可降低铝中微量有害元素钠的含量。

FILD法可广泛用于处理Al-Mg-Si、Al-Mg、Al-Zn、Al-Mg-Zn和Al-Cu系合金。处理的合金已用于包括航空和军工用的轧制、锻造和挤压高强材料、薄板和箔材，汽车用光亮构件，印刷照相用薄板及阳极化产品，连铸的铝盘条等。

类似的处理方法还有Brondyke-Hess过滤脱气联合处理法、Alcoa496法、Alcoa528法、Alcoa622法等。这些方法的缺点是更换过滤器及熔体比较麻烦，将逐渐被淘汰。

2.5.2 SNIF法

SNIF（*Spinning Nozzle Inert Floatation*）法即旋转喷气净化处理法，由美国联合碳化物公司（Union Carbide Co.）开发的，是一种最新的、效率最高的、最易操作的在线式精炼工艺。其特点是：将精炼脱气与过滤除渣合为一体，不用静置炉，省时节能；只用少量氯气，无环境污染；占地面积小；熔体质量高且稳定，氢可降至0.04～0.07cm^3/100g铝；可根据合金和铸造速度不同，调节流量；维护简单，检修周期长；自动化程度高。SNIF装置如图2-14（a）所示。该装置的核心是旋转喷嘴，见图2-14（b），其作用是把精炼气体喷成细小气泡并使之均匀分布于整个熔体内，强烈搅拌熔体，并使之形成

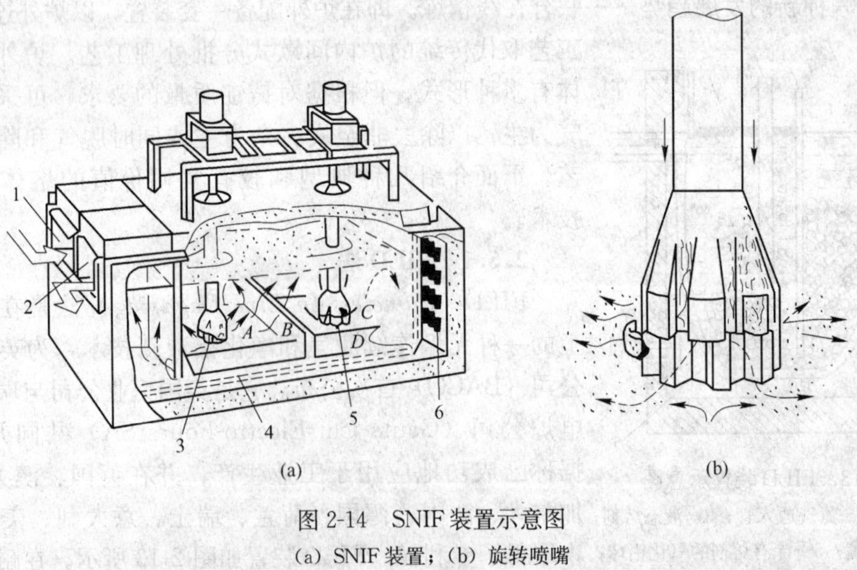

图2-14　SNIF装置示意图

（a）SNIF装置；（b）旋转喷嘴

1—入口；2—出口；3、5—旋转喷嘴；4—石墨管；6—发热体

定向液流。喷嘴是用石墨制作的，浸于熔体中，用高压空气冷却。旋转喷嘴的优点是：不会堵塞，不论气体流量多大，均可形成细小气泡。喷嘴转速为400～500rpm。净化室是密封的，内衬多用石墨砌筑，在微正压下工作；使熔体与空气隔绝，从而能保证良好的净化条件，既可避免熔炉内衬及喷嘴氧化，又不致使净化后的熔体再度遭受污染和吸氢。

由图2-14（a）可见，SNIF装置有两个净化处理室和两个旋转喷嘴。熔体通过流槽由熔炼炉流入第一净化区（即A室），第一旋转喷嘴对它进行强力净化。喷出的气体以细小气泡弥散于熔体内。搅拌时涡流使气泡与金属间的接触面积增大从而为脱气和造渣并聚集上浮创造了有利条件。然后，金属液流过隔板B，进入第二净化区（即C室），接受第二个喷嘴的净化处理。最后，净化了的金属液进入一个安装在炉底、开口在第二净化室后部的石墨管D，流入炉子前部的储液池。储液池和炉子内部是用SiC板隔开的，仅通过石墨管D相连。隔板能缓冲熔体的涡流，并保持金属液面稳定。净化后的金属液从储液池平稳流出并进入结晶器。出口和入口在同一水平线上。

精炼后逸出的气体，汇集于炉子上部，通过其入口处排出。熔剂和夹杂浮在熔体表面，通过旋转喷嘴在液面所产生的循环液流，把漂浮的炉渣不停地推向金属入口处，使之从入口处上部排出。

类似的方法有法国Pechine公司的Alper System。

2.5.3 MINT法

MINT（*Melt In Line Treatment*）法即熔体在线处理法，也是兼有脱气和过滤除渣作用的炉外连续熔体处理法之一。它是为满足对铝锭最严格的质量要求，由美国联合铝业公司（Alcoa）研制出来的。

MINT装置如图2-15所示，它由反应室和过滤室组成。熔体以切线方向进入反应室，呈螺旋形下降，与反应室下部导入的精炼气体逆向而行，增大了熔体与气泡的接触面积。在熔体过滤前进行脱气，并使大颗粒夹渣上浮分离，因而可减少过滤器的堵塞。因此，MINT法是一种高质量且处理费用低的炉外处理技术。最近，也在考虑过滤前用旋转喷嘴进行处理的工艺。这样，就能满足对产品质量更高的要求。

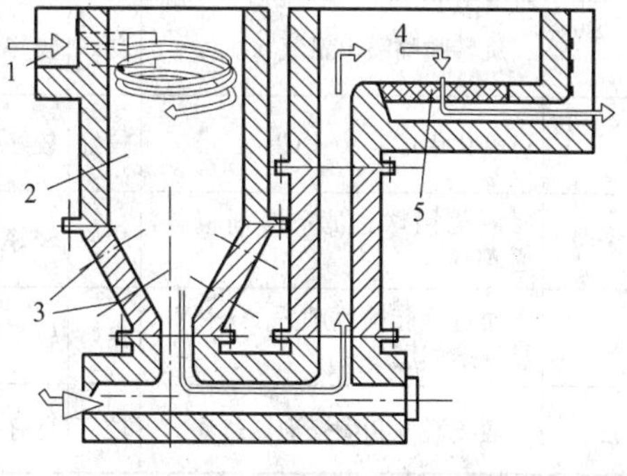

图2-15 MINT法示意图

1—入口；2—反应室；3—喷嘴；4—过滤室；5—陶瓷泡沫过滤器

铝合金的净化处理方法很多，现将它们的分类及特点列于表2-4，供选用时参考。

表 2-4 铝合金熔体处理法的种类、效果和特点

处理方式			方法名称		处理条件	效果及特点：脱气	除渣	脱钠	对环境污染	更换熔体	备注
炉内处理	常压	静态	熔体静置		长时间保温静置	较差	较差	无	良好	良好	时间长
			熔体静置＋熔剂处理		保温与熔剂并用，有多种熔剂，最后要除去熔剂	一般	一般	可以	良好	较好	
		动态	Cl_2 处理		向静置炉内吹入氯气	良好	可以	良好	较差	较好	从处理到铸造时间长，将再度吸气
			C_2Cl_6 处理		往熔体中压入 C_2Cl_6	较好	可以	较好	较差	较好	
			Cl_2+N_2		向熔体中同时导入 Cl_2+N_2	较好	可以	可以	可以	较好	
	真空	静态	雷诺公司	三气法	导入 N_2，Cl_2 和 CO 混合气体	较好	可以	可以	可以	较好	
			Horst	真空静置法	转注入真空炉内，在 10～30 托真空度下静置	较好	可以	较差	良好	较好	时间长
		动态	WSW	真空静置＋电磁搅拌法	熔体转注入真空炉内后，用电磁搅拌进行处理	良好	可以	较差	良好	较好	
			ASV	动态真空处理法	熔体喷入 10～30 托真空炉内，由炉底导入精炼气体搅拌	良好	可以	较差	良好	可以	
炉外连续处理	脱气		Air Liquid	N_2 处理	N_2 从底部多孔塞中导入熔体内	较好	可以	较差	可以	较好	
			Foseco	熔剂净化法	熔体在熔融熔剂层下导入	较好	可以	可以	可以	可以	
			BACO	熔剂覆盖＋搅拌	熔剂处理与搅拌同时并举	较好	可以	可以	可以	可以	
	过滤		Alcoa	Alcoa94	氧化铝薄片过滤	较差	较好	较差	较好	较好	
			Foseco	氟化物覆盖过滤	KF，MgF_2 过滤床	较差	较好	较差	较好	较好	
			Alcan	U. G. C. F 玻璃布过滤	多层玻璃布重叠过滤	较差	较好	较差	较好	较好	每次需更换过滤器
			Kaiser	陶瓷过滤	陶瓷粒多孔管状过滤	较差	良好	较差	较好	较差	
			Conalco	C. F. F. 陶瓷海绵过滤器	陶瓷海绵状平板过滤	较差	较好	较差	较好	较好	每次更换过滤器
	联合在线		Pechine	Alper System	旋转喷嘴喷出氩气	良好	较好	较好	较好	较好	炉体能倾动
			Alcoa	Alcoa469 双槽处理	氧化铝球，$Ar+Cl_2$	较好	较好	较好	较好	较差	
			BACO	FILD 法	氧化铝球过滤；熔剂覆盖，通入 N_2	较好	较好	可以	较好	较差	
			Union Carbide	SNIF 法	通过旋转喷嘴喷入 $Ar+N_2$，悬浮熔剂层	良好	较好	较好	较好	可以	炉体倾动
			Alcoa	MINT 法	通气脱气和陶瓷泡沫过滤	较好	良好	较好	较好	可以	

3 成分控制

金属材料的组织和性能，除了工艺因素的影响外，主要依靠化学成分来保证。因此，准确控制熔体的化学成分，是保证熔体质量的首要任务。金属材料的化学成分包括主要成分和杂质两部分。铸锭的某一成分一旦超出标准，就要按化学废品处理，造成很大的损失。出现化学废品的原因是多方面的，诸如管理不善造成混料，备料、配料计算、称量及化学分析工作的失误等。因此，严格原材料管理，正确进行配料和计算，精心控制熔炼工艺过程，及时可靠的炉前检验和成分调整，都是控制熔体成分的重要环节。本章主要讨论配料、中间合金、熔剂及成分调整在合金成分控制中的作用，并简要介绍熔体质量检验方法。

3.1 备　料

配制合金所用的炉料一般包括新金属料、废料及中间合金等三种。正确地选择炉料，对于控制合金成分、节省贵重金属及保证铸锭质量有着重要的意义。炉料形状、尺寸和重量各不相同，为了便于配料和装炉，必须对炉料进行加工处理。备料包括选择炉料、处理废料、配制中间合金及熔剂等。

3.1.1 新金属料

新金属料是指冶炼厂供给的纯金属，其中包括火法冶炼、蒸馏及电解精炼得到的金属。根据有关标准规定，每种金属料依其品位（即纯度）不同分为高纯金属和工业纯金属，都有若干牌号，每种牌号都标定出主元素含量及一些主要杂质元素限量。例如，原铝是按所含铁和硅两种主要杂质元素的多少而定其品位的。电解铜所含杂质元素种类较多，一般是按铜含量的多少而定其品位。因此，无论何种品位的新金属料均不可避免地含有不同限量的杂质元素，且这些杂质元素无一例外地要转入熔融合金中，从而影响合金的成分和性能。对要求高和杂质允许量少的合金，如电真空用无氧铜，要用高品位的新金属料配制。耐蚀性好的 H90 等，宜用 Cu-1 级电解铜。表面质量要求高的 LT66 板材及导电用铝合金，要用 Al-01 级原铝锭配制。一般工业用的杂质允许量较多的 LY11 及 HPb59-1 等合金可用低品位新金属料，也可全部用合格旧料配制。

选择新金属料品位时，应从保证熔体质量，控制合金成分和杂质量来考虑，应尽量选用高品位纯金属。但新金属料的品位越高，价格越贵，生产成本越高，因而应尽量避免使用纯度过高的新金属料，以降低成本和节省贵重金属。总之，应在保证质量的前提下，宜选用低纯度金属炉料。

3.1.2 废料

废料亦称回炉料或旧料，是配制合金的主要原料之一。以铝合金为例，其成品率一般在 60%～75%左右，即有 25%～40%的原料在加工过程中变成为废料。另一方面，在熔炼多数有色金属合金时，并无化学性精炼作用，因而对废料的选用更应注意。有色金属废料按照来源不同，大致分为本厂废料和厂外废料两大类。

3.1.2.1　本厂废料　这部分废料系指熔铸车间及各加工车间所产生的加工余料（即几何废料）及不合格的报废料（即工艺废料）。如果管理得好，这些废料通常不需要处理就可以直接入炉使用。此外，各种车、锯、铣、刨等切屑，放置过久腐蚀严重的废料，不易分辨难以挑选的混合废料，由于污染严重，杂质过多，质量低劣，须经重熔、精炼、分析成分后才能配入炉料中。质量好的黄铜车屑废料，也可不经重熔而配入一小部分。

3.1.2.2　厂外废料　这部分废料来源于各机制工厂或商业部门所回收的废料，其成分复杂，杂质较多，须经重熔精炼提纯后，才能适量配入炉料中。重熔复化后的金属称再生金属或二次金属。回收的厂外废料中常混有铁、焊料、镀料等。有的废料中含有少量贵重或稀有金属。废料中的某些有害元素，即使含量很少，也会严重影响产品质量和工艺性能。因此，熔铸高质量产品用的合金铸锭时，一般不使用厂外废料。

现场的各种废料，必须按合金牌号、纯度、尺寸及表面质量等进行分类分级堆放和保管。堆放废料处要有明显的标志，且要保持干燥和清洁，决不能将废料搁置在露天场地上。这是一项责任重大而细致的技术管理工作，务必引起充分重视。否则，就可能造成混料及成批的化学废品事故。

3.1.3　中间合金

熔炼合金时，合金元素的加入方式一般有两种。一种是以纯金属直接加入熔体，如铝合金中的铜、镁、锌等，铜合金中的锌、锡、铅等。另一种是将合金元素预先制成中间合金或称母合金，再以中间合金的形式加入熔体中。此外，还有一种加入方法，即利用含有合金元素的盐类、化合物来加入，通过与基体金属的置换反应而还原出来并进入熔体。如由铍氟酸钠加铍，由锆氟酸钾加锆及氯化锰加锰等均属于此。

3.1.3.1　使用中间合金的目的及要求　使用中间合金的目的，是为了便于加入某些熔点较高且不易溶解或易氧化，挥发的合金元素，以便更准确地控制成分。铜、铝、镁等合金中的钛、锆、铬、铌及易氧化、挥发的磷和镉等，一般多以熔点较低及合金元素浓度较高的中间合金形式加入，才能较易溶解和得到成分均匀而准确的合金熔体。其次，使用中间合金作炉料，可以避免熔体过热、缩短熔炼时间和降低熔损。

为此，中间合金应尽可能满足下列基本要求：（1）熔点应低于或接近于合金熔炼温度；（2）含有尽可能高的合金元素且成分均匀一致；（3）气体、杂质及非金属夹杂物含量低；（4）具有足够的脆性，易破碎，便于配料；（5）不易被腐蚀，在大气下保存时不应破裂成粉末。

3.1.3.2　工业用中间合金　工业上常用的中间合金有二元和三元的两种，而最常使用的中间合金是二元中间合金，因其制备方便。三元中间合金虽然制备较复杂，但其熔点一般较二元合金低，而且一次可以加入两种合金元素，所以也被使用。常用的二元及三元中间合金见表3-1。

3.1.3.3　中间合金制备　中间合金的制备方法有四种，即熔合法、热还原法、熔盐电解法及粉末法，前面两种最常用。为满足成品合金对杂质含量的要求，中间合金多用纯度较高的新金属料来熔制。除粉末法外，熔制中间合金时都要脱气除渣精炼。钛合金用的钛基中间合金必须在真空炉内熔制。

（1）熔合法：熔合法是把两种和多种金属直接熔化混合成中间合金的。熔制中间合金

表 3-1　常用各种中间合金的成分及性质

类别	中间合金	成分/%	熔点/℃	脆性
铝合金用	Al-Cu	45～55 Cu	575～600	脆
	Al-Fe	6～11 Fe	850～900	不很脆
	Al-Mn	7～12 Mn	780～800	不脆
	Al-Ni	18～22 Ni	780～810	不脆
	Al-Si	15～25 Si	640～770	不很脆
	Al-Ti	2～4 Ti	900～950	不脆
	Al-V	2～4 V	780～900	不脆
	Al-Zr	2～4 Zr	950～1050	不脆
	Al-Cr	2～4 Cr	750～820	不脆
	Al-Be	2～4 Be	720～820	不脆
	Al-Ce	10～25 Ce	750～900	不脆
镁合金用	Mg-Mn	8～10 Mn	750～800	不脆
	Mg-Th	25～30 Th	620～640	脆
	Mg-Zr	30～50 Zr		不脆
	Mg-RE	20～30 RE	590～620	脆
	Mg-Ni	20～25 Ni	508～720	脆
铜合金用	Cu-As	20 As	685～710	脆
	Cu-P	8～15 P	780～840	脆
	Cu-Cr	3～5 Cr	1150～1180	不脆
	Cu-Si	15～25 Si	800～1000	不很脆
	Cu-Mn	27 Mn	860	不脆
	Cu-Zr	14 Zr	1000	不脆
	Cu-Be	4～5 Be	900～1050	不脆
	Cu-Fe	5～10 Fe	1160～1300	不脆
	Cu-Ni	15～33 Ni	1050～1250	不脆
	Cu-Cd	28 Cd	900	—
	Cu-Sb	50 Sb	650	脆
钛合金用	Ti-Al	30～35 Al	1460～1500	—
	Ti-Sn	60～65 Sn	232～1490	不很脆
	Ti-Mo	35～45 Mo	1900～2000	—
	Cr-Al	40 Al	1450	—
	V-Al	20～40 Al	1600～1750	—
多元中间合金	Al-Cu-Ni	40Cu，20Ni	700	脆
	Al-Cu-Mn	40Cu，10Mn	650	—
	Al-Cu-Ti	15Cu，3Ti	650	—
	Al-Mg-Mn	20Mg，10Mn	580	脆
	Al-Be-Mg	25Mg，3Be	800	脆
	Al-Mg-Ti	18Mg，3Ti	670	脆

是以相图为基础。大多数中间合金是采用熔合法生产的，如铝锰、铝镍、铝铜、铜硅、铜锰、铜铁、镍镁等中间合金。根据熔合工艺不同，熔合法又有三种类型。一种是先熔化易熔金属，并过热至一定温度后，再将难熔金属分批加入而制成。这种工艺操作简单，热损失较小，是目前广泛使用的配制中间合金方法。另一种是先熔化难熔金属，而后加易熔金属。多数中间合金所含难熔组元较少，而且它们的熔点高，故此法很少采用。还有一种是事先将两种金属分别在两台熔炉内进行熔化，然后将其混合，这种工艺适用于大规模生产。

以铝锰中间合金为例，简述如下。

铝锰中间合金一般用纯铝和含锰量大于 93%的金属锰或纯度高的电解锰，在中频感应炉或坩埚炉中熔制。将破碎成细粒的锰，经预热去水分后分批加入 850～1000℃的铝液中。每批加入后应即充分搅拌，待其全部溶解后再加下一批。加完锰，再加入剩余铝锭以降低熔体温度，充分搅拌精炼扒渣后浇入预热的锭模内。由于锰易于氧化生渣，比重为铝的 2.8 倍，在整个浇铸过程中须经常搅拌熔体，防止锰沉淀而造成成分偏析。

(2) 热还原法：该法也称置换法，铝钛和铜铍中间合金可用这种方法熔制。生产铜铍中间合金时，含铍的烟尘有毒，它在具有防护设备的专用厂房内进行配制，现多由专业工厂生产。铝钛和铜铍中间合金，采用 TiO_2 和 BeO 作原料，分别以铝、碳作还原剂，使钛和铍从 TiO_2 和 BeO 中还原出来，分别溶于铝和铜液中而成中间合金。前者叫做铝热还原法或铝热法；后者叫做碳热法。例如 4%Ti-Al 中间合金的熔制方法是先在中频炉或反射炉中熔化铝，升温至 1000～1200℃时，分批加入经烘干、粉碎、过筛的氧化钛和冰晶石的混合物（TiO_2 和 Na_3AlF_6 各占铝重的 8%～9%）。用石墨棒搅拌，适当保温至不冒黄烟时便可扒渣浇铸。其还原反应如下：

$$2TiO_2+2Na_3AlF_6 = 2Na_2TiF_6+Na_2O \cdot Al_2O_3 \tag{3.1}$$

$$3Na_2TiF_6+13Al = 2AlF_3+2Na_3AlF_6+3TiAl_3 \tag{3.2}$$

也可用海绵钛和铝直接熔合成铝钛中间合金。这样，合金成分易于准确控制，操作方便，但海绵钛价格较贵，故一般多用热还原法制取铝钛中间合金。

(3) 熔盐电解法：熔盐电解法可制取铝铈中间合金，其工艺为：以电解槽的石墨内衬为阳极、用钼插入铝液中作阴极，以 KCl 和 $CeCl_3$ 熔盐作电解液。将铝液加热至 850℃左右时，通电进行电解，即可制得 10%～25%Ce-Al 中间合金。当然也可用铝热法制取铝铈中间合金。

(4) 粉末法：将两种不易熔合的金属（如铜和铬）分别制成粉末，混合压块，然后加热扩散制成中间合金。此法优点是合金元素含量高。

应该指出，应用中间合金的所谓二步熔炼法，使合金的熔炼过程增多了一道工序，提高了成本。同时，中间合金熔制过程中，还会发生杂质的吸收和积累，影响合金的冶金质量。因此，产生了不应用中间合金而直接用新金属料加入熔体的所谓一步熔炼法的设想。一步熔炼法是利用合金化后能降低合金熔点的原理，把熔点较高的合金元素直接加到基体金属熔液中去。此法的关键在于创造良好的动力学条件，增大和不断更新基体金属与合金元素的直接接触表面，促进合金元素的扩散和均匀化。一步熔炼法具有较好的技术经济效益。

3.1.4 熔剂

3.1.4.1 熔剂的作用和要求　在金属熔炼过程中，常常要使用各种各样的熔剂或造渣材料，它们对熔体质量起着极为重要的作用。熔剂与金属熔体直接接触，参与其间的物理化学反应和传热过程。通过对所使用的熔剂成分、性能和加入量的调整，可以提高除渣脱气精炼效果，减少金属氧化、吸气、挥发和与炉衬的相互作用，提高金属质量和收得率以及延长炉衬寿命。同时还可借熔剂来加入合金微量元素和作变质剂，以抑制一些微量杂质的有害作用，改善合金的工艺性能。此外，电渣炉中的熔剂作为电阻发热体，起着重要的精炼作用。可见，正确选用熔剂，对于熔炼过程的正常进行和技术经济指标的提高有着重要意义。

按熔剂的用途，可分为覆盖剂、精炼剂、氧化剂和还原剂等。按照熔剂的性质可分为酸性、碱性和中性熔剂。例如硼砂、硅砂等为酸性熔剂，可用来除去熔体中的碱性或中性夹渣。苏打、碳酸钙等为碱性熔剂，可用来除去金属熔体中的酸性或中性夹渣。中性熔剂包括碱金属和碱土金属的氯盐和氟盐，以及木炭、米糠、麦麸等，常用来作铝、铜、镁、锌及其合金的覆盖剂和精炼剂。铝合金常用 50%NaCl+50%KCl 作覆盖剂，不仅可以防止金属氧化和吸气，还有吸附造渣精炼的作用。铜合金常用木炭和米糠作覆盖剂。由于它们都是疏松多孔的活性材料，米糠中还有微量磷和钾等，既可保温，防止铜液氧化和吸气，又可以脱氧、结渣和改善熔体流动性。含 45%NaCl+40%NaF+15%Na_3AlF_6 的熔剂能溶解铝熔体中 1%的 Al_2O_3，吸附 7%的 Al_2O_3 以及脱氢，还有一定的细化晶粒的变质作用。

根据熔剂的上述作用，它应满足以下要求：

（1）具有较强的吸附、溶解和化合造渣能力；

（2）与金属熔体有较大的比重差；

（3）与金属熔体间的界面张力要大，便于与金属分离；

（4）具有较高的化学稳定性和热稳定性，不应对金属和炉衬有腐蚀作用，或产生有害气体和杂质；

（5）有较低的熔点、适当的黏度；

（6）吸湿性小，蒸气压低；

（7）制造方便，价格便宜。

能同时满足上述要求的熔剂为数甚少，为制取具有良好综合性能的熔剂，可根据需要分别加入稀释剂、浓缩剂、增重剂、氧化剂、变质剂等，制成多成分的复合熔剂。

3.1.4.2　熔剂的制备和保管　熔剂一般是根据对其性质、用途、精炼任务和熔炼温度等不同要求，通过实验来配制的。熔剂各组成物间的作用和金属间的作用相似，可用熔剂状态图或生成自由焓变量来判断其相互间的作用性质，并将其配制成二元或多元共晶型复合熔剂。

熔剂的制备方法一般有混合法和熔化法两种。

混合法是先将各种制备熔剂用原料在高温下焙烧，除去潮湿和结晶水。氯盐和氟盐要在250～300℃温度下烘焙4～6小时，有的要加热到更高的温度才能去尽水分。然后，破碎过筛，再按比例混合均匀即可使用。

熔化法制备熔剂是按一定加料顺序将各种原料加入炉内并加热直至熔化，经充分搅拌去水分后，出炉浇入经加热干燥的铁模中，然后装入密封箱内，使用前再破碎。

熔化法制备的熔剂质量高，能充分去除水分，且成分均匀。混合法生产的熔剂常因烘焙不够而降低精炼效果。增大合金吸气和氧化损失。熔剂应妥善保管，严防受潮吸水。当熔剂中的水分超过规定标准时，应重新焙烧脱水后才能使用。

3.2　配　　料

配料包括确定计算成分、炉料的计算和过秤吊装，是决定产品质量和成本的重要一环。配料的首要任务是根据熔炼合金的化学成分、加工和使用性能，确定其计算成分；其次是根据原材料的库存情况及化学成分，合理选择炉料种类、品位和配料比。最后根据铸锭规格尺寸及熔炉容量，按照一定程序，正确计算出每炉的全部炉料量，并进行过秤和吊装。

3.2.1　计算成分的确定

确定计算成分是为了计算所需炉料的重量。一般是取各元素的中限（即平均成分）作为计算成分。但还得根据合金的用途及使用性能、加工方法及工艺性能、合金元素的熔损、杂质的吸收和积累以及节约贵重金属的考虑等，决定是取平均值，还是偏上限或偏下限作为计算成分。

从合金产品的用途和使用性能来看，凡重要用途及使用性能要求高者，应按照元素在合金中的作用，具体分析后确定其计算成分。例如，做弹性元件的QSn6.5-0.1，为保证其弹性好，对起固溶强化和晶界强化作用的锡和磷，宜取其中上限作计算成分。做耐蚀件的 H62，尽管取下限含铜量（60.5%）可以满足机械性能的要求，但为保证其耐蚀性并得到单相组织，宜取上限含铜量即 63%Cu 作为计算成分。抗磁性元件用的 QSn4-3 和表面质量要求高的 LT66，杂质铁的允许含量要低，宜分别控制在 0.02%和 0.01%以下。

工艺性能包括熔炼、铸锭、压力加工、热处理及焊接性能等。合金元素与工艺性能的关系较复杂，某一成分的合金材料，有时其机械性能很高，但工艺性能却差，甚至难以用水冷半连续铸锭得到合格锭坯，且不易加工。例如，高强度铝合金 LC4，过去在半连续铸造大扁锭时易裂，后在调整铸锭工艺的基础上，将铜取偏下限，镁取偏上限，锌取中下限，使 Fe>Si 且 Mg/Si≥12，就能改善其铸锭工艺性能并降低裂纹倾向。铁和硅含量较高的铝合金，在半连续铸造尺寸较大锭坯时，大都有较严重的裂纹倾向，特别是当铁硅比失调时。只有在铁和硅含量较低且铸锭规格小时，铁硅比对裂纹的影响才不明显。另外，加工方法、加工率及材料的供货状态不同，对成分的要求也不同。例如，挤压管材和模锻件用 LY12，含铜量取中下限就能满足要求；但作厚板和二次挤压棒材时，得取中上限含铜量才能达到机械性能的要求。同时，对于软状态的中厚板及二次挤压件，为保证其强度指标，须取中上限作计算成分；而硬状态的薄板及管材则取中下限作计算成分。易产生层状断口及氧化膜的合金材料，如 QSi3-1 及锻造铝合金，其含硅量宜取中下限为计算成分。使用时要将管子压扁的 LF2 等防锈铝管，伸长率要高，其镁含量宜取偏下限；为保证其可焊性，硅宜取中上限。此外，凡易形成金属间化合物而降低塑性的元素，一般宜取低含量作计算成分。

合金中较易氧化和挥发的元素，在确定计算成分时要考虑熔损率，把在生产条件下得出的实际熔损率加入计算成分内。合金元素的熔损率可在很大范围内波动，见表 3-2。合金中某一元素实际烧损率的大小与所用熔炉类型及其容量，炉料性状，合金元素的性质及含量，熔炼工艺及操作方法等因素有关，只能进行定性的估计而无法定量计算。因此，实际生产中某一元素的熔损率数据是从一定条件下的大量分析统计资料中获得的。在没有来自生产实际的熔损率数据时，表 3-2 所列数据有一定参考价值。熔损率不很大的元素，确定计算成分时，可不考虑熔损率，但这只是在取平均含量作计算成分时才能这样做。当取偏下限作计算成分时，若不考虑熔损率，则可能因熔损而低于下限含量。在使用含有易熔损元素的废料时，需要另加一定的补偿料，如使用旧黄铜料，要补偿锌的 0.2%～5%，其他铜合金旧料中的铝、硅、磷、锰等元素，也要补偿该元素含量的 0.05%～0.7%。一些较难氧化和挥发的合金元素，一般不会有明显的变化，往往因其熔损率比基体金属相对小些而略有增加。同时，在熔炼过程中，熔体与炉衬、熔剂及炉气的相互作用，会导致某些元素或杂质的吸收和积累。因此，在确定计算成分时，应该将这些杂质控制在下限以下。

表 3-2　某些合金元素的熔损率（%）

合金种类	合金元素											
	Al	Cu	Si	Mg	Zn	Mn	Sn	Ni	Pb	Be	Zr	Ti
铜合金	1～3	0.5～2.0	0.5～6	2～10	1～5	0.5～3	0.5～2	0.5～1.0	0.5～2.0	2～15	约 10	约 30
铝合金	1～5	约 0.5	1～5	2～4	1～3	0.5～2		约 0.5		约 10	约 6	约 20
镁合金	2～3		1～5	3～5	约 2	约 5				约 15	约 6	

3.2.2 炉料品位及料比的选择

对炉料品位及新旧料比的选择，须以产品质量和成本均衡为原则。在保证产品质量的前提下，参考熔铸及加工工艺条件，应合理地充分利用旧料，以降低产品成本。一般新旧料比在4∶6或6∶4范围内，尽可能利用本牌号废料。对于杂质允许量较多且无特殊要求的合金，可以选用较多的废料，甚至用100％的废料。例如，在熔制LY11、LY12、LC4合金板材时，某些炉次可全部使用该合金的一、二级废料，而另一些炉次可用一部分低合金及纯铝废料，同时配入一部分复化料及少量新金属料。对杂质要求严、表面质量或耐蚀性要求高的合金，则应多选用纯度高的新金属料，甚至要用100％的新料。如原子能工业用的LT21合金，对杂质要求很严，其中锂、硼和镉要控制在(1～6)$\times 10^{-4}$％以下，这就需要全部采用高纯新铝锭作炉料。重要用途及高导电用材料也多选用或全部采用纯度高的新金属料。

另外，所用金属炉料的化学成分及杂质含量必须符合国家标准，应清洁干燥，无灰尘及油污等。对某些控制较严或含量波动范围较窄的合金元素，应选用中间合金来加入。

3.2.3 配料计算

配料计算有不计算杂质和计算杂质两种方法。当炉料全部是新金属料和中间合金，或仅有少量一级废料，或单个杂质限量要求不严或杂质总限量较高时，可不计算杂质。重要用途或杂质控制较严的合金，或使用炉料级别低，杂质较多的废料，特别是在半连续铸造规格较大或易于产生裂纹的合金锭时，就要计算杂质。前者方法较简单，多用于铜合金的配料计算；后者计算较繁琐，多用于铝合金的配料计算。

在计算由新金属料带入的杂质元素时，若该元素是合金元素之一，则取下限计算；若为杂质，则按上限计算。如Al-2级新铝锭含0.11％～0.15％Si，当配入LD10时，Si是合金元素，可按0.11％计算；当配入LF2中时，Si是杂质元素，应按0.15％计算。

配料计算程序如下：首先计算包括熔损在内的各成分需要量；其次计算由废料带入的各成分量；再计算所需中间合金和新金属料量；最后核算。

配料计算举例：配制一炉10吨LY12合金，该硬铝作二次挤压棒材用。

根据国家标准和制品要求，确定计算成分。合金元素Cu、Mg、Mn基本上可取平均成分作计算成分。考虑到保证使用性能和工艺性能的要求，Cu、Mg、Mn分别取4.60％、1.55％、0.70％。杂质Fe、Si分别控制在0.45％和0.35％以下。LY12中杂质总和较多，故可用较多废料，现取新旧料比为60∶40。LY12和炉料成分列于表3-3。

表3-3 LY12及所选炉料的化学成分

		化学成分/%									用量/%
		Cu	Mg	Mn	Fe	Si	Zn	Ni	Al	杂质总和	
LY12	国家标准	3.8～4.9	1.2～1.8	0.3～0.9	≯0.5	≯0.5	≯0.3	≯0.1	余量	≯1.5	
	计算成分	4.60	1.55	0.70	0.45	0.35	0.2	0.1	余量		
LY12废料		4.35	1.50	0.60	0.5	0.5	0.3	0.10	余量		40
Cu-3纯铜板		99.7	—	—	0.05	—	—	0.20	—	0.3	
Mg-3镁锭		0.02	99.85	—	0.05	0.03	—	0.002	0.05	0.15	
Al-Mn中间合金		0.02	0.05	10.0	0.60	0.60	0.3	0.1	88.5	1.5	
Al-2原铝锭		0.01	—	—	0.16	0.13	—	—	99.7	0.30	

(1) 按计算成分计算各元素需要量及杂质量

主要成分　　Cu　$10000\times 4.6\% = 460$kg

Mg　10000×1.55%=155kg

Mn　10000×0.7%=70kg

杂　质　Fe　10000×0.45%=45kg

Si　10000×0.35%=35kg

Zn　10000×0.2%=20kg

Ni　10000×0.1%=10kg

杂质总和　10000×1.5%=150kg

(2) 废料中带入的各成分元素量

Cu　4000×4.35%=174kg

Mg　4000×1.50%=60kg

Mn　4000×0.60%=24kg

Fe　4000×0.5%=20kg

Si　4000×0.5%=20kg

Zn　4000×0.3%=12kg

Ni　4000×0.1%=4kg

杂质总量　4000×1.5%=60kg

(3) 计算所需中间合金及新金属量

Cu板　(460−174)÷99.7%=287kg

Mg锭　(155−60)÷99.85%=95kg

Al-Mn　(70−24)÷10%=460kg

Al锭　10000−(4000+287+95+460)=5158kg

(4) 核算

1) 核算各种炉料的装入量之和与配料总量是否相符，炉料中各元素的加入量之和与合金中各该元素需要量是否相等（计算从略，见表3-4）。

表3-4　配料计算卡片

配料情况		计算的各元素量/kg								备注
金属名称及牌号	装入量/kg	Cu	Mg	Mn	Fe	Si	Zn	Ni	杂质总和	
配料总量	10000	460	155	70	≤45	≤35	≤20	≤10	≤150	
LY12一级废料	4000	174	60	24	20	20	12	4	60	
Cu-3纯铜板	287	286	—	—	0.14	—	—	0.57	0.85	
Mg-3镁锭	95	—	94.85	—	0.05	0.03	—	0.002	0.14	
Al-10%Mn	460	—	—	46.0	2.74	2.74	1.38	0.46	6.7	
Al-2	5158	—	—	—	8.25	6.7	—	—	15.5	

2) 计算杂质及杂质总量是否在允许范围内。

Fe　20+0.14+0.05+2.74+8.25=31.18<45kg

Si　20+0.03+2.74+6.7=29.47<35kg

Zn　12+1.38=13.38<20kg

Ni　4+0.57+0.002+0.46=5.032<10kg

杂质总量　60+0.86+0.14+6.9+15.5=83.4<150kg

核算表明，计算基本正确，可以投料。如果核算结果不符合要求，则需复查计算数据，或重新选择炉料及料比，再进行计算，直到核算正确为止。应该指出，化学成分中Fe、Si、Zn、Ni系杂质，一般不需要特意加入这些元素。

配料计算完成后，应根据配料计算卡片标明的炉料规格、牌号、废料级别和数量，将炉料过磅并按装料顺序依次送往炉台。电解铜板要剪切成小块，便于快速溶解。超过规定尺寸的废料，应预先剪切整理，便于机械装炉。

3.3 熔炉准备

有色金属及合金品种繁多，其熔炼特性各异，因此，有色金属熔炉是多种多样的。从比较简单的坩埚电炉到现代化的真空自耗电极电弧炉和电子束炉，在有色金属熔炼生产中都得到了应用。大型有色金属加工厂的熔炉，按其功能可分为熔炼炉和静置炉两种。应用较为广泛的熔炉有燃油反射炉、燃气反射炉、电阻反射炉及感应炉等。在正常情况下，首先将配好的金属料装入熔炉熔化，然后用虹吸法、流槽法或磁力泵法将金属液转入保温炉内，进行脱气除渣精炼，调整温度和成分。应用最多的保温炉是电阻炉、火焰炉及低频感应炉。熔炉的正确选择和合理使用是保证获得优质、高产、低成本金属熔体及制品的重要条件之一。

熔炉主要根据合金的熔炼特性、产品要求、产量及设备条件等来选定。在熔炉选定的条件下，装料前熔炉准备工作的好坏，对产品质量、安全生产及熔炉使用寿命有很大影响。熔炉准备工作包括烘炉、清炉和洗炉三方面。

3.3.1 烘炉

新修或中修过的熔炉及停歇后的熔炉，在生产前都要进行烘炉。

烘炉的目的在于使炉体干燥和预热。为排除水分和防止加热过快造成炉体开裂，烘炉时要缓慢升温。低频感应电炉烘炉时既要烧结捣筑的炉底石，同时将熔沟样板熔化以得到所需的起熔体。

任何熔炉都有严格的烘炉制度。通常先自然干燥，然后点火缓慢升温或小功率送电，并在200℃左右的低温保温以驱尽水分。图3-1为18吨天然气反射炉烘炉曲线，可供参考。

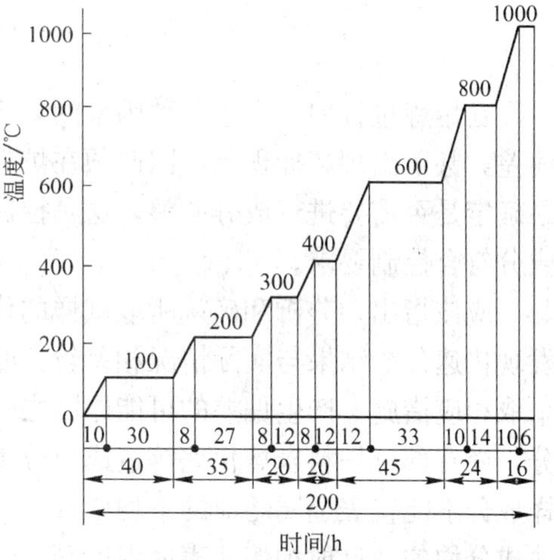

图3-1 18吨天然气反射炉烘炉曲线

400℃以内升温速度10～15℃/小时；

400℃以上升温速度15～20℃/小时

3.3.2 清炉

清炉就是将残存在炉内的金属及结渣清除干净。每次金属熔体出炉后都要进行一次清炉。

对铝镁合金而言，当合金更换品种及熔炼特殊制品时，都要进行清炉。这时应先均匀地向炉内撒入一层粉状熔剂，将炉膛温度升至800℃以上，然后将炉内各处的残存物清除干净。

3.3.3 换炉和洗炉

在实际生产中往往需要用同一个熔炉熔炼各种合金。由一种合金转换熔炼另一种合金

(即换炉）时，可根据具体情况直接换炉或预先洗炉。

3.3.3.1　换炉　换炉顺序应根据下列原则来安排：前一炉合金的合金元素不是后一炉合金的杂质；前一炉合金的杂质含量低于后一炉合金者；同一合金系，前一炉的合金元素低于后一炉合金者。

根据上述原则，黄铜的换炉顺序为：H96→H90→H85→H70→H68→H65→H59→HPb59-1。工业纯铝的换炉顺序为 L1→L2→L3→L4→L5→L6→L7。

熔沟式低频感应炉熔炼黄铜换炉时，可不必倒出熔沟中的起熔体，但要先按下述方法测定其重量并调整其成分。

设 $x$kg 铜锌合金起熔体含铜为 $a\%$，加入 $b$kg 锌后取样分析含铜为 $C\%$。由于熔体中铜的数量未变，因此各数据间存在如下关系：

$$ax=C(x+b) \tag{3.3}$$

解式(3.3)可得起熔体重量为

$$x=\frac{bC}{a-C}(\text{kg}) \tag{3.4}$$

由式(3.3)算出起熔体的重量后，即可计算出尚需补加的炉料量。

3.3.3.2　洗炉　洗炉的目的是要将残留在熔池各处的金属和炉渣清洗干净以免污染另一种合金。下列情况一般必须洗炉：（1）前一炉的合金元素为后一炉合金的杂质；（2）由杂质高的合金转换熔炼纯度高的合金；（3）新修、大修和中修后的熔炉，长期停歇的熔炉，投产前，炉内清洁情况较差或合金制品要求较严者。

洗炉用料可根据熔炉状况及合金转换的具体条件选用新金属料或大块废料。每次洗炉投料量不少于熔炉容量的 40%。一般要洗 2～3 次。若试样中杂质量未达到要求值，则须继续洗至杂质含量合格为止。洗炉温度一般应比前一种合金的熔炼温度略高。应多次彻底搅拌熔体，出炉时要倒净，同时进行大清炉。

3.4　成分调整

在熔炼过程中，由于各种因素的影响，使熔体的实际成分可能与配料成分产生较大的偏差，甚至出现超标现象，因此须在炉料熔化完毕后取样进行快速分析，以便根据分析结果确定是否需要进行成分调整，这是控制成分的最后一关。调整成分要求迅速准确，保证成分符合控制要求。

应该指出，分析和确认所取试样的代表性及快速分析结果的正确性是至关重要的。当发现快速分析结果与实际情况相差较大时，则应分析产生偏差的原因，并当机立断，以便采取相应措施。产生偏差的可能原因之一是所取试样没有代表性。如炉温偏低，搅拌不充分，尚有部分炉料未熔化完等造成成分不均匀。取样地点和操作方法不合理，都可能使试样成分不能代表金属熔池的平均成分。因此，取样前应控制好炉温，充分搅拌，使整个熔池成分均匀。反射炉熔池表面温度高，炉底温度低，炉内没有对流作用，取样前要多次搅拌均匀。有电磁搅拌作用的熔沟式低频感应电炉，在取样前也要搅拌。应在熔池中间最深部位的二分之一处取样。试样无代表性应重新取样分析。化学分析本身也存在误差，一般工厂的分析误差最大可达±0.02%～0.08%，光谱分析误差更大。显然，若合金成分控制在偏上限或偏下限，加上正的或负的最大分析误差，便有可能使成分超出规定。此外，还可能有分析人员的偶然失误等。

确认试样分析结果可靠后，应即对不合要求的成分进行调整。

3.4.1 补料

当炉前分析发现个别元素的含量低于标准化学成分范围下限时，则应进行补料。一般先按下式近似地计算出补料量，然后再进行核算：

$$x=[(a-b)Q+(c_1+c_2+\cdots)a]/(d-a) \tag{3.5}$$

式中，x 为所需补加的炉料量，kg；Q 为熔体总重量，kg；a 为某元素的要求含量，%；b 为该成分的分析结果，%；c_1，c_2，…分别为其他金属或中间合金的加入量，kg；d 为补料用中间合金中该成分的含量，%。

为了使补料较为准确，应用上式时可按下列要点进行计算：(1) 先算量少者后算量多者；(2) 先算杂质后算合金元素；(3) 先算低成分中间合金后算其高者；(4) 最后计算新金属料。

例如，设炉内有 LF6 熔体重 1000 公斤，其试样成分、计算成分及中间合金成分列于表 3-5，求应补加的各种炉料量。

表 3-5 LF6 及中间合金成分和补料量

	化学成分/%						补料量/kg
	Mg	Mn	Ti	Fe	Si	Al	
计算成分	6.40	0.60	0.08	0.3	0.25	余量	Fe>Si
试样成分	2.40	0.60	0.06	0.25	0.25	余量	
Al-Mn	—	10.0	—	0.50	0.40	余量	3.0
Al-Fe	—	—	—	10.0	0.50	余量	5.2
Al-Ti	—	—	4	0.60	0.40	余量	5.9
Mg-1	100	—	—	—	—	—	43.7

由表 3-5 可知，主成分镁、钛和杂质铁含量不足，需要补料。按上述要点应先计算铁，然后计算钛和镁。即

Al-Fe　$1000(0.30-0.25)/(10-0.30)\approx 5.2\text{kg}$

Al-Ti　$[1000(0.08-0.06)+5.2\times 0.08]/(4-0.08)=5.9\text{kg}$

锰和硅本不需要补料，但因补加其他炉料后浓度会下降。锰为合金元素，需补加；硅属杂质，其他补料中也会带入一些，故不另加。为了补锰，须先近似地算出镁的补料量

Mg　$1000(6.4\%-2.4\%)=40\text{kg}$

所以　Al-Mn　$(40+5.2+5.9)0.6/10\approx 3\text{kg}$

Mg-1　$[(6.4-2.4)1000+(5.2+5.9+3)\times 6.4]/(100-6.4)=43.7\text{kg}$

核算镁：补料后熔体总重量为

$$1000+5.2+5.9+3+43.7=1057.8\text{kg}$$

应含镁量为：$1057.8\times 6.4\%=67.7\text{kg}$。补料后实际含镁量为：$1000\times 2.4\%+43.7=67.7\text{kg}$。核算表明，计算正确，可照数补料。

补料一般都用中间合金。熔点较低的纯金属也可以使用，但不应使用熔点较高和难于溶解的新金属料，以免延长熔炼时间。补料的投料量应越少越好。

3.4.2　冲淡

当炉前分析发现某元素含量超过标准化学成分范围上限时，则应根据下式进行冲淡处理

$$x = \frac{b-a}{a}Q \quad (\text{kg}) \tag{3.6}$$

式中，x为冲淡应补加炉料重量，kg；a为冲淡后元素应有含量，%；b为冲淡前元素含量，%；Q为炉内金属熔体重量，kg。

例如，已知炉内有QA19-2合金熔体1000kg，炉前分析结果为10.2%Al，2.1%Mn，余为铜。设QA19-2的计算成分为Cu-9.5%Al-2.1%Mn。可见，铝应冲淡。

将熔体内铝含量从10.2%冲淡至9.5%需冲淡料

$$x = \frac{10.2-9.5}{9.5} \times 1000 = 73.7\text{kg}$$

冲淡料包括铜和锰，其中

$$x_{\text{Mn}} = 73.7 \times 2.1\% = 1.5\text{kg}$$

$$x_{\text{Cu}} = 73.7 - 1.5 = 72.2\text{kg}$$

如冲淡用锰为Cu-30%Mn中间合金，则需1.5÷30%=5kg

需铜量为72.2−(5×0.7)=68.7kg

核算铝和锰（从略）均符合要求，计算无误，可以投料。

冲淡要用新金属料。如用料较多，一方面要消耗大量纯金属，大幅度降低炉温，延长熔炼时间，另一方面会使其他成分相应降低，因而还要追加补料量。这不仅计算繁杂，而且还可能因冲淡和补料的投料量过多，使总投料量超过熔炉的最大容量，导致熔体溢出，所以冲淡在生产上是不希望的。

3.5　熔体质量检验

熔炼过程中或铸造前对金属熔体进行炉前质量检验，是保证得到高质量金属熔体及合格铸锭的重要工序，尤其用大容量熔炉或连续熔炉进行生产时，其意义更大。

炉前熔体质量检验，除前述的快速分析和温度测量外，主要是指评价熔体的精炼效果，即含气（氢）量的测定和非金属夹杂物的检验。

3.5.1　含气量测定

测定金属含气量的方法有真空固体加热抽气法、真空熔融抽气法等。其分析精度和可靠性都较高，多应用于标准试样分析及质量管理的最终检查，不适于炉前使用。测定熔体含气量，定性法有常压凝固法和减压凝固法；定量法有第一气泡法、惰性气体载体法（即惰性气体携带——热导测定法或平衡压力法）、气体遥测（Telegas）法、同位素测氢法、光谱测氢法、气相色谱法等。最近，气体遥测法已采用计算机控制，市场上已出现了高速、可靠的机种。这表明，用于炉前和流槽的氢和氧分析法取得了很大进展。Telegas法是一种在线连续测定熔体含气量的新技术，它不仅能测定含气量，且可作为脱气装置的含氢量测定传感器，能用以控制精炼过程。

下面介绍几种常见的炉前含气量测定法。

3.5.1.1 减压凝固法 减压凝固法测定熔体含气量的装置如图 3-2 所示。精炼后的熔体，在一定真空度（5～50 托）下凝固，观察试样凝固过程中气泡析出情况，或其表面，或断口状态，即可定性地断定熔体含气量的多寡和精炼脱气的效果。若凝固时析出气泡多，凝固后试样上表面边缘与中心的高度差大，断口有较多的疏松和气孔，则熔体含气量多；反之，含气量就少。

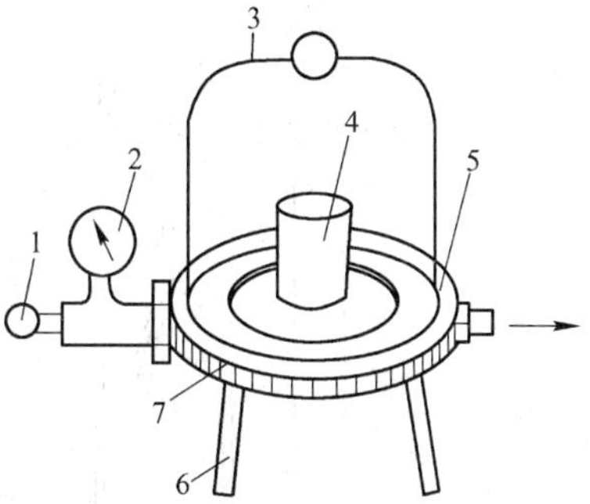

图 3-2 减压凝固装置示意图
1—排气阀；2—压力表；3—玻璃罩；4—小坩埚；5—橡皮垫圈；6—支架；7—底座

3.5.1.2 第一气泡法 该法的原理是根据式（2.12）。在一定真空度下，当熔体表面出现第一个气泡时，即可认为氢的分压和在该真空度下的相应压力相等。测量当时的温度和压力，并将与合金成分有关的常数 A、B 代入式（2.12），就可以算出此时熔体的含气量。这种方法，设备简单，使用方便。但第一气泡出现受到合金成分、温度、粘滞性、表面张力和氧化膜等因素的影响，不能连续测量，且测量精度不高。因此，该法使用受到限制（图 3-3）。

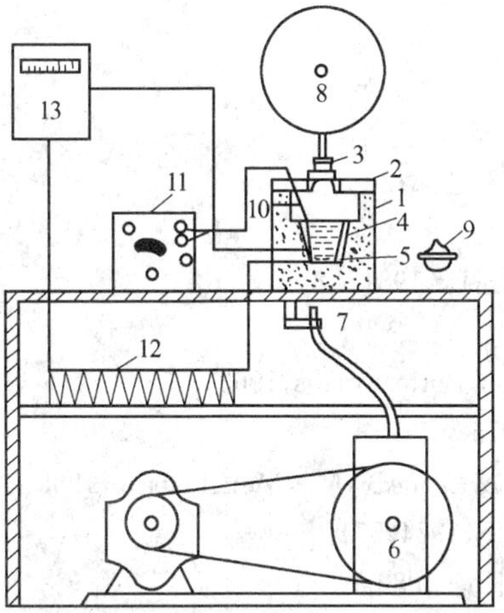

图 3-3 第一气泡法测定含气量装置示意图
1—真空罐；2—罐盖；3—放大镜；4—坩埚；5—电炉；6—真空泵；7—三通阀；8—真空表；9—阀门；10—热电偶；11—测温仪表；12—温度控制器；13—自耦变压器

3.5.1.3 惰性气体携带——热导测定法 利用循环泵将定量惰性气体反复导入熔体中，使扩散到惰性气体中的氢与熔体中的氢达到平衡，于是惰性气体中氢的分压就等于金属熔体中的氢分压。用分子筛分离，热导仪测定所建立的氢的平衡压力。与此同时，测定熔体温度。将氢分压及熔体温度代入式（2.12），即可求出熔体含氢量。

该测定装置如图 3-4 所示，它由探头采气和热导测定两部分组成，并用六通阀中的取样管将它们连接在一起。

该法可测出熔体中的绝对含氢量，数据可靠，重现性好，操作简便，快速准确，可用于生产中的炉前快速测定含氢量。

3.5.2 非金属夹杂物检测

金属中非金属夹杂物检测包括鉴定其种类，观察其形态、大小及分析其含量。要同时完成上述各项检测指标，绝不是件轻而易举的事。目前，仅能根据实际需要与可能，对某种夹杂物的某一项指标进行检测。金属中非金属夹杂物含量的测定方法，按照样品处理情况及所用设备不同可分为化学分析法（用溴甲醇分离，再用比色法定量分析铝合金中氧化铝含量）、金相法、特制工艺试样的断口检查法、水浸超声波探伤法及电子探针显微分析法等。这些方法的检测精度不够高，缺乏代表性，多不能作为炉前控制精炼效果之用。

但正确地评价熔体质量仍是检验精炼效果及控制精炼工艺参数的重要依据，为此，必

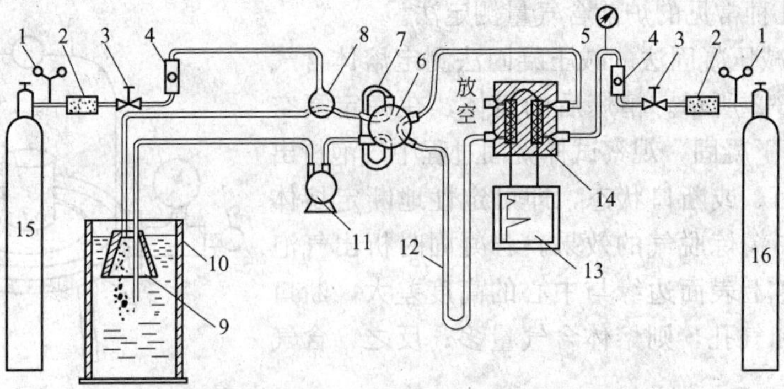

图 3-4　探头采气和热导测定系统示意图

1—减压阀；2—干燥器；3—稳压阀；4—流量计；5—压力表；6—六通阀；
7—取样管；8—三通阀；9—探头及取样罩；10—坩埚炉；11—气体泵；
12—分子筛；13—记录仪；14—导热池；15—氮气瓶；16—氩气瓶

须解决检测手段这个首要问题，亟待研制开发更精确实用的熔体质量在线检验技术。

参 考 文 献

1　陈新民．火法冶金过程物理化学．北京：冶金工业出版社，1984

2　傅崇说．有色冶金原理．北京：冶金工业出版社，1984

3　曲英．炼钢学原理．北京：冶金工业出版社，1980

4　魏寿昆．冶金过程热力学．上海：上海科学技术出版社，1980

5　韩其勇等．冶金过程动力学．北京：冶金工业出版社，1983

6　雷永泉．铸造过程物理化学．北京：新时代出版社，1982

7　李洪桂等．稀有金属冶金原理及工艺．北京：冶金工业出版社，1981

8　董若璟．冶金原理．北京：机械工业出版社，1980

9　Smallman, R. E.. *Modern Physical Metallurgy*, 2Ed., London, Butterworths, 1963

10　Rebert, D. P.. *Unit Processes of Extractive Metallurgy*, 1975

11　Альтман, М. Б.. *Неметаллические Включения в Алюминевых Сплавах*, М., Металлчргия, 1965

12　Emley, E. F.. Subramanian, V., *Light Metals* 2, TMS-AIME, 1974, 571

13　中国有色金属加工协会. 有色金属加工科技成果交流资料汇编. 1982

14　陆树荪等. 有色铸造合金及熔炼. 北京：国防工业出版社，1983

15　Sohn, H. Y.. Wadsworth, M. E., *Rate Processes of Extractive Metallurgy* N. Y., Plenum Press, 1979

16　Kubaschewski, O.. Hopkins, B. E., *Oxidation of Metals and Alloys*, 2Ed., London, Butterworth Co., 1962

17　*Взаимадействие Газов с Металлами*, *Труды из Советско-Японско го Симпозиума по Физико-Химическим Основам Металлургических Прочессов*, М., Наука, 1973

Ⅱ 有色金属铸锭凝固基本原理

金属由液态变为固态的相变过程，称为金属的凝固过程。铸锭的凝固过程包括动量、热量和物质的传输过程，液体金属生核和晶体长大的相变过程，以及伴随上述过程而发生的铸锭组织的形成过程。因此，铸锭的凝固过程是一种复杂的物理化学过程，有许多问题尚待深入研究。

本篇主要讨论有色金属铸锭凝固过程的传输问题和铸锭组织形成的基本规律，介绍控制铸锭组织的基本方法。无疑这对改善铸锭质量和提高加工制品的性能，有着重要的意义。

4 液体金属流动与凝固传热

本章首先讨论对传热、传质过程有着重大影响的液体金属流动。然后讨论铸锭的凝固传热特点，重点描述铸锭断面的温度分布规律。

4.1 液体金属的流动

在浇注和凝固过程中，液体金属时刻都在流动，其中包括对流和枝晶间的黏性流动。液体金属的流动是一种动量传输过程，这是加速铸锭成型、传热和传质的重要条件之一，也是铸锭过程中一个曾被忽视过的重要问题。

4.1.1 液体金属的对流

液体金属的对流可分为三种：浇注时流柱冲击引起的动量对流，金属液内温度和浓度不均引起的自然对流，电磁场或机械搅拌及振动引起的强制对流。

动量对流常以紊流形式出现，并且由于金属的运动黏度系数 ν 很小，凝固进行相当长一段时间后才会消失，故对凝固过程会产生许多不利的影响。对于连续铸锭，由于浇注和凝固同时进行，动量对流会连续不断地影响金属液的凝固过程，如不采取适当措施均布液流，过热金属液就会冲入液穴的下部。动量对流强烈时，易卷入大量气体，增加金属的二次氧化，不利于夹渣的上浮。所以，浇注时应尽量避免强烈的动量对流。为此，必须研究这种对流的分布特点。

连续铸锭过程中，在金属液面下垂直导入液流时，其落点周围会形成一个循环流动的区域，称为涡流区，其特征是在落点中心产生向下的流股，在落点周围则引起一向上的流股，从而造成上下循环的对流。这种沿液穴轴向对流往下延伸的距离，即流柱在液穴中的穿透深度，是与浇速、浇温、流柱下落高度、结晶器尺寸及注管直径等有关。如图 4-1 和图 4-2 所示，流柱穿透深度随其下落高度的增加而减小。因为流柱下落高度增加，其散乱程度增大，卷入的气体多，气泡浮力对流柱的阻滞作用增强。流柱穿透深度随浇速增大而增大。随着结晶器断面尺寸的减小，气泡上浮的区域缩小，存留在流柱落点下方的气泡数量相应增多，对流柱的阻滞作用增强，因而流柱的穿透深度减小。同时，随着结晶器断面尺寸的减小，流柱落点周围的涡流增强，使流柱轴向速度降低，也导致穿透深度减小。

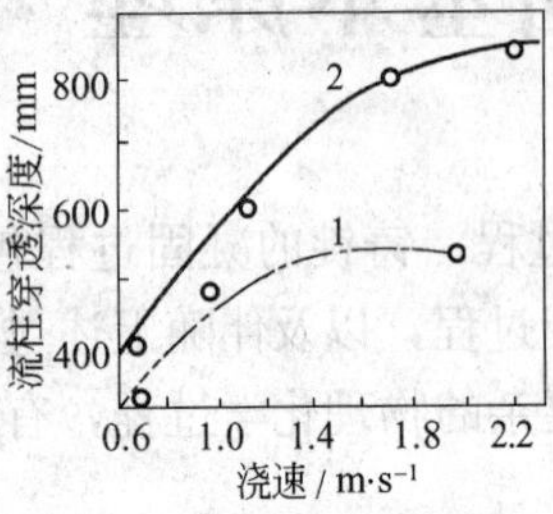

图 4-1　浇速对流柱穿透深度的影响

1—流柱下落高度 200mm；

2—流柱下落高度为零

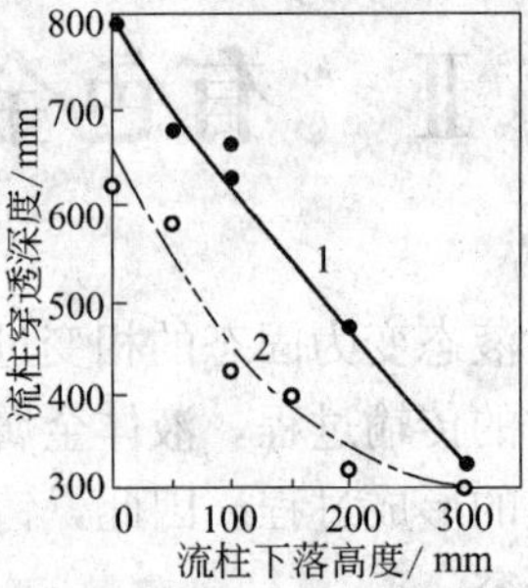

图 4-2　流柱下落高度对其穿透深度的影响

1—注管直径 44mm；

2—注管直径 30mm

这种轴向循环对流，还会引起结晶器内金属液面产生水平对流，其方向决定着夹渣的聚集地点。图 4-3 表示在液面下垂直导入液流时，扁锭结晶器内液面水平对流的大致方向与流柱落点位置的关系，夹渣将随液流向落点附近聚集。

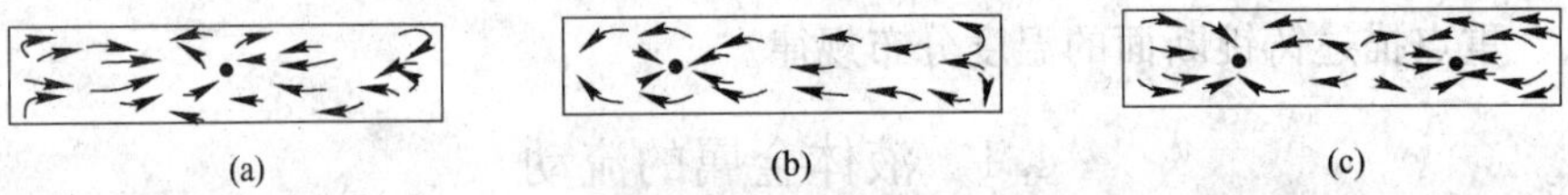

图 4-3　流柱落点位置对金属液面对流分布的影响

（a）流柱落点在中心；（b）流柱落点在一侧；（c）两个落点

由流柱动量引起的轴向对流和水平对流，影响铸锭横截面和沿高度上凝壳厚度的均匀性。对于大型扁锭，由于热的作用和高速对流的冲刷作用，大面中部凝壳较薄易热裂。改变向结晶器导流的方式，如采用在金属液面下水平或斜向导入液流时，对流分布特征将发生显著变化（见图 4-4），固液界面前沿的温度和凝壳厚度变得较均匀，因而有利于降低铸锭的热裂倾向，减少铸锭中心区域的缩松，尤其有利于防止扁锭大面产生纵向裂纹。同时，由于没有强烈的轴向循环对流，因而可减少金属的二次氧化，有利于夹渣和气体的上浮。所以，图 4-4 所示导流方式在生产中得到了广泛的应用。

金属液内温度和浓度不均引起的对流，称为自然对流，由温度不均引起的对流又称为热对流。自然对流的驱动力是因密度不同而产生的浮力。由于温度不均造成热膨胀不均，致使金属液密度不均而产生浮力。同样，浓度不均也会造成密度不均而产生浮力。当浮力大于金属液的黏滞力时就会发生自然对流。

金属液内存在水平温差或浓度差时，就产生水平自然对流，其强度可由无量纲的 Grashof 数 Gr_T 或 Gr_C 来衡量：

$$Gr_T = \frac{g\alpha_T b^3 \Delta T}{\nu^2} \tag{4.1}$$

$$Gr_C = \frac{g\alpha_C b^3 \Delta C}{\nu^2} \tag{4.2}$$

式中，g 为重力加速度；b 为水平方向热端和冷端间距的一半；ΔT、ΔC 为热端与冷端间的温差和浓度差；α_T、α_C 为由温度和浓度引起的金属液体膨胀系数；$\nu = \eta/\rho_L$ 为液体金属的运动黏度系数，η 为动力黏度系数，ρ_L 为液体金属的密度。

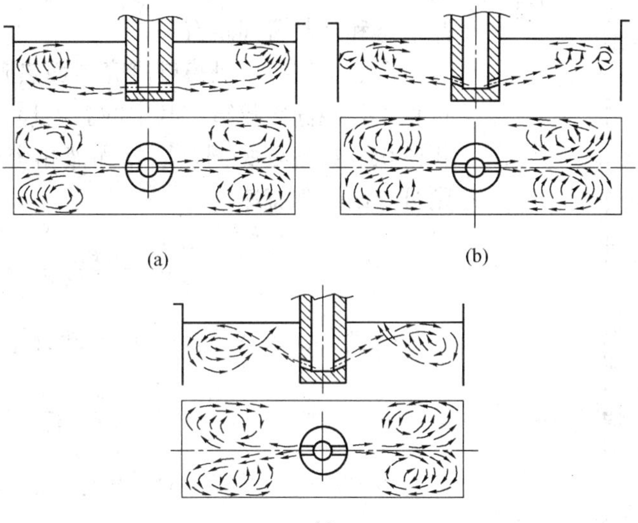

图 4-4　对流分布特征随导流方式变化示意图

(a) 水平侧孔导流；(b) 侧孔上斜 13°导流；(c) 侧孔上斜 30°导流

式（4.1）和式（4.2）是假定金属液沿水平方向的温度和对流速度不随时间变化而导出的。Gr_T 和 Gr_C 大小与许多因素有关。ΔT 和 ΔC 越大，Gr_T 和 Gr_C 越大，水平自然对流的强度和速度也越大。

金属液内垂直方向的温差和浓度差同样也会引起自然对流，其强度可用 Rayleigh 数 Ra_T 和 Ra_C 来衡量。设高度为 h 的金属液内温差和浓度差分别为 ΔT 和 ΔC，则 Ra_T 和 Ra_C 的表达式为

$$Ra_T = \frac{g\alpha_T h^3 \Delta T}{\nu D} \tag{4.3}$$

$$Ra_C = \frac{g\alpha_C h^3 \Delta T}{\nu D} \tag{4.4}$$

式中，D 为溶质扩散系数。

Rayleigh 数是垂直方向的温差或浓度差引起自然对流的判据。通常，当金属液面为自由界面时，$Ra \geqslant 1100$ 便会发生垂直方向的自然对流。由式（4.3）可知，其他因素一定时，Ra_T 随两点间温差的减小而减小，即对流强度降低，如图 4-5 所示。

4.1.2　枝晶间液体金属的流动

铸锭凝固时，在凝固区（固液两相共存区）内，枝晶间的液体金属仍能流动，其驱动力是液体体收缩、凝固体收缩，枝晶间相通的液体静压力及析出的气体压力等。金属液流经枝晶间隙如同流体流经细小的多孔介质一样，近似地遵守 Darcy 定律，即枝晶间金属液的流速 v 与压力梯度（grad p）呈直线关系：

$$v = -\frac{\kappa}{\eta f_L}(\mathrm{grad}p + \rho_L g) \tag{4.5}$$

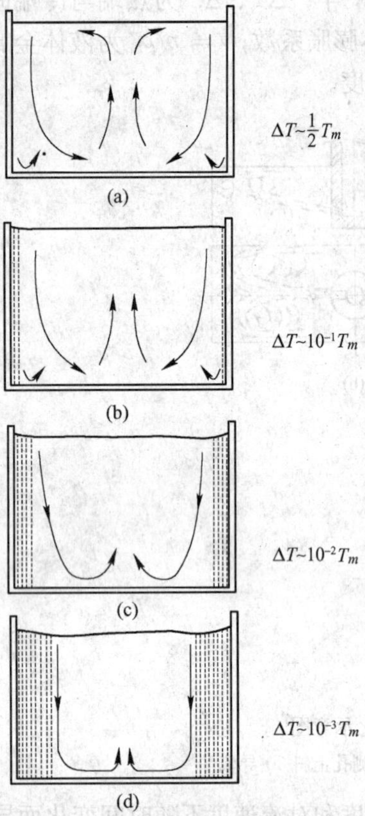

图 4-5　自然对流强度与温差关系示意图（T_m 为金属熔点）

式中，f_L 液体金属体积分数；p 凝固区内液体金属承受的压力；$\kappa = \gamma f_L^2$ 可透性系数，其中 γ 为常数，大小与枝晶形态和枝晶臂间距有关。

假定金属凝固是模壁凝壳界面热阻控制的一维传热过程，且凝固区较窄，其中的温度梯度可忽略不计，固相体积分数各处相同，固相和液相密度不随时间变化，则可导出一维流速：

$$v_x = \frac{a\varepsilon x}{(\varepsilon - 1) f_L} \tag{4.6}$$

由式（4.5）可知，一维流动时

$$v_x = -\frac{\kappa}{\eta f_L}\frac{\mathrm{d}p}{\mathrm{d}x}$$

将上式代入式（4.6），积分得

$$\frac{\kappa}{\eta}p + \frac{\varepsilon}{\varepsilon - 1}\cdot\frac{a}{2}x^2 = C \tag{4.7}$$

当 $x=b$（凝固区宽度）时，压力 $p = p_0 + \rho_L Hg$，由此可确定积分常数 C 值，则式（4.7）变为：

$$p = p_0 - \frac{\varepsilon}{1-\varepsilon}\frac{a\eta}{2\gamma f_L^2}(b^2 - x^2) + \rho_L Hg \tag{4.8}$$

式中，x 为离开固液界面的距离；b 为凝固区宽度；H 为凝固区内 x 处的液柱高度；p_0 为大气压；$\varepsilon = (\rho_S - \rho_L)/\rho_S$ 为凝固收缩率，ρ_S 为固相密度；$a = \frac{A}{V}\frac{h\Delta T}{\rho_S H}$ 为热交换强度因子，其中 A 为铸锭表面积，V 为铸锭体积，h 为模壁凝壳界面的对流传热系数，ΔT 为金属熔点与模壁的温差。

式（4.8）表示在凝固区内距离固液界面 x 处，液体金属承受的压力。式右端第二项为枝晶造成的压头损失。由此可见，f_L 愈小即固相愈多，压力损失愈大；距离固液界面愈近（即 x 愈小），压头损失愈大，则枝晶间液体金属流动的驱动力愈小，流速愈低，因而枝晶偏析程度降低，但显微缩松会增多，铸锭的致密性降低。η、γ 和 a 等均影响金属在枝晶间流动的压头损失，最终都会影响显微缩松及枝晶偏析的形成。

上述流速和压力公式都是近似表达式，因为在推导过程中，对凝固传热条件和金属流动状况作了一些简化处理。尽管如此，式（4.6）和式（4.8）还是反映了枝晶间金属流动的基本规律，是合理设计冒口或保持适当的金属水平的重要依据。

4.1.3　对流对结晶过程的影响

金属的对流能引起金属液冲刷模壁和固液界面，造成温度起伏，导致枝晶脱落和游离，促进成分均匀化和传热。所有这些都会影响铸锭的结晶过程及其组织的形成。

对流造成温度起伏的现象，人们已进行了较深入的研究。如图 4-6（a）所示，当铸锭自下而上凝固时，由于温度较低的液体难以上浮，故对流不能发生，金属液内不产生温度起伏。反之，铸锭由上而下凝固时［图 4-6 (f)］，较冷液体易于下沉，对流强烈，故温度起伏大。水平定向凝固时，由水平温差引起的自然对流也会造成温度起伏。如图 4-7 所示，随着冷热端温差 T_h-T_c 或温度梯度 G 的增大，温度起伏逐渐增强。低熔点金属在凝固过程中，自然对流造成的温度起伏，其振幅可达几度，而高熔点金属的温度起伏振幅可高达几十度。动量对流也可造成较强烈的温度起伏。强制对流可能增强温度起伏，也可能抑制温度起伏，这要视强制对流是加强还是削弱金属液内已有的对流而定。例如，铸锭时施加一稳定的中等强度磁场，金属液就会以一定的速度定向旋转，这样就会抑制金属液的对流，削弱甚至消除温度起伏，如图 4-8 所示。以一定的速度定向旋转锭模，可得到同样的结果。反之，如果对流的方向或速度周期性地改变，就可增强金属液的对流，因而可引起更激烈的温度起伏。

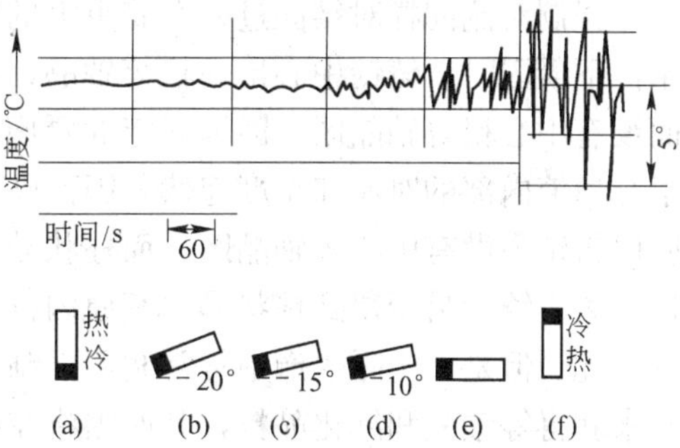

图 4-6　铸锭固液界面不同取向时，自然对流对温度起伏的影响

对流造成的温度起伏，可以促使枝晶熔断。在对流的作用下，熔断的枝晶将脱离模壁或凝壳，并被卷进铸锭中部的液体内，如它们来不及完全重熔，则残留部分可作为晶核长大成等轴晶。对流的冲刷作用也可促使枝晶脱落。因为铸锭在凝固过程中，由于溶质的偏析，枝晶根部产生缩颈，此处在对流的冲刷作用下易于断开，从而出现枝晶的游离过程。晶体的游离有利于金属液内部晶核的增殖，因而有利于等轴晶的形成。如图 4-9 所示，模壁上形成的晶粒，其根部出现缩颈，在对流造成的冲刷和温度起伏的作用下，该晶粒脱离模壁，经历高温重熔、低温长大的过程，使液体内部晶核增殖。由于金属液面的冷却而形成的晶粒，将伴随对流而发生沉浮，也经历图 4-9 所示的过程。

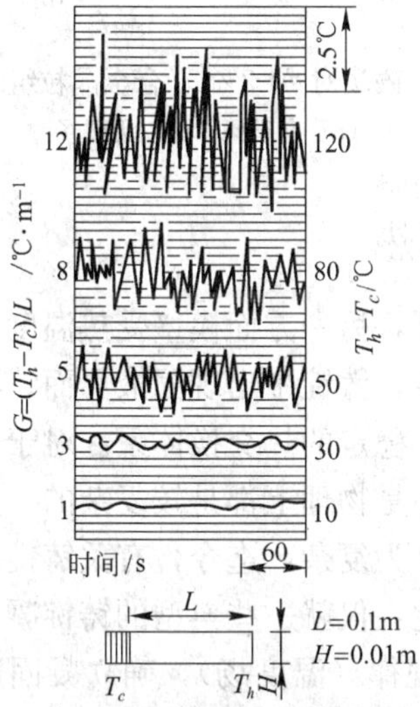

图 4-7　水平温差引起的温度起伏

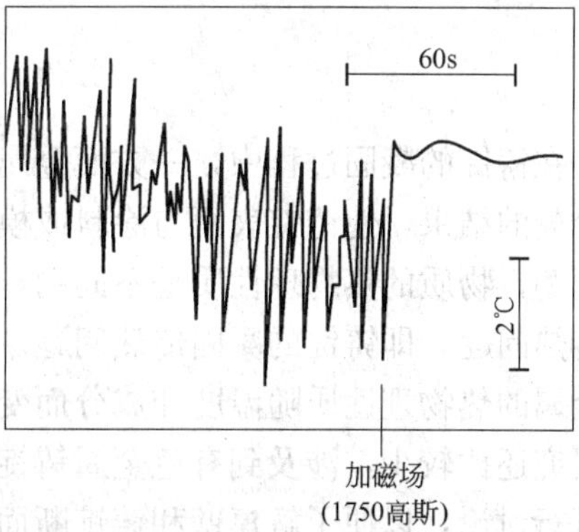

图 4-8　稳定磁场消除温度起伏

强制对流同样对结晶过程有着重大的影响。如图 4-10 所示，Al-2%Cu 合金在无磁场条件下凝固时，铸锭中心出现粗等轴晶，在 2000 高斯磁场中凝固时，铸锭中柱状晶发达，而没有中心粗等轴晶区。因为固定的磁场，使金属液内产生稳定的强制对流，严重地抑制了金属液内部的对流和温度起伏，因而已形成的晶体难以脱落和游离，无晶核增殖作用，所以铸锭中没有中心等轴晶区，而柱状晶发达。离心铸造易于得到柱状晶，其原因也就在于此。但是，实际生产中常常利用强制对流来获得等轴晶和细化晶粒，其原因将在第 6 章予以讨论。

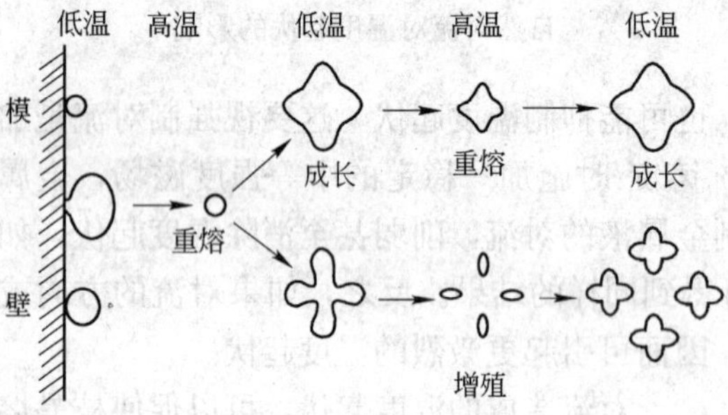

图 4-9　晶体游离及增殖过程示意图

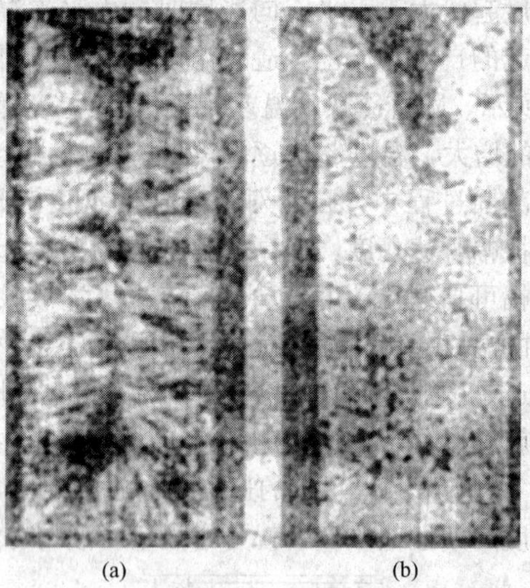

图 4-10　磁场对 Al-2%Cu 合金晶粒组织的影响
(a) 有磁场；(b) 无磁场

4.2　铸锭的凝固传热

在铸锭的凝固过程中，一方面金属的温度不断降低，另一方面模壁受热温度升高。金属冷凝的结果，使铸锭表面与涂料或模壁之间形成气隙，铸锭中出现固液界面。在各个界面两侧，物质的热物理性质是不同的，因而构成一个不稳定的热交换体系。对于这种体系的传热问题，即铸锭的凝固传热问题。无论在数学上还是物理上都是较复杂的。如果考虑到金属的热物理性质随温度和成分而变化，则问题就更为复杂，迄今，有关铸锭凝固传热的研究还比较少，涉及到有色金属铸锭的就更少。在此，仅就一些典型的铸锭凝固传热问题进行讨论，以便了解模壁和铸锭断面上的温度分布规律（温度场），确立凝固速度和时间、凝壳厚度的数学表达式，为利用计算机研究凝固过程提供分析问题的基础。

4.2.1　凝固传热的基本微分方程

凝固过程中铸锭及模壁的温度变化规律，可用傅里叶导热微分方程来描述：

$$\rho C \frac{\partial T}{\partial t} = \nabla (\lambda \nabla T) \tag{4.9}$$

式中，T 为温度；t 为时间；C 为热容；ρ 为密度；λ 为导热系数；∇ 为拉普拉斯算符。当 C、ρ 和 λ 为常数时，令 $\alpha=\lambda/C\cdot\rho$，一维传热时上式变为

$$\frac{\partial T}{\partial t} = \alpha \frac{\partial^2 T}{\partial x^2} \tag{4.10}$$

式中，α 为导温系数。

式 (4.10) 经拉氏变换，求其通解为

$$T = C_1 + C_2 \operatorname{erf}\left(\frac{x}{2\sqrt{\alpha t}}\right) \tag{4.11}$$

式中，T 为凝固时间为 t 时在凝壳或模壁 x 处的温度；C_1、C_2 为积分常数；

$\operatorname{erf}\left(\frac{x}{2\sqrt{\alpha t}}\right) = \frac{2}{\sqrt{\pi}}\int_0^{\frac{x}{2\sqrt{\alpha t}}} \exp(-u^2)\mathrm{d}u$ 为误差函数，其性质有

$$x = 0 \text{ 时}, \operatorname{erf}\left(\frac{x}{2\sqrt{\alpha t}}\right) = 0;$$

$$x = \infty \text{ 时}, \operatorname{erf}\left(\frac{x}{2\sqrt{\alpha t}}\right) = 1;$$

$$x < 0 \text{ 时}, \operatorname{erf}\left(\frac{x}{2\sqrt{\alpha t}}\right) = -\operatorname{erf}\left(\frac{-x}{2\sqrt{\alpha t}}\right);$$

$$x = -\infty \text{ 时}, \operatorname{erf}\left(\frac{x}{2\sqrt{\alpha t}}\right) = -1$$

一些材料的热物理性质列于表 4-1。

表 4-1　一些材料的热物理性质

材　料	热　容 /cal·(g·℃)$^{-1}$	密　度 /g·cm^{-3}	导热系数 /cal·(cm·s·℃)$^{-1}$	熔　点 /℃	熔化潜热 /cal·g^{-1}
Al	0.257（400℃）	2.7（20℃）	0.57（400℃）	660	95
Cu	0.113（1000℃）	8.93（20℃）	0.582（1037℃）	1083	51
Ti	0.148（400℃）	4.5（20℃）	0.033（400℃）	1668	104
LD10	0.20（100℃）	2.8	0.38（25℃）		
ZL102	0.20（100℃）	2.65	0.37（25℃）		
H68	0.09	8.50	0.28（20℃）		
H90	0.09	8.80	0.40（20℃）		
铸铁	0.18	7.0	0.11		
型砂	0.23～0.28	1.3～1.6	$7.536 \sim 20.7 \times 10^{-4}$		

4.2.2　绝热模中铸锭的凝固

糠模、砂模和石墨模等的导热性差，可看作是绝热模。铸锭在绝热模中的凝固传热过程，由模壁热阻控制。

假定模壁足够厚，其外表面温度在凝固过程中保持 T_0 不变，金属液在熔点温度 T_m 时浇入模中，并在 T_m 温度下凝固完毕。因所有热阻几乎都在模壁内，故模壁内表面温度 $T_i \approx T_m$。凝固过程中某一时刻，模壁及铸锭断面的温度分布如图 4-11 所示。这属于一维传热问题，模壁导热微分方程

$$\frac{\partial T}{\partial t} = \alpha_m \frac{\partial^2 T}{\partial x^2} \tag{4.12}$$

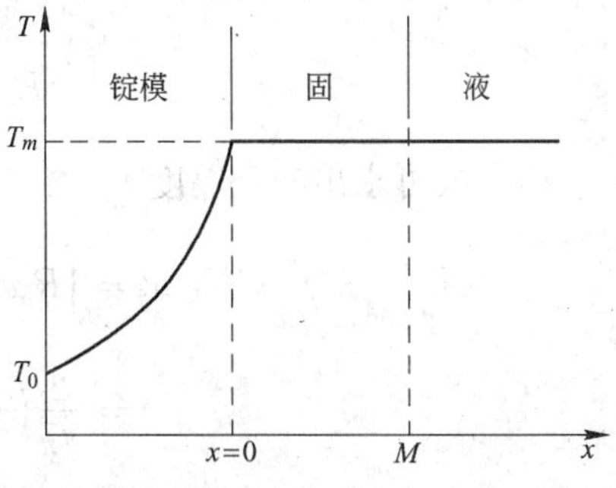

图 4-11　绝热模中铸锭凝固时的温度分布

其定解条件为：

初始条件：$t=0$ 时，$T(x,0)=T_0$

边界条件：$x=0$ 时，$T(0,t)=T_i=T_m$；

$x=-\infty$ 时，$T(-\infty,t)=T_0$

由方程的通解式（4.11）可知

当 $t\geqslant 0, T(0,t)=T_m$ 时，$\operatorname{erf}\left(\frac{0}{2\sqrt{\alpha t}}\right)=0$，则 $C_1=T_m$

$T(-\infty,t)=T_0$ 时，$\operatorname{erf}\left(\frac{-\infty}{2\sqrt{\alpha t}}\right)=-1$，则 $C_2=T_m-T_0$

将 C_1 和 C_2 值代入式（4.11），得式（4.12）的定解

$$T=T_m+(T_m-T_0)\operatorname{erf}\left(\frac{x}{2\sqrt{\alpha_m t}}\right) \tag{4.13}$$

式中，$\alpha_m=\lambda_m/C_m\rho_m$ 为模壁的导温系数。λ_m、C_m、ρ_m 分别为模壁的导热系数、热容和密度。式（4.13）表示铸锭凝固时模壁温度 T 的分布规律。

假定在模壁/凝壳界面，铸锭凝固放出潜热的比热流量 q_1 等于模壁导走的比热流量 q_2，并忽略液体金属的显热，则可求出凝固时间为 t 时的凝壳厚度 M 及凝固速度 R。因为

$$q_1=\rho_s LR \tag{4.14}$$

式中，ρ_s 为金属密度；L 为结晶潜热。而

$$q_2=\lambda_m\left.\frac{\partial T}{\partial x}\right|_{x=0}$$

式中，$\partial T/\partial x$ 为温度梯度。由式（4.13）知

$$\frac{\partial T}{\partial x}=\frac{\partial}{\partial x}\left[(T_m-T_0)\operatorname{erf}\left(\frac{x}{2\sqrt{\alpha_m t}}\right)\right]$$

即

$$\frac{\partial T}{\partial x}=(T_m-T_0)\frac{\partial}{\partial x}\left(\frac{2}{\sqrt{\pi}}\int_0^{\frac{x}{2\sqrt{\alpha_m t}}}\exp(-u^2)\mathrm{d}u\right)$$

$$=(T_m-T_0)\frac{2}{\sqrt{\pi}}\left\{\exp\left[-\left(\frac{x}{2\sqrt{\alpha_m t}}\right)^2\right]\frac{1}{2\sqrt{\alpha_m t}}\right\}$$

故

$$\left.\frac{\partial T}{\partial x}\right|_{x=0}=\frac{T_m-T_0}{\sqrt{\pi\alpha_m t}}$$

$$q_2=\lambda_m\frac{T_m-T_0}{\sqrt{\pi\alpha_m t}}=\frac{\sqrt{\lambda_m C_m\rho_m}}{\sqrt{\pi t}}(T_m-T_0) \tag{4.15}$$

因 $q_1=q_2$，所以由式（4.14）和式（4.15）知凝固速度为

$$R=\frac{T_m-T_0}{\rho_s L}\sqrt{\frac{\lambda_m C_m\rho_m}{\pi t}} \tag{4.16}$$

由上式可求出凝壳厚度为

$$M=\int R\mathrm{d}t=\int\left(\frac{T_m-T_0}{\rho_s L}\sqrt{\frac{\lambda_m C_m\rho_m}{\pi t}}\right)\mathrm{d}t$$

$$=\frac{2}{\sqrt{\pi}}\left(\frac{T_m-T_0}{\rho_s L}\right)\left(\sqrt{\lambda_m C_m\rho_m}\right)\sqrt{t} \tag{4.17}$$

式（4.17）表明，铸锭凝壳厚度 M 与凝固时间平方根 $\sqrt{t}$ 成正比，而且与模壁和金属

的热物理性质有关。

如考虑过热的影响，可用有效潜热 L'代替 L。

$$L' = L + C_l(T_p - T_m) = 潜热 + 显热$$

式中，C_l 为液态金属热容；T_p 为浇注温度。

将 L'代入式（4.17）得

$$M = \frac{2}{\sqrt{\pi}}\left(\frac{T_m - T_0}{\rho_s[L + C_l(T_p - T_m)]}\right)\sqrt{\lambda_m C_m \rho_m}\sqrt{t}$$

令
$$K = \frac{2}{\sqrt{\pi}}\left(\frac{T_m - T_0}{\rho_s[L + C_l(T_p - T_m)]}\right)\sqrt{\lambda_m C_m \rho_m}$$

则
$$M = K\sqrt{t} \tag{4.18}$$

$$R = \frac{\mathrm{d}M}{\mathrm{d}t} = \frac{1}{2}\frac{K}{\sqrt{t}} \tag{4.19}$$

式（4.18）即所谓凝壳厚度的平方根定律，较适合于纯金属或结晶温度范围较窄的合金大型扁锭。K 称为凝固系数，其意义是凝固初期单位时间内的凝壳厚度，可用实验方法测定。在合金及浇温一定时，K 为常数。

铸锭在凝固过程中，实际并非始终遵循平方根定律。在凝固后期，因铸锭中心金属液体积与其散热表面积之比远小于凝固初期的比值，故凝固速度明显加快。

式（4.18）未考虑铸锭形状对凝固传热的影响。事实上，铸锭形状是影响凝固传热的重要因素之一。因此，Chvorinov 提出用铸锭或铸件的体积 V 与其表面积 A 之比代替凝壳厚度 M，则式（4.18）变为

$$\frac{V}{A} = K\sqrt{t} \tag{4.20}$$

该式具有较普遍的实际意义，可用于计算任何形状铸锭或铸件的凝固时间及一定时间的凝壳厚度；亦可用于非绝热模中铸锭凝固时间或凝壳厚度的计算。Flemings 考虑到圆锭的边缘散热效应较大，忽略过热的影响，根据半径为 r 圆锭的导热微分方程，得到

$$\frac{V}{A} = \frac{2}{\sqrt{\pi}}\left(\frac{T_m - T_0}{\rho_s L}\right)\left(\sqrt{\lambda_m C_m \rho_m}\sqrt{t} + \frac{\lambda_m t}{2r}\right) \tag{4.21}$$

由式（4.20）或式（4.21）可知，无论铸锭的重量是多少，只要它们的 V/A 值相等，则它们的凝固时间就相同或相近。

4.2.3 水冷模中铸锭的凝固

铸锭在水冷模中的凝固特点，是冷却迅速，凝壳断面的温度变化较陡，而模壁的温度几乎不变。下面将分两种情况进行讨论。

4.2.3.1 以凝壳热阻为主　对于大型铸锭，水冷模激冷作用的影响有限，铸锭中心的传热过程主要由凝壳导热能力来决定。因此，这里所讨论的问题，对分析大型铸锭的凝固传热是有益的。

无过热的金属液浇入水冷模，模温 T_0 保持不变，铸锭表面急剧冷却到 T_i，假定铸锭与模壁接触良好、无界面热阻，因此 $T_i = T_0$。由于凝壳内存在热阻，因而也存在温度梯度。凝固某一时刻的温度分布如图 4-12 所示。

将凝壳断面的温度分布曲线外延至无穷远处，则凝壳可看作是一个半无限厚的物体，

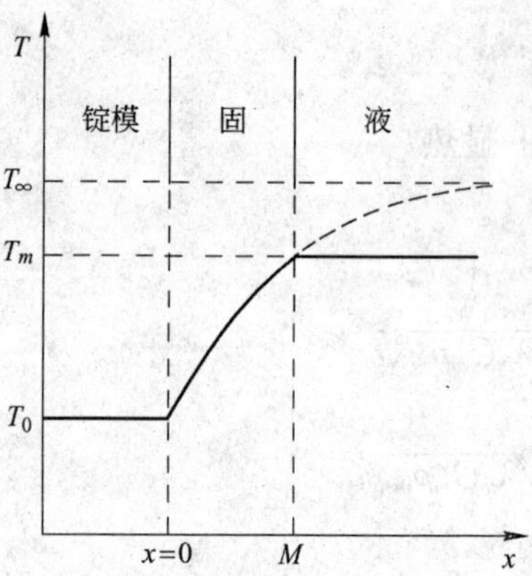

图 4-12　铸锭凝固以凝壳热阻为主时的温度分布

其导热微分方程和定解条件分别为

$$\frac{\partial T}{\partial t}=\alpha_s\left(\frac{\partial^2 T}{\partial x^2}\right)$$

初始条件：$t=0$ 时，$T(x,0)=T_i=T_0$

边界条件：$x=0$ 时，$T(0,t)=T_i=T_0$

$x=\infty$ 时，$T(\infty,t)=T_\infty$

由式（4.11）知，方程的解为

$$T=T_i+(T_\infty-T_i)\operatorname{erf}\left(\frac{x}{2\sqrt{\alpha_s t}}\right) \tag{4.22}$$

式中，$\alpha_s=\lambda_s/C_s\rho_s$ 为凝固金属的导温系数。该式表示水冷模中无界面热阻时凝壳内的温度分布规律。

在 $x=M$ 处，式（4.22）变为

$$T_m=T_i+(T_\infty-T_i)\operatorname{erf}\left(\frac{M}{2\sqrt{\alpha_s t}}\right) \tag{4.23}$$

上式左端为定数，故右端也为定数，即误差函数的自变量为定数。令 $\beta=M/2\sqrt{\alpha_s t}$，可得到

$$M=2\beta\sqrt{\alpha_s t} \tag{4.24}$$

$$R=\frac{\mathrm{d}M}{\mathrm{d}t}=\beta\sqrt{\frac{\alpha_s}{t}} \tag{4.25}$$

为求 M，必须知道 β 值。根据热平衡原理，在固液界面有

$$\lambda_s\left(\frac{\partial T}{\partial x}\right)_{x=M}=\rho_s LR \tag{4.26}$$

由式（4.22）知

$$\left.\frac{\partial T}{\partial x}\right|_{x=M}=\frac{T_\infty-T_i}{\sqrt{\pi\alpha_s t}}\exp\left[-\left(\frac{M}{2\sqrt{\alpha_s t}}\right)^2\right]=\frac{T_\infty-T_i}{\sqrt{\pi\alpha_s t}}\exp(-\beta^2)$$

将上式和式（4.25）代入式（4.26）得

$$\lambda_s\frac{T_\infty-T_i}{\sqrt{\pi\alpha_s t}}\exp(-\beta^2)=\rho_s L\beta\sqrt{\frac{\alpha_s}{t}} \tag{4.27}$$

由式（4.23）知

$$T_\infty-T_i=(T_m-T_i)/\operatorname{erf}\left(\frac{M}{2\sqrt{\alpha_s t}}\right)=\frac{T_m-T_i}{\operatorname{erf}\beta} \tag{4.28}$$

将式（4.28）代入式（4.27）得

$$\frac{\lambda_s(T_m-T_i)}{\sqrt{\pi\alpha_s t}\operatorname{erf}\beta}\exp(-\beta^2)=\rho_s L\beta\sqrt{\frac{\alpha_s}{t}}$$

将 $\alpha_s=\lambda_s/C_s\rho_s$ 代入上式，整理得

$$\beta\exp(\beta^2)\operatorname{erf}\beta=(T_m-T_i)\frac{C_s}{L\sqrt{\pi}} \tag{4.29}$$

利用尝试法，由式（4.29）可求出 β 值，或根据图 4-13 确定 β 值，然后利用式（4.24）计算某一时间 t 的凝壳厚度 M，利用式（4.25）计算凝固速度 R，由式（4.28）

计算 T_∞；将 T_∞ 值代入式（4.22），便可确定凝壳断面的温度 T 随 x 及 t 的变化关系式。

4.2.3.2 以界面热阻为主 水冷模或结晶器内表面常涂以导热性差的涂料或润滑油，并且模壁与凝壳之间由于凝固收缩而存在气隙，所以，模壁与凝壳之间有着较大的界面热阻。连续铸锭时各部分热阻比例为：凝壳 26％；气隙 71％；结晶器壁 1％；结晶器与水的界面 2％。

界面热阻的存在改变了铸锭凝固过程的传热特性，使铸锭表面温度 $T_i \neq T_0$，凝壳断面的温度梯度减小。为简化分析过程，假定凝壳断面的温度呈直线变化，模温 T_0 不变，如图 4-14 所示。

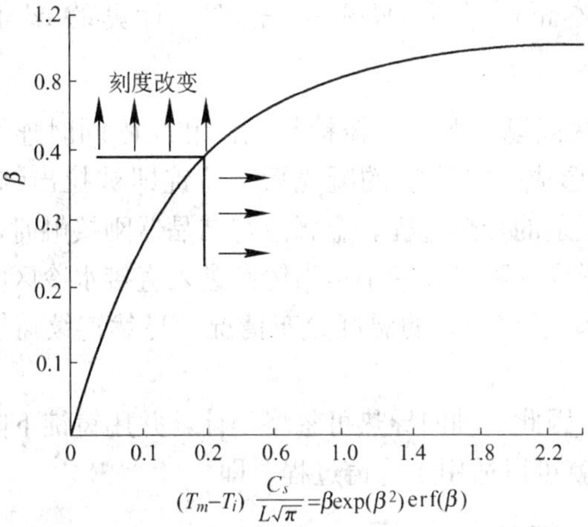

图 4-13 式（4.29）中 β 值计算

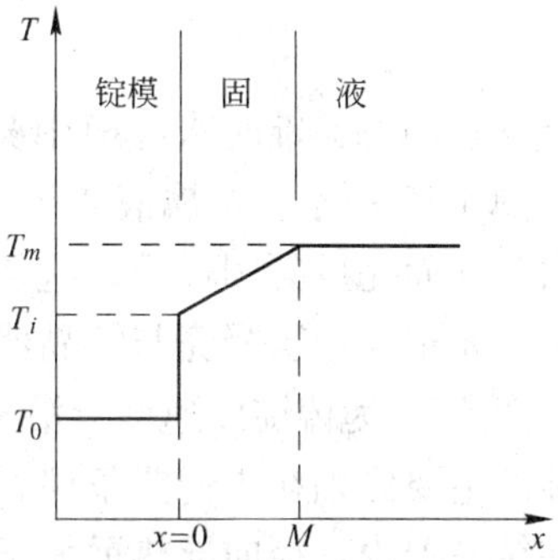

图 4-14 有界面热阻的水冷模中铸锭凝固时的温度分布

假定在模壁/凝壳界面上，流入的比热流量等于以对流方式流出的比热流量，即

$$q_{x=0} = \lambda_s\left(\frac{\partial T}{\partial x}\right)_{x=0} = \bar{h}(T_i - T_0)$$

因为凝壳内的温度呈直线变化，因此 $\dfrac{\partial T}{\partial x}=$ 常数，故有

$$q_{x=0} = \lambda_s \frac{T_m - T_i}{M} = \bar{h}(T_i - T_0)$$

或

$$T_i = \left(\bar{h}T_0 + \frac{\lambda_s T_m}{M}\right)\frac{M}{M\bar{h} + \lambda_s}$$

在 $x = M$ 处，$q_{x=M} = q_{x=0} = \lambda_s \dfrac{T_m - T_i}{M}$

消除上式中 T_i 并整理得

$$q_{x=M} = q_{x=0} = \frac{T_m - T_0}{\dfrac{1}{\bar{h}} + \dfrac{M}{\lambda_s}} \tag{4.30}$$

式中，$\bar{h}$ 为模壁与凝壳之间的平均对流传热系数。

热平衡时，在固液界面处

$$q_{x=M}=\frac{T_m-T_0}{\frac{1}{\overline{h}}+\frac{M}{\lambda_s}}=\rho_s L\frac{\mathrm{d}M}{\mathrm{d}t}$$

上式积分得

$$M=\frac{\overline{h}(T_m-T_0)}{\rho_s L}t-\frac{\overline{h}}{2\lambda_s}M^2 \tag{4.31}$$

当凝壳内的温度分布呈曲线时，M 与 t 的关系更复杂：

$$M=\frac{\overline{h}(T_m-T_0)}{\rho_s La}t-\frac{\overline{h}}{2\lambda_s}M^2 \tag{4.32}$$

式中

$$a\equiv\frac{1}{2}+\sqrt{\frac{1}{4}+\frac{C_s(T_m-T_0)}{3L}}$$

当 $\overline{h}M/\lambda_s\geqslant\frac{1}{2}$ 时，式（4.32）基本正确；当 $\overline{h}M/\lambda_s<\frac{1}{2}$ 时，计算的 M 值约偏高10%～15%。

上述是静态铸锭时水冷模中凝固传热问题。但连续铸锭是浇注和凝固同时连续进行的，如图 4-15 所示。金属液在结晶器内形成一定厚度的凝壳后，铸锭即被拉出结晶器，经二次冷却而完成凝固过程。这是一个复杂的传热过程。金属液与结晶器刚接触时，对流传热系数 h 很大；当凝壳与结晶器之间形成气隙时 h 变小；当铸锭进入直接水冷区时 h 又变大。图 4-16 为铸锭以速度 v 沿 y 方向朝下移动时的温度分布情况。显然连续铸锭与静态铸锭的主要区别在于传热条件。

在结晶器内，径向导热远大于轴向，因此，轴向导热可忽略不计，并用铸锭下降距离 y 与浇速 v 之比来表示 t，则式（4.32）就可以适用于连铸过程，即

$$M=\frac{\overline{h}(T_m-T_0)}{\rho_s La}\cdot\frac{y}{v}-\frac{\overline{h}}{2\lambda_s}M^2 \tag{4.33}$$

该式表示金属液无过热条件下，结晶内凝壳厚度与浇速的关系，可用于计算结晶器出口处凝壳厚度。根据热平衡原理，也可导出扁锭的宽面或窄面在结晶器出口处的凝壳厚度关系式：

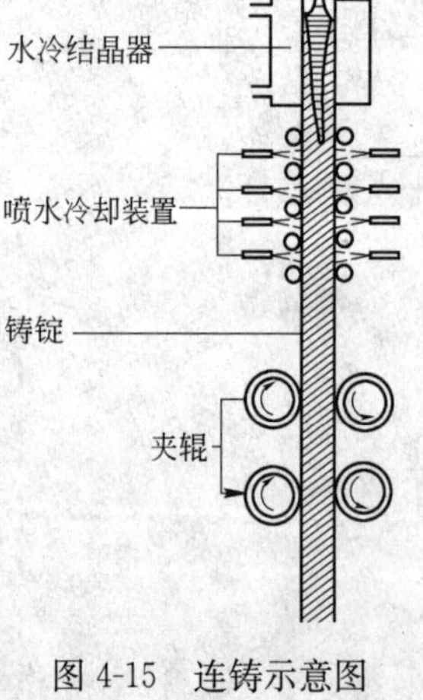

图 4-15　连铸示意图

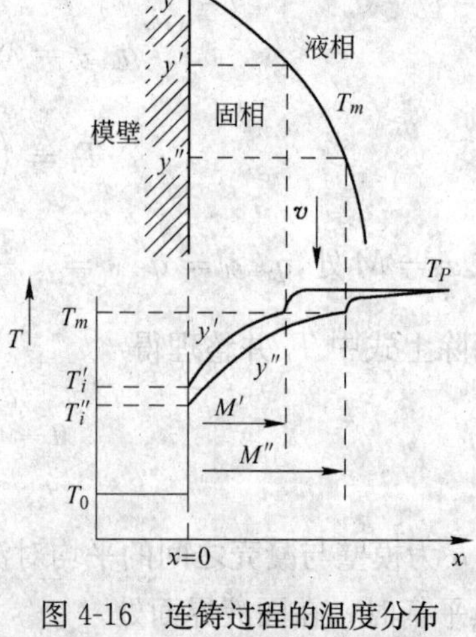

图 4-16　连铸过程的温度分布

$$M = \frac{b}{2} - \sqrt{\frac{b^2}{4} - \frac{\theta}{2\rho_s L' v}} \tag{4.34}$$

式中，b 为宽边或窄边的边长；θ 为两宽面或窄面的传热速度。

由于式（4.34）包含了金属热物理性质、连铸工艺及铸锭形状等参数，因而能得到相当精确的结果，对设计结晶器和选择工艺参数有参考价值。

对于一定的合金，当连铸工艺稳定时，可以认为温度不随时间变化，即 $\frac{\partial T}{\partial t} = 0$，并假定合金的热物理性质不随温度而变化，则可得到如下传热微分方程：

$$\alpha_s \left(\frac{\partial^2 T}{\partial x^2} + \frac{\partial^2 T}{\partial y^2} \right) - v \frac{\partial T}{\partial z} = 0 \tag{4.35}$$

式中，z 为铸锭在轴向的移动距离。解此微分方程，即可求出铸锭断面的温度在三维空间随 v 变化的关系。

式（4.33）、式（4.34）和式（4.35）是描述连铸传热过程的重要关系式，但它们都忽略了热物理性质随温度和合金成分而变化这一重要因素，亦未考虑对流对传热的影响。对于这样复杂的传热问题，很难得到适当的解析式，即使得到了解析式也往往难以进行数值计算。因此，研究实际铸锭条件下的凝固传热问题，一般不采用解析法，而采用差分法，把解微分方程问题变成解差分代数方程问题。这样，借助于计算机可得到相当精确的结果。长期以来，人们也用一些经验公式来描述连铸的传热特点。例如，

连续铸锭凝壳厚度：
$$M = K\sqrt{t} - B \tag{4.36}$$

平均凝固速度：
$$\overline{R} = v \sin\varphi \tag{4.37}$$

液穴深度　扁锭：
$$H = \frac{b^2 \rho_s v \left[L + \frac{1}{2} C_s (T_m - T_i) \right]}{2\lambda_s (T_m - T_i)} \tag{4.38}$$

圆锭：
$$H = \frac{r^2 \rho_s v \left[L + \frac{1}{2} C_s (T_m - T_i) \right]}{4\lambda_s (T_m - T_i)} \tag{4.39}$$

式（4.36）中，B 为常数，大小与合金性质和过热度等有关；式（4.37）中，$\overline{R}$、v 和 φ 三者之间的关系如图 4-17 所示；式（4.38）和（4.39）中，b 和 r 分别为扁锭厚度的一半和圆锭半径，T_i 为铸锭表面温度。上述公式都是近似式，但它们仍揭示了铸锭凝固传热的一些基本规律。例如，式（4.38）和式（4.39）清楚表明，液穴深度与铸锭形状和尺寸、浇注速度、金属热物理性质等主要传热条件密切相关。工艺一定时，若金属的导热系数小，潜热及热容大，则液穴深。例如黄铜的导热能力小于紫铜，因此黄铜的液穴比紫铜的深，如图 4-18 所示。液穴深度随浇速增大而增大，如图 4-19 所示。液穴深度也与浇温及结晶器长度有关。浇温低，结晶器短，则液穴浅平。为了提高铸锭质量，液穴应尽可能浅平，以利于气体的析出和夹渣的上浮。液穴过深，易产生裂纹、气孔、缩松、夹渣、反偏析及晶粒组织不匀等缺陷。

4.2.4 无水冷铁模中铸锭的凝固

无水冷铁模中铸锭的凝固特点，是在模壁和凝壳内部有温度梯度。假定模壁/凝壳界面热阻小而忽略不计，模壁足够厚，其外表温度保持 T_0 不变，金属液没有过热。凝固过程中某一时刻的温度分布如图 4-20 所示。这也属于一维传热问题。凝壳的导热微分方程

及定解条件分别为

$$\frac{\partial T}{\partial t}=\alpha_s\frac{\partial^2 T}{\partial x^2}$$

初始条件：$t=0$ 时，$T(x,\ 0)=T_m$

边界条件：$x=0$ 时，$T(0,t)=T_i; x=\infty$ 时，$T(\infty,t)=T_\infty$

根据式（4.11）得方程的定解为

$$T=T_i+(T_\infty-T_i)\text{erf}\left(\frac{x}{2\sqrt{\alpha_s t}}\right) \tag{4.40}$$

$$\text{当 } x=M \text{ 时}, T_m=T_i+(T_\infty-T_i)\text{erf}\left(\frac{M}{2\sqrt{\alpha_s t}}\right)=T_i+(T_\infty-T_i)\text{erf}\beta \tag{4.41}$$

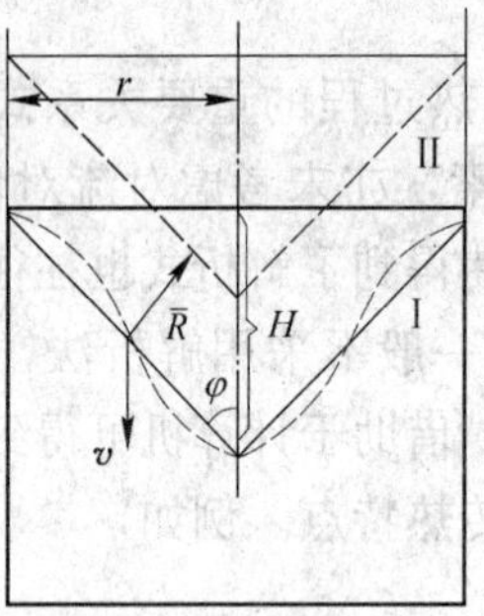

图 4-17　平均凝固速度与浇速的关系

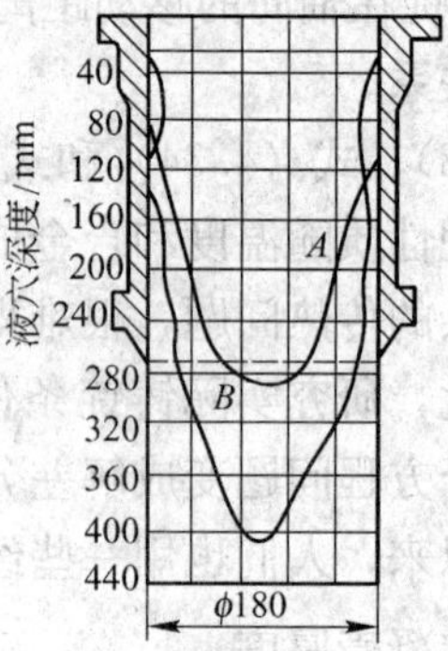

图 4-18　黄铜与紫铜液穴对比

A—紫铜；B—黄铜

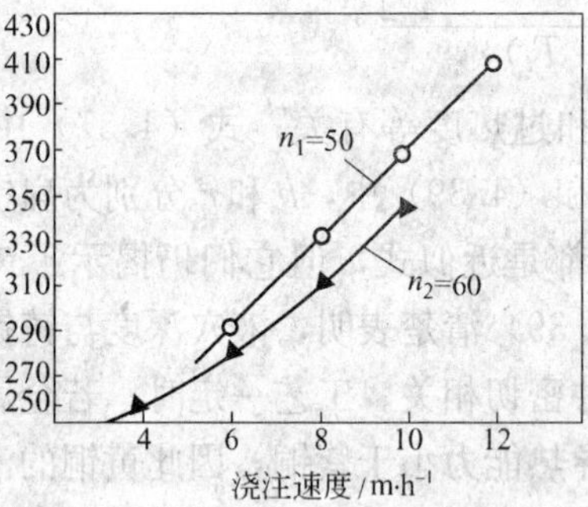

图 4-19　紫铜扁锭液穴深度与浇速的关系

n_1，n_2—冷却水用量，m^3/h

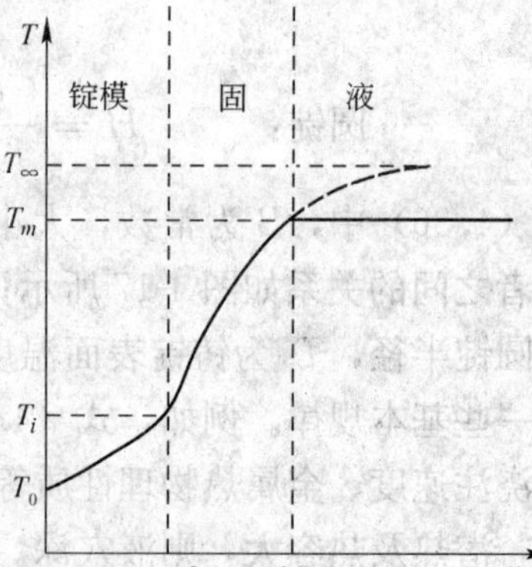

图 4-20　无水冷铁模中铸锭凝固的温度分布

和水冷模中铸锭的凝固一样，β 与铸锭表面温度 T_i 的关系同于式（4.29），但这里 T_i 为未知数。

模壁的导热微分方程及定解条件分别为

$$\frac{\partial T}{\partial t}=\alpha_m\frac{\partial^2 T}{\partial x^2}$$

初始条件：$t=0$ 时，$T(x,0) = T_0$

边界条件：$x = 0$ 时，$T(0,t) = T_i$，$x = -\infty$ 时，$T(-\infty,t) = T_0$

方程的定解为

$$T = T_i + (T_i - T_0)\mathrm{erf}\left(\frac{x}{2\sqrt{\alpha_m t}}\right) \tag{4.42}$$

模壁/凝壳界面热平衡时：

$$\lambda_s\left(\frac{\partial T}{\partial x}\right)_{x=0} = \lambda_m\left(\frac{\partial T}{\partial x}\right)_{x=0}$$

由式（4.40）和式（4.42）知

$$\lambda_s\frac{T_\infty - T_i}{\sqrt{\pi\alpha_s t}} = \lambda_m\frac{T_i - T_0}{\sqrt{\pi\alpha_m t}}$$

把 $\alpha=\lambda/C\rho$ 代入上式得

$$\frac{T_i - T_0}{T_\infty - T_i} = \sqrt{\frac{\lambda_s C_s\rho_s}{\lambda_m C_m\rho_m}}$$

该式除以式（4.41）得

$$\frac{T_i - T_0}{T_m - T_i} = \sqrt{\frac{\lambda_s C_s\rho_s}{\lambda_m C_m\rho_m}}\Big/\mathrm{erf}\beta$$

把式（4.29）代入上式，消去（$T_m - T_i$）整理后得

$$\frac{C_s(T_i - T_0)}{L\sqrt{\pi}} = \beta\exp(\beta^2)\sqrt{\frac{\lambda_s C_s\rho_s}{\lambda_m C_m\rho_m}} \tag{4.43}$$

将该式与式（4.29）相加得

$$\frac{C_s(T_m - T_0)}{L\sqrt{\pi}} = \beta\exp(\beta^2)\left(\sqrt{\frac{\lambda_s C_s\rho_s}{\lambda_m C_m\rho_m}} + \mathrm{erf}\beta\right) \tag{4.44}$$

根据已知的热物理参数

$$\frac{C_s}{L}(T_m - T_0)\ \text{和}\sqrt{\frac{\lambda_s C_s\rho_s}{\lambda_m C_m\rho_m}}$$

利用尝试法由式（4.44）可求 β 值；然后由式（4.24）求出 M 或 t；由式（4.43）或由图4-21求出 T_i，由式（4.41）和式（4.42）分别确定 T_∞ 值和模壁的温度场；把 T_i 及 T_∞ 值代入式（4.40）可确定凝壳断面的温度场。

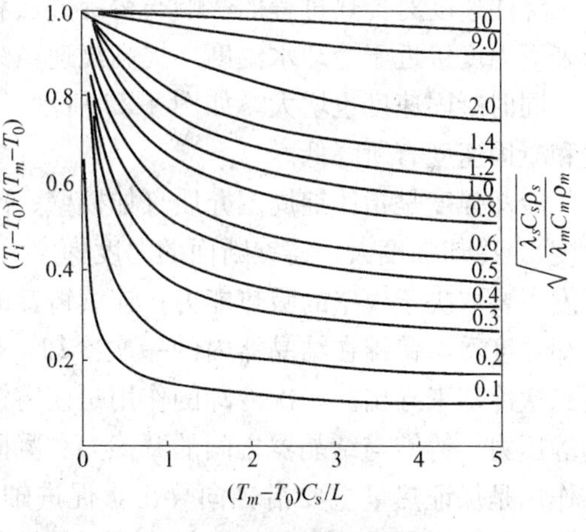

图 4-21　无水冷铁模中铸锭表面温度 T_i 关系图

4.2.5　影响凝固传热的因素

4.2.5.1　金属性质　金属的导温系数 α 代表其导热能力的大小。α 大，铸锭内部温度易于均匀，温度分布曲线就比较平坦，温度梯度小；反之，温度分布曲线就比较陡，温度梯度大。例如，紫铜的 $\alpha=1.17$，黄铜的 $\alpha=0.37$，在相同的工艺条件下，紫

铜铸锭断面的温度分布曲线比黄铜的要平坦些。通常，随合金化程度的提高，金属导热性降低，因而铸锭断面的温度梯度增大。金属的结晶潜热大，向凝壳传输的热量多，模壁温度高，故降低铸锭的冷却速度和断面的温度梯度。金属的凝固温度高，铸锭表里温差大，温度分布曲线陡。

4.2.5.2 锭模和涂料性质 铸锭的凝固主要是因模壁吸热而进行的，模壁外表面向周围介质辐射和对流散热的作用不大。因此，铸锭的凝固速度主要取决于锭模的冷却能力。锭模的蓄热系数 $b_m=\sqrt{\lambda_m C_m \rho_m}$大，冷却能力强。模壁厚度和温度对冷却能力也有一定的影响。在铁模铸锭和其他条件不变时，厚壁锭模比薄壁锭模的冷却能力稍强。但由于铁模的 λ_m 较小，锭模增大至一定厚度以后，其冷却能力便不再增强。熔点较高的紫铜等厚大铸锭，模壁厚薄对其凝固传热过程的影响无明显差别。模壁厚度对水冷模的冷却能力无明显影响，如结晶器壁厚由 40mm 减至 20mm，传热速度约增加 10%。但为了防止锭模或结晶器变形翘曲，模壁宜稍加厚。实践表明，模温在 50～150℃范围内变动，对铸锭的凝固速度和晶粒组织几无影响；在模温更高的情况下，凝固速度会降低，形成粗等轴晶的倾向增大。

涂料分为耐火性涂料和挥发性涂料两种。氧化锌等耐火性涂料，因导热性差，增大模壁/铸锭界面的热阻，故降低铸锭的凝固速度，延长凝固时间。挥发性涂料留在模壁上的残焦，可减小界面热阻，使传热性能有所改善。生产中常用改变涂料层厚度、组成及性质的方法来调节铸锭的冷却速度，改善铸锭的表面质量。例如，易氧化生渣的黄铜铸锭，涂料可用机油或煤油和适量烟灰；其他铜合金及镍合金一般用蓖麻油等植物油∶肥皂＝6∶4较好；铝、锌及其合金多用 ZnO 或 TiO_2 粉加适量水及少量水玻璃作涂料。

4.2.5.3 浇注工艺 浇注工艺主要包括浇注温度、浇注速度及冷却强度，三者互相配合才能有效地控制凝固传热过程，从而获得所要求的铸锭组织和质量。

生产上多用 40～150℃的过热度或取液相点的 1.05～1.13 倍温度作为浇注温度。在这样的过热温度范围内，金属的过热量比潜热要小得多。所以，在水冷模及连续铸锭的情况下，浇注温度对铸锭断面的温度分布影响很小。但是，浇注温度对金属的流动性、二次氧化、吸气及缩孔等缺陷的形成和铸锭的表面质量有着重大影响。

浇注速度对传热过程的影响与铸锭方法和铸锭的尺寸密切相关。水冷模和连铸结晶器的表面温度接近于冷却水温度，提高浇速，带入模中的热量多，因此铸锭断面的温度梯度大，同时凝固速度也增大，如图 4-22 所示。无水冷铁模铸锭时，提高浇速，会使温度梯度和凝固速度有所降低。

冷却强度是指铸锭周围介质（如模壁、冷却水等）在单位时间内导走的热量（即传热速度）。冷却强度大，铸锭断面的温度梯度大，铸锭的凝固速度也大。无水冷锭模的冷却强度主要取决于模壁的吸热能力；连续铸锭的冷却强度主要取决于冷却水用量或水压。从冷却强度看，铸锭在结晶器内的一次冷却，仅导出总热量的 15%～20%，其余热量主要由二次冷却来导出。一次冷却的作用是使铸锭成型，并且有足够厚的凝壳，能抵抗金属液的静压力、铸锭与结晶器之间的摩擦力和凝固收缩力，使铸锭不致变形或开裂。二次冷却的作用是保证热量主要沿轴向导出，促进轴向凝固，使液穴浅平，以获得致密的铸锭组织。二次冷却强度越大，液穴越浅平，越有利于轴向凝固，铸锭组织越致密。这是连续铸锭的质量优于铁模铸锭质量的重要原因。二次冷却的传热方式如图 4-23 所示。由图可见，冷却水吸热升温和蒸发传输的热量最多，高达 50%。二次冷却供水方式如图 4-24 所示。

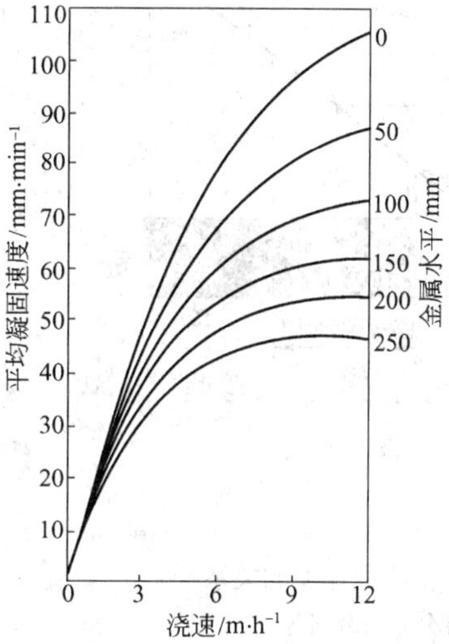

图 4-22 凝固速度与浇速及金属水平的关系

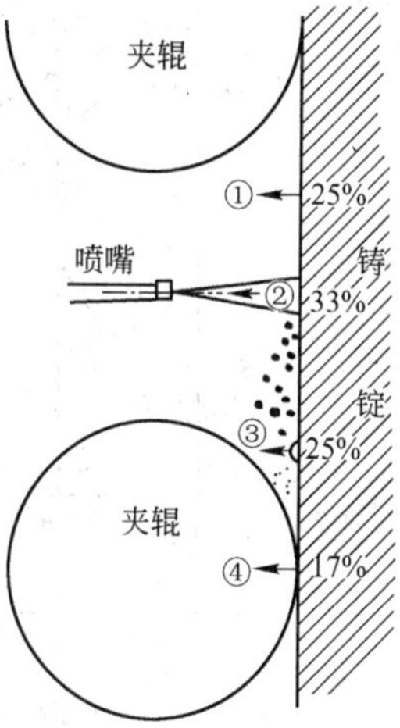

图 4-23 二次冷却传热方式示意图

①辐射；②，③冷却水蒸发和升温；④夹辊传导

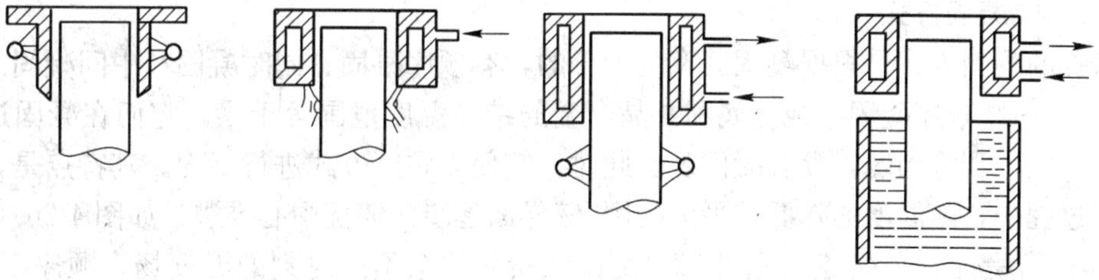

(a) (b) (c) (d)

图 4-24 连续铸锭的二次冷却供水方式

(a)、(b) 短结晶器，喷射冷却；(c) 长结晶器，雾化冷却；(d) 短结晶器，水槽冷却

4.3 凝固区及凝固方式

4.3.1 凝固区

除纯金属和共晶成分合金外，其他合金铸锭在凝固过程中，其断面一般都存在三个区域：固相区、凝固区和液相区，如图 4-25 所示。凝固区又可划分为以固相为主的固液区和以液相为主的液固区。在固液区内，固相已连接成一整体的晶体骨架，枝晶间残留的少量液体互不流通。最后凝固收缩时，枝晶间得不到别处金属液的补充而形成缩松。在液固区内，固相悬浮在液体当中，可以自由移动和长大。

由图 4-25 (b) 知，凝固区的宽度 b 可表示为

$$b=(T_l-T_s)/G \tag{4.45}$$

式中，(T_l-T_s) 为合金的平衡结晶温度范围；G 为铸锭断面的温度梯度。由式 (4.45) 可知，合金铸锭凝固区的宽度仅取决于合金的结晶温度范围和铸锭断面的温度梯度。G—

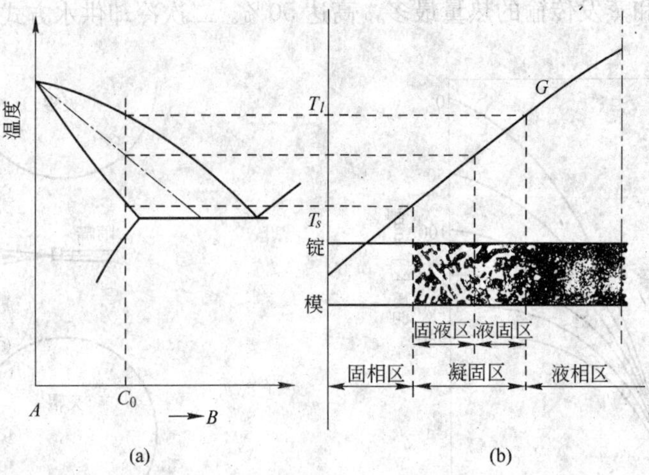

图 4-25　凝固区与结晶温度范围及温度梯度的关系

（a）相图；（b）铸锭断面温度分布与凝固区

定，（T_l-T_s）大，则凝固区宽；反之，合金成分一定，即（T_l-T_s）一定，G 大则 b 窄。故生产中，可采用调整工艺的方法来改变 G 的大小，从而控制凝固区的宽窄。因为铸锭的许多缺陷都是在凝固区内形成的，所以凝固区的宽窄对铸锭的质量影响很大。

4.3.2　凝固方式

铸锭的凝固方式是根据凝固区宽度划分的，有顺序凝固、同时凝固和中间凝固三种。

4.3.2.1　顺序凝固　纯金属和共晶合金的结晶温度范围等于零，它们在凝固过程中只出现固相区和液相区，没有凝固区。此时铸锭便以顺序方式进行凝固。其特点是，铸锭在凝固过程中，随温度的降低，平滑的固/液界面逐步向铸锭中心推进，如图 4-26（a）所示，图中 T_l 是金属的熔点，T_1 和 T_2 是铸锭断面两个不同时刻的温度场。顺序凝固时，由于固/液界面是平滑的，所以当液体凝固发生体收缩时，可以不断地得到液体的补充，因而铸锭产生分散性缩孔的倾向小，但在铸锭最后凝固的头部易形成集中缩孔。此外，界面附近出现裂纹时，因有液体的充填而愈合，所以铸锭的热裂倾较小。合金的结晶温度范围小，或铸锭断面的温度梯度较大的情况下，凝固区的宽度便窄。此时，铸锭也能以顺序方式凝固，但与纯金属或共晶合金有所不同，其固/液界面不是平滑的，而是呈现锯齿状，如图 4-26（b）所示，图中 b 为凝固区宽度，T_l 和 T_s 分别为合金的液相线和固相线温度。这种合金铸锭形成分散性缩孔倾向也较小，同样易于形成集中缩孔。

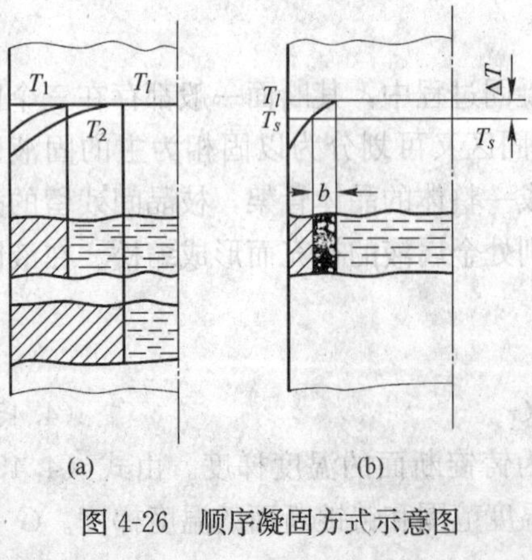

图 4-26　顺序凝固方式示意图

铸锭顺序凝固时易于得到柱状晶，即凝固区愈窄，铸锭中形成柱状晶的倾向愈大。当合金成分一定，连续铸锭比铁模铸锭的柱状晶发达。因为前者冷却强度大，温度梯度大，凝固区窄。纯金属铸锭的凝固区宽度接近于零，因而纯金属比合金更易于生成柱状晶。可见，保持狭小的凝固区宽度是获得柱状晶的重要条件之一。

4.3.2.2　同时凝固

合金的结晶温度范围宽或其铸锭断面的温度梯度小，凝固区宽，铸锭就多以同时凝固方式进行凝固，如图 4-27 所示。其特点是在凝固区内靠近固相区前沿的液体中，首先形成一批小晶体，同时在其周围的液体中由于出现溶质偏析，使该部分液体的凝固点降低，晶体生长受到抑制，因而在该溶质偏析区外围的过冷液体中，立即形成另一批小晶体，并很快也被溶质偏析的液体包围住，长大受阻，于是再形成第三批小晶体。如此继续下去，小晶体很快布满整个凝固区。这种过程几乎是在整个凝固区内同时进行的，故称为同时凝固，亦称为体凝固。

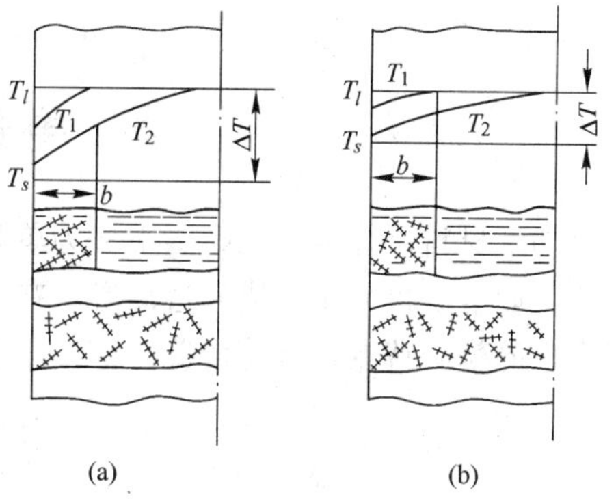

图 4-27　同时凝固方式示意图

(a)（T_l-T_s）宽；(b) 温度梯度小

铸锭以同时凝固方式进行凝固时，由于温度梯度小、结晶潜热散失慢及溶质的偏析，液体的过冷度减小，能达到临界尺寸的晶核总数并不很多，故为数不多的小晶体在宽凝固区内，易于自由长大成粗大的等轴枝晶。粗大枝晶互相连接后，封闭住的残余液体最后凝固而形成分散性缩孔。由此可见，集中缩孔和分散性缩孔虽然都是由于最后凝固的地方得不到液体的补充而产生的，但前者是顺序凝固的结果，后者是同时凝固的结果。宽凝固区的合金枝晶发达，流动性差，一旦出现晶间裂纹，难以得到液体的充填而愈合，故热裂倾向较大。

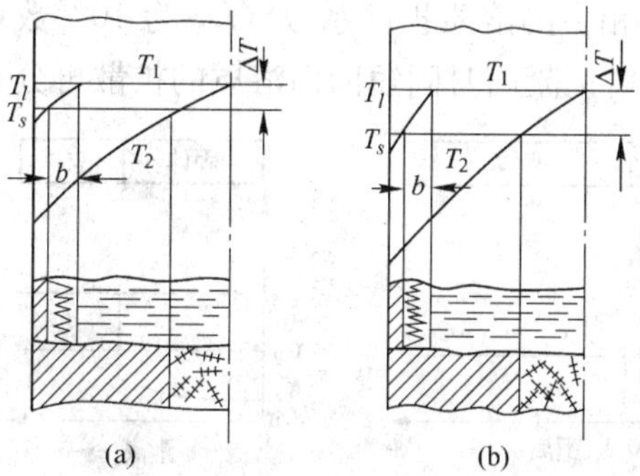

图 4-28　中间凝固方式示意图

(a)（T_l-T_s）较小；(b) 温度梯度较大

4.3.2.3　中间凝固　合金的（T_l-T_s）较窄，或温度梯度较大时，凝固区宽度介于上述二者之间。此时铸锭以中间凝固方式进行凝固，如图 4-28 所示。其凝固特点也介于二者之间，铸锭中既有柱状晶也有等轴晶。这种合金的流动性比窄结晶温度范围的合金差；但优于宽结晶温度范围的合金，故产生热裂和缩孔的倾向，也介于上述二者之间。

如上所述，合金的凝固方式是根据凝固区宽度来划分的，因此对于一定合金，凝固方式仅随温度梯度而变化。温度梯度较大时，即使（T_l-T_s）宽的合金，也有可能以中间方式、甚至以顺序凝固方式进行凝固。反之，温度梯度很小时，即使（T_l-T_s）窄的合金，也有可能以同时凝固方式进行凝固。例如，工业纯铝的（T_l-T_s）约为 6℃，熔点低，结晶潜热和导热系数较大；低碳钢约为 22℃，熔点高。结晶潜热和导热系数较小。因此，在二者都用锭模铸锭时，纯铝铸锭断面的温度梯度很小，而低碳钢的温度梯度较大，前者以同时凝固方式进行凝固，后者以顺序凝固方式进行凝固。所以，合金的凝固方式与凝固传热条件密切相关。

5　单相合金的凝固

加工材料用合金，在高温下多为单相固溶体。单相合金在凝固过程中发生的一些重要现象，如溶质再分布、成分过冷等，在多相合金的凝固过程中也同样存在。所以，研究单相合金的凝固特点，具有较普遍的实际意义。

5.1　溶质再分布

凝固过程中出现溶质再分布，是合金的凝固不同于纯金属的一个重要特征，也是合金凝固过程中一种较普遍的传质现象。铸锭成分的均匀性、晶粒组织及热裂等的形成，都与溶质再分布有关。衡量容质再分布状况的主要参数是平衡分布系数 k。它表示同一温度下固相成分 C_S 与相平衡的液相成分 C_L 之比值，即

$$k = C_S/C_L$$

当合金的液相线和固相线向下倾斜时，$C_S<C_L$，$k<1$；反之，$C_S>C_L$，$k>1$。因为大多数合金元素及杂质在基体金属中的 $k<1$，所以在以后的讨论中，将以 $k<1$ 的合金为主，但所得到的结果也适于 $k>1$ 的合金。

由于实际生产条件下，铸锭的凝固都是非平衡凝固，故这里只介绍非平衡凝固时的溶质再分布，而不讨论平衡凝固时的溶质再分布。

5.1.1　液相完全混合均匀的溶质再分布

在非平衡凝固条件下，温度略低于 T_s 时，固相中的溶质扩散系数（D_S 为 10^{-8} 数量级）比液相（D_L 为 10^{-5} 数量级）中的小得多，且铸锭凝固时间短因而溶质的扩散再分布可忽略不计。图 5-1 所示成分为 C_0 的合金液体，在极为强烈的搅拌下自左向右定向凝固，于 T_L 开始形成少量固体，其成分为 kC_0［图 5-1(a)］。铸锭继续凝固时，液相中溶质逐渐富集，$C_L>C_0$，但由于有强烈的搅拌作用，液相中 C_L 保持均匀，故以后凝固的固相中溶质含量逐渐升高［图 5-1(b)］。当温度降至 T^* 时，固相成分 C_S^* 与液相成 C_L^* 相平衡［图 5-1(d)］。由于固相中的扩散可忽略不计，因此开始凝固的固相成分仍为 kC_0，以后凝固的固相成分右移，故 $C_S^*>kC_0$，而液相中 $C_L^*=C_L$。在固/液界面处，形成少量固体所排出的溶质量，等于液体中增加的溶质量，即

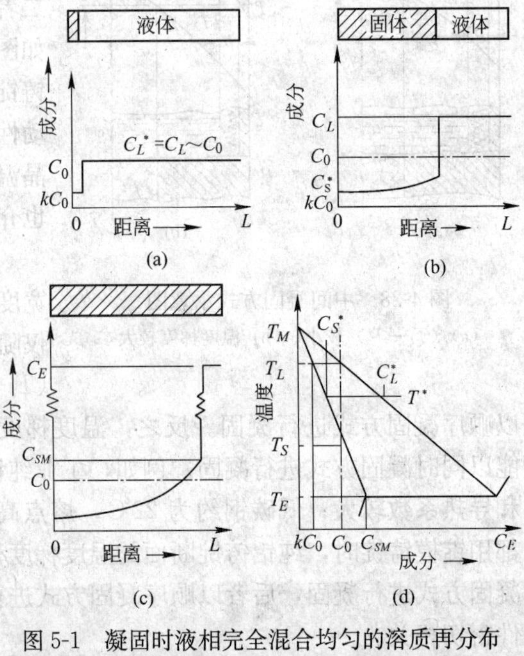

图 5-1　凝固时液相完全混合均匀的溶质再分布

(a) 凝固开始；(b) 在温度 T^*；(c) 凝固结束；(d) 相图

$$(C_L^* - C_S^*)\,\mathrm{d}f_S = (1 - f_S)\,\mathrm{d}C_L^*$$

将 $C_L^* = C_S^*/k$ 代入上式得

$$\left(\frac{C_S^*}{k}-C_S^*\right)\mathrm{d}f_S=(1-f_S)\mathrm{d}\left(\frac{C_S^*}{k}\right)$$

上式积分得

$$-\ln(1-f_S)=\frac{1}{1-k}\ln C_S^*+\ln A$$

或
$$C_S^*=A(1-f_S)^{(k-1)}$$

式中，A 为积分常数。当 $f_S=0$ 时，$C_S^*=kC_0$，得 $A=kC_0$，所以

$$C_S^*=kC_0(1-f_S)^{(k-1)} \tag{5.1}$$

将 $C_S^*=kC_L^*=kC_L$，$f_S=1-f_L$ 代入上式得

$$C_L^*=C_L=C_0f_L^{(k-1)} \tag{5.2}$$

式（5.1）和式（5.2）中，f_S 和 f_L 分别为固相和液相的重量分数。上述二式分别表示凝固过程中某一温度 T^* 的固相和液相的成分，称为非平衡凝固的杠杆定律，即 Scheil 方程，是研究凝固过程中溶质再分布的基本关系式。

在这一情况下的溶质再分布，会导致铸锭成分分布不均匀，在凝固后期，液相成分远高于 C_0，甚至可达到共晶成分 C_E［图 5-1(c)］，使单相合金铸锭中出现共晶组织。

5.1.2　液相部分混合均匀的溶质再分布

液相完全混合均匀需要极强烈的搅拌，这在生产条件下是难以满足的。实际上，液相中有扩散和对流存在而部分混合均匀的情况是经常发生的。下面分两种情况进行讨论。

5.1.2.1　液相中仅有扩散　开始凝固的固相成分也为 kC_0。$k<1$ 时，固相在固液界面上排出多余的溶质。由于液相只能通过溶质扩散而部分混合均匀，因此在界面前沿出现一富溶质层。随着凝固的继续进行，富溶质层中溶质含量逐渐增加。当温度下降至固相线温度 T_S 时，固相成分就是合金的原始成分 C_0，而固液界面处的液相成分为 C_0/k。此时，凝固将在 T_S 温度下进行，且固相中排出的溶质量等于扩散至液相中的溶质量，凝固过程处于稳定态。在稳定态，液相成分不随时间变化，即 $\frac{\partial C_L}{\partial t}=0$。Jacken 等人研究过稳定态下溶质再分布的规律，并在凝固速度 R 和溶质在液相中的扩散系数 D_L 为定数条件下，建立了液相中溶质分布的微分方程：

$$D_L\frac{\mathrm{d}^2C_L}{\mathrm{d}x^2}+R\frac{\mathrm{d}C_L}{\mathrm{d}x}=0 \tag{5.3}$$

式中，x 为离开固/液界面的距离。

该式左边第一项表示扩散引起的液相成分变化，第二项表示固/液界面向前推进引起的成分变化。该式的边界条件为

$x=0$ 处，$C_L=C_L^*=C_0/k$；$x=\infty$ 处，$C_L=C_0$

设　$y=\frac{\mathrm{d}C_L}{\mathrm{d}x}$，则 $\frac{\mathrm{d}y}{\mathrm{d}x}=\frac{\mathrm{d}^2C_L}{\mathrm{d}x^2}$，式（5.3）变为

$$D_L\frac{\mathrm{d}y}{\mathrm{d}x}+Ry=0\ \text{或}\ \frac{\mathrm{d}y}{y}=-\frac{R}{D_L}\mathrm{d}x$$

积分得
$$C_L=-\frac{D_L}{R}C_1\exp\left(-\frac{R}{D_L}x\right)+C_2 \tag{5.4}$$

将边界条件代入上式确定积分常数 C_1 和 C_2 值，得

$$C_L=C_0\left[1+\frac{1-k}{k}\exp\left(-\frac{R}{D_L}x\right)\right] \tag{5.5}$$

该式表示凝固过程处于稳定态时，液相成分 C_L 随 x 而变化的规律，适用于溶质 $k<1$ 或 $k>1$的合金。

整个凝固过程中的溶质再分布如图 5-2 所示。在过渡区内凝固处于非稳定态。凝固即将结束时，仅残留极少量液体，界面上溶质向液体中的扩散受到限制，致使界面上的液相成分显著增高，因而在最后凝固的固相中产生严重的偏析，也会出现非平衡的共晶组织。

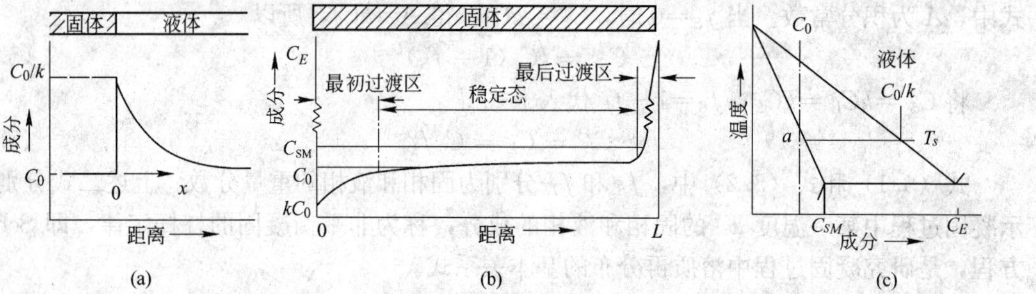

图 5-2　液相中仅有扩散时的溶质再分布

(a) 稳定态；(b) 凝固结束；(c) 相图

5.1.2.2　液相中有对流　凝固过程中不管对流如何强烈，在固液界面前沿总有一薄层液体，其流速等于零，溶质仅能通过扩散来实现均匀分布，通常称其为扩散层，宽度用 δ 表示。假定 R 和 D_L 为定数，固相中无扩散，则在扩散层达到稳定态凝固时，溶质分布的微分方程及其通解分别同于式（5.3）和式（5.4）。这里方程的边界条件为

$$x=0 \text{ 处}，C_L=C_L^*；x=\delta \text{ 处}，C_L=C_0$$

将边界条件代入式（5.4）得积分常数

$$C_1=\frac{R}{D_L}\left(\frac{C_L^*-C_0}{\exp\left(-\frac{R}{D_L}\delta\right)-1}\right),C_2=C_L^*+\frac{C_L^*-C_0}{\exp\left(-\frac{R}{D_L}\delta\right)-1}$$

将 C_1 和 C_2 值同时代入式（5.4）经整理得

$$\frac{C_L-C_L^*}{C_L^*-C_0}=\frac{1-\exp\left(-\frac{R}{D_L}x\right)}{\exp\left(-\frac{R}{D_L}\delta\right)-1} \qquad (5.6)$$

式（5.6）表示的扩散层内液相成分 C_L 随 x 变化规律如图 5-3 所示。可见，扩散层实际上就是溶质富集区（$k<1$ 时），其宽度 δ 与对流强度有关。对流强烈，δ 减小，液相成分均匀性提高。既然对流能影响 δ 的大小和 C_L 的分布，也必然会影响界面处的液相成分 C_L^*。Burton 等人已导出 C_L^* 与 δ 的关系式：

$$C_L^*=\frac{C_0}{k+(1-k)\exp\left(-\frac{R}{D_L}\delta\right)} \qquad (5.7)$$

由上式可知，随 δ 减小（即随对流加强），C_L^* 减小。凝固达到稳定态时，$C_L^*=C_S^*/k$，将其代入式（5.7）得

$$\frac{C_S^*}{C_0}=\frac{k}{k+(1-k)\exp\left(-\frac{R}{D_L}\delta\right)} \qquad (5.8)$$

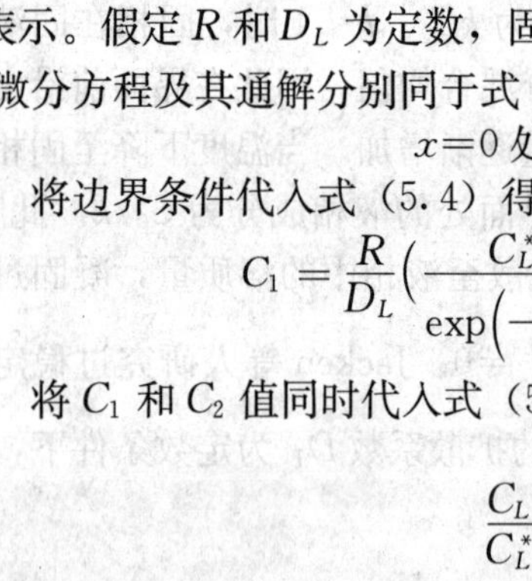

图 5-3　有对流时溶质的再分布

该式表明，当合金成分 C_0、k 及 D_L 一定时，C_S^* 仅取决于 R 和 δ，当 R 和 δ 也一定时，C_S^* 值恒定，但小于 C_0；加速对流，促进液相成分均匀，使 δ 减小、C_L^* 降低，故 C_S^* 也降低，但只要 R 保持恒定，C_S^* 也保持恒定；加大 R，可增大 C_S^* 值，R 愈大，C_S^* 愈接近 C_0；减小 R；可降低 C_S^* 值。因此，凝固过程中，如冷却条件等不稳定而引起 R 改变，会增加铸锭成分的不均匀性。

令 $k_e=C_S^*/C_0$，则由式（5.8）得

$$k_e=\frac{k}{k+(1-k)\exp\left(-\dfrac{R}{D_L}\delta\right)} \tag{5.9}$$

式中，k_e 称为溶质的有效分布系数。上式表示 k_e 与 k 之间的关系。利用 k_e 可以得到类似于式（5.1）和式（5.2）那样的关系式：

$$C_S^*=k_eC_0(1-f_S)^{(k_e-1)} \tag{5.10}$$

$$\overline{C}_L=C_0f_L{}^{(k_e-1)} \tag{5.11}$$

式中，$k_e=C_S^*/\overline{C}_L$，$\overline{C}_L$ 为液相的平均成分。上述二式称为修正的“正常偏析方程”。它只适用于定向凝固的稳定区。对一定合金而言，当 R 稳定时，k_e 仅与 δ 有关，因此 k_e 的大小可表示对流的强弱。R 小、温度梯度大，有利于固/液界面保持平面状，在此情况下，“正常偏析方程”才较为正确，即该方程较适合于描述固/液界面呈平面状长大时溶质分布的情况。

5.2 成 分 过 冷

5.2.1 成分过冷的形成及其过冷度

溶质再分布的结果，使溶质在固/液界面前沿发生偏析。$k<1$ 的合金，界面前沿溶质富集；$k>1$ 的合金，界面前沿溶质贫化。前者使界面前沿液体的平衡液相线温度 T_L 降低。与此同时，如果界面前沿液体的实际温度 $T_实$ 低于 T_L，则这部分液体处于过冷状态。这一现象称为成分过冷。图 5-4 表示 $k<1$ 合金成分过冷的形成条件。如图 5-4（b）所示，$k<1$ 合金凝固时，固/液界面液相成分最高（$C_L=C_L^*$），随着离开界面距离 x 的增大，C_L 逐渐降低、并趋向于 $C_L=C_0$；与 C_L 相对应的平衡液相线温度 T_L 在界面处最低（$T_L=T^*$），随 C_L 降低或随 x 增大，T_L 逐渐升高并趋向于 $T_L=T_l$，T_l 为合金的最高液相线温度。如图 5-4（d）所示，图中 G_l 与 T_L 曲线在界面前沿相交，即 $T_实<T_L$，表示出现成

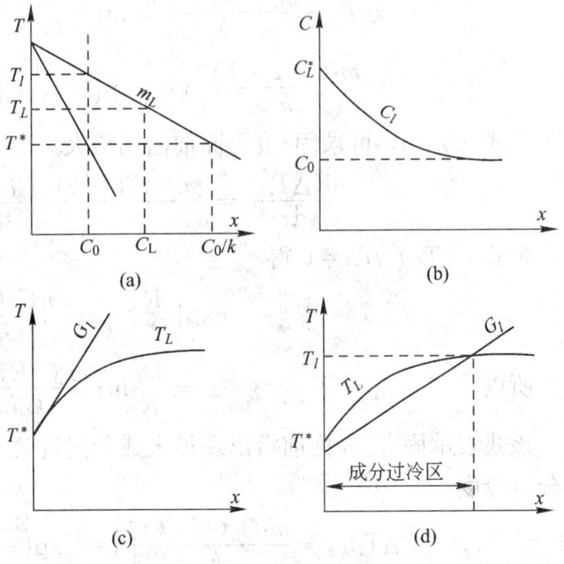

图 5-4 成分过冷的形成条件

（a）相图；（b）界面前沿液体成分分布；（c）G_l 与 T_L 曲线在界面处相切，不出现成分过冷；（d）出现成分过冷

m_L—液相线斜率；G_l—实际温度梯度；

分过冷。如果 G_l 与 T_L 曲线在界面处相切[图 5-4(c)]，或 G_l 大于 T_L 曲线在该处的斜率，则不出现成分过冷。界面前沿 $T_{实}$ 的高低，G_l 的大小，主要取决于传热条件，而与溶质的分布无关。因此，成分过冷既与界面前沿溶质的分布有关，也与凝固传热条件有关。实际上，成分过冷度和成分过冷区的大小，取决于 G_l 和 T_L 线的相互位置。下面将以固相中扩散忽略不计、液相中仅有扩散而溶质部分混合均匀的情况为例，来求成分过冷度 ΔT_C 的表达式。

由图 5-4（a）知

$$T_L = T_l - m_L(C_L - C_0) \tag{5.12}$$

将式（5.5）代入上式得

$$T_L = T_l - \frac{m_L C_0(1-k)}{k}\exp\left(-\frac{R}{D_L}x\right) \tag{5.13}$$

假定界面处过冷度很小可忽略不计，则由图 5-4（d）知

$$T_{实} = T^* + G_l x \tag{5.14}$$

式中，T^* 为凝固过程处于稳定态的界面温度。此时，

$$C_L^* = C_S^*/k = C_0/k$$

所以 $$T^* = T_l - m_L(C_L^* - C_0) = T_l - \frac{m_L C_0(1-k)}{k}$$

将上式代入式（5.14）得

$$T_{实} = T_l - \frac{m_L C_0(1-k)}{k} + G_l x \tag{5.15}$$

由式（5.13）和式（5.15）得成分过冷度

$$\begin{aligned}\Delta T_C &= T_L - T_{实}\\ &= T_l - \frac{m_L C_0(1-k)}{k}\exp\left(-\frac{R}{D_L}x\right) - T_l + \frac{m_L C_0(1-k)}{k} - G_l x\\ &= \frac{m_L C_0(1-k)}{k}\left[1-\exp\left(-\frac{R}{D_L}x\right)\right] - G_l x \end{aligned}\tag{5.16}$$

由式（5.16）可求固/液界面前沿的最大过冷度 $\Delta T_{C\max}$。为此将该式对 x 求导得

$$\frac{\mathrm{d}(\Delta T_C)}{\mathrm{d}x} = \frac{m_L C_0(1-k)}{k}\cdot\frac{R}{D_L}\exp\left(-\frac{R}{D_L}x\right) - G_l$$

令 $\mathrm{d}(\Delta T_C)/\mathrm{d}x=0$ 得

$$\exp\left(\frac{R}{D_L}x\right) = \frac{m_L C_0(1-k)R}{G_l k D_L}$$

所以 $$x = \frac{D_L}{R}\ln\left(\frac{m_L C_0 R(1-k)}{G_l k D_L}\right) \tag{5.17}$$

该式表示固/液界面前沿出现最大成分过冷度的位置。将其代入式（5.16）即得最大成分过冷度

$$\Delta T_{C\max} = \frac{m_L C_0(1-k)}{k}\left[1-\exp\left(-\ln\frac{m_L C_0 R(1-k)}{G_l k D_L}\right)\right] - \frac{G_l D_L}{R}\ln\frac{m_L C_0 R(1-k)}{G_l k D_L}$$

因为 $$\exp\left(-\ln\frac{m_L C_0 R(1-k)}{G_l k D_L}\right) = \exp\left(\ln\frac{G_l k D_L}{m_L C_0 R(1-k)}\right)$$

$$= \frac{G_l k D_L}{m_L C_0 R(1-k)}$$

所以 $$\Delta T_{C\max} = \frac{m_L C_0 (1-k)}{k} - \frac{G_l D_L}{R}\left(1 + \ln \frac{m_L C_0 R(1-k)}{G_l k D_L}\right) \tag{5.18}$$

当 $\Delta T_C = 0$ 时，由式（5.16）可求出成分过冷区宽度。

5.2.2 成分过冷的判据

如前所述，不出现成分过冷的条件，是 G_l 等于或大于 T_L 曲线在固/液界面处的斜率，即

$$G_l \geqslant \left.\frac{\mathrm{d}T_L}{\mathrm{d}x}\right|_{x=0} \tag{5.19}$$

由式（5.13）知

$$\left.\frac{\mathrm{d}T_L}{\mathrm{d}x}\right|_{x=0} = \frac{R m_L C_0 (1-k)}{D_L k}$$

因此，不出现成分过冷的条件是：

$$G_l \geqslant \frac{R m_L C_0 (1-k)}{D_L k}, \quad 或 \quad \frac{G_l}{R} \geqslant \frac{m_L C_0 (1-k)}{D_L k} \tag{5.20}$$

该式即为成分过冷的判据。它仅适用于液相线为直线（m_L 不变）、液相中仅有扩散而溶质部分混合均匀、忽略固相中扩散、凝固过程处于稳定态的情况，并要求凝固速度 R 保持恒定、D_L 为定数。式（5.20）也是保持平滑固/液界面的条件。

在合金一定时，式（5.20）右端为常数，改变 G_l 和 R，使二者比值小于这一常数，即

$$\frac{G_l}{R} < \frac{m_L C_0 (1-k)}{D_L k}$$

则 G_l 与 T_L 曲线相交，界面前沿就出现成分过冷。

由图 5-4(a)知，$m_L = (T_l - T_S)/\left(\frac{C_0}{k} - C_0\right)$，以此代入式(5.20)得

$$\frac{G_l}{R} \geqslant \frac{T_l - T_S}{D_L} \tag{5.21}$$

该式亦为上述条件下成分过冷的判据。

对于液相中有对流而溶质部分混合均匀的凝固过程，达到稳定态时，界面前沿液体中，不出现成分过冷的条件亦为

$$G_l \geqslant \left.\frac{\mathrm{d}T_L}{\mathrm{d}x}\right|_{x=0}$$

因为 $$m_L = \frac{\mathrm{d}T_L}{\mathrm{d}C_L} \quad 或 \quad m_L \mathrm{d}C_L = \mathrm{d}T_L$$

上式两边同除以 $\mathrm{d}x$ 得

$$\frac{\mathrm{d}T_L}{\mathrm{d}x} = -m_L \frac{\mathrm{d}C_L}{\mathrm{d}x}$$

式中，右边负号表示温度梯度与浓度梯度方向相反。因此，不出现成分过冷的条件亦可表示为

$$G_l \geqslant -m_L \left.\frac{\mathrm{d}C_L}{\mathrm{d}x}\right|_{x=0} \tag{5.22}$$

将式（5.6）在 $x=0$ 处求导得

$$\left.\frac{dC_L}{dx}\right|_{x=0}=\frac{R(C_L^*-C_0)}{D_L\left[\exp\left(-\frac{R}{D_L}\delta\right)-1\right]}$$

将该式代入（5.22）得

$$G_l\geqslant -m_L\frac{R(C_L^*-C_0)}{D_L\left[\exp\left(-\frac{R}{D_L}\delta\right)-1\right]}$$

或

$$\frac{G_l}{R}\geqslant\frac{m_L(C_L^*-C_0)}{D_L\left[1-\exp\left(-\frac{R}{D_L}\delta\right)\right]} \tag{5.23}$$

该式与式（5.20）和式（5.21）都是二元合金成分过冷的判据。若液相中仅有扩散时，$\delta\to\infty$，$e^{-R\delta/D_L}\to 0$，$C_L^*=C_S^*/k=C_0/k$，则式（5.23）变为式（5.20），因此三式的形式虽略有差别，但其实质内容是相同的。

由上述成分过冷的判据可知，G_l 愈大、R 愈小$\left(\text{即}\frac{G}{R}\text{值愈大}\right)$，愈不易出现成分过冷。反之，$G_l$ 小、R 大或者 C_0、m_L、$|1-k|$、(T_l-T_s)、δ 大、D_L 小，则易出现成分过冷。生产实际中，合金一定时，主要是通过调整工艺参数，来控制 G_l/R 值，进而改变产生成分过冷的条件，达到控制凝固过程的目的。

5.2.3 成分过冷对晶体生长方式的影响

随着成分过冷由弱到强，单相合金的固/液界面生长方式依次成为平面状、胞状、胞状-树枝状和树枝状四种形式，得到的晶体相应为平面柱状晶、胞状晶、胞状枝晶以及柱状枝晶和自由枝晶。必须指出，晶体形貌还与晶体学因素有关。在此，主要介绍成分过冷与晶体生长方式的关系，这对于控制结晶过程有着重要的意义。一些微量元素细化晶粒的作用，往往与它们引起成分过冷有关。

5.2.3.1 平面柱状晶 由式（5.20）知，G_l/R 很大时不出现成分过冷。此时界面以平面状生长。由于 G_l 大，界面某处偶然有个别晶体凸出生长，便伸入到过热的液体中去，会立即被熔化，使界面仍保持为平面。在这种情况下，只能随着热量经凝壳向外导出，界面才能继续向前推进。一旦$\frac{G_l}{R}<\frac{m_LC_0(1-k)}{D_Lk}$，就会出现成分过冷，界面稳定性即遭到破坏，不能保持为平面状。可见，获得平面柱状晶的临界条件是

$$\frac{G_l}{R}=\frac{m_LC_0(1-k)}{D_Lk} \tag{5.24}$$

这要求 G_l 值很大或 R 很小。在铸锭的实际生产中是难以满足的。

5.2.3.2 胞状晶 若出现成分过冷，固/液界面便不能保持平面状，凝固将在界面过冷度较大的地方优先进行，即在溶质偏析度较小的地方优先进行。如图 5-5（a）所示，界面上 A 处溶质偏析少，B 处偏析多，则在 A 处平衡液相线温度 T_L 降低小，B 处 T_L 降低大，因而 A 处的 ΔT 大于 B 处，凝固在 A 处优先进行，在 B 处则受到抑制，如图 5-5（b）所示。

当$\frac{G_l}{R}\lesssim\frac{m_LC_0(1-k)}{D_Lk}$时，成分过冷弱，过冷区窄，类似于图 5-5 中 A 处形成的晶尖凸

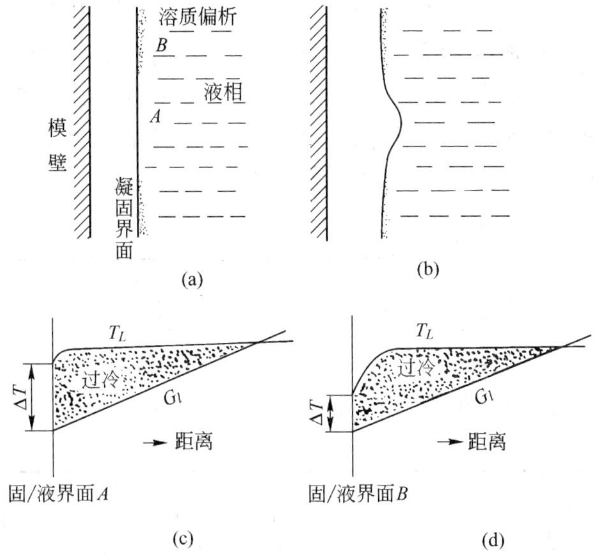

图 5-5　成分过冷与固/液界面晶凸的形成

出，只能向前推进很小距离，一般约为 0.1～1mm 便伸入到过热液体中，生长受到抑制。由于热对流的作用，晶尖生长时排出的溶质多集中于其侧向，故不产生侧向分枝。与此同时，随着图 5-5 中 B 处偏聚的溶质被排走，开始形成晶尖凸出，并在整个界面上，类似 A 处的晶凸周围会聚集较多的溶质，于是其周围便不能同步生长而形成凹坑。随着成分过冷逐渐增强，晶凸缓慢长大，凹坑逐渐发展成槽沟而形成胞状晶，其纵向为条状，横向为六角形或不规则的多角形。图5-6 是 Sn-0.05%Pb 合金胞状晶的形成过程。由此可见，成分过冷对胞状晶的形成有着重大的影响。但是，关于胞状晶的形成机理尚未完全搞清楚，有待进一步研究。

胞晶状的生长方向垂直于固/液界面，并与晶体学因素无关。它是在成分过冷较弱，或 G_l 较大、R 较小的条件下形成的。在铸锭的实际生产中，也难以获得胞状晶。

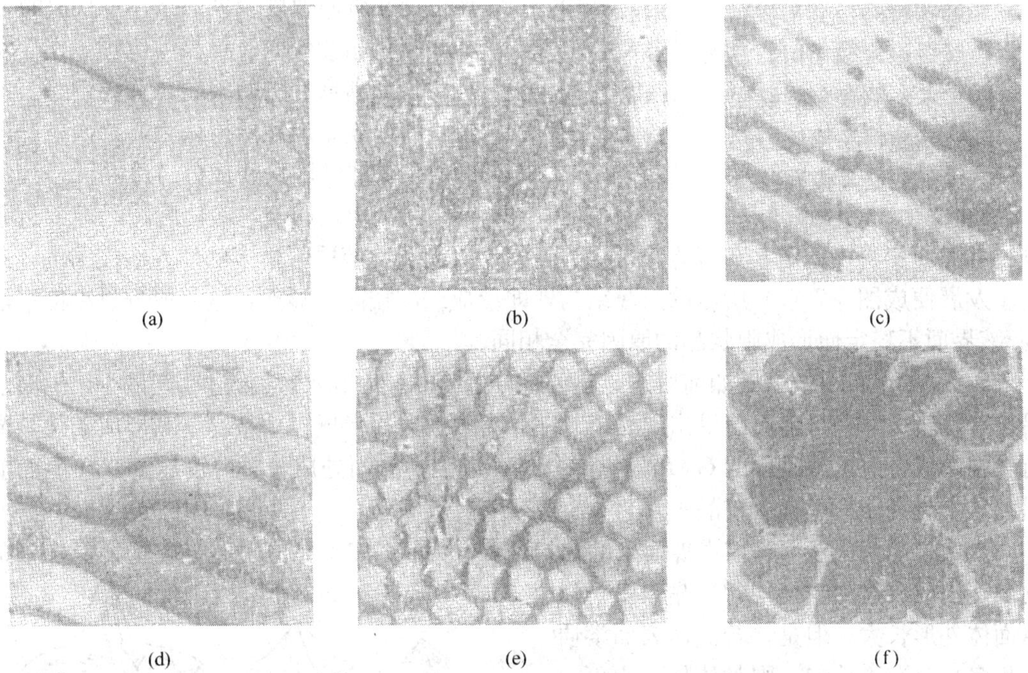

图 5-6　成分过冷对胞状晶形成的影响

随成分过冷逐渐增强：(a) 平界面；(b) 界面上出现凹坑；(c) 凹坑增多并相互连接；(d) 凹坑连结成槽沟；(e) 横断面呈六角形的胞状晶；(f) 横断面不规则的胞状晶

5.2.3.3 胞状枝晶与柱状枝晶 随着凝固速度的增大，成分过冷增强，胞状晶将沿着优先生长方向（见表 5-1）加速生长，其横断面也受晶体学因素的影响而出现凸缘结构；若凝固速度进一步增大，该凸缘会长成锯齿状，即形成二次枝晶。这种带二次枝晶的胞状晶称为胞状枝晶，其形成过程如图 5-7 所示。对于含少量合金元素或结晶温度范围较窄的合金，凝固速度较小时，易于形成二次枝晶短而密的胞状枝晶。

表 5-1 枝晶优先生长方向

金 属	结 构	方 向
Fe、Si、β黄铜	体心立方晶格	〈100〉
Al、Cu、Ag、Au、Pb	面心立方晶格	〈100〉
Cd、Zn	密排六方晶格	〈1010〉
β-Sn	正方晶格	〈110〉

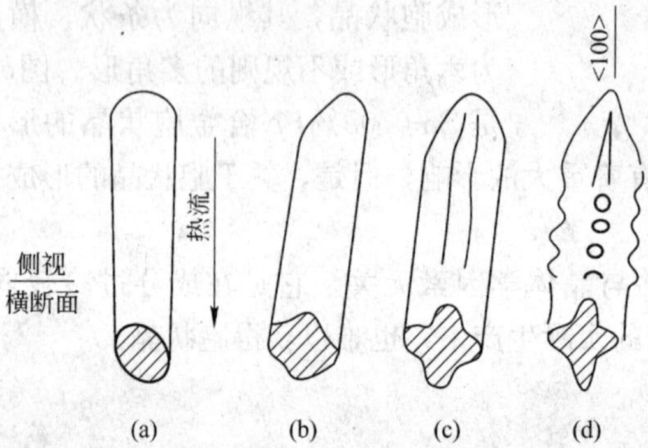

图 5-7 胞状枝晶的形成过程
（a）胞状晶；（b）胞状晶在〈100〉方向优先生长；
（c）形成凸缘；（d）胞状枝晶

对于大多数合金，凝固速度较大时，二次枝晶往往较发达，可能还会出现三次分枝。这些发达的分枝连接成方网状结构，称为柱状枝晶，即通常所说的柱状晶。同胞状枝晶一样，柱状枝晶也是由胞状晶发展而成的，它们的一次枝晶臂都是胞状晶的生长轴，枝晶短而密，但柱状晶往往是在凝固速度较大的条件下长成的。

胞状晶转变成枝状晶的机理，迄今仍是一个未满意解决的问题，其关键是二次枝晶的形成。定性分析认为，二次枝晶的形成是晶体学因素和成分过冷共同作用的结果。其中，成分过冷使胞状晶端部近乎抛物状界面变得不稳定，在溶质偏析少的地方形成晶凸，溶质偏析多的地方形成凹坑，进一步发展便成图 5-7（c）所示的凸缘结构，即形成二次枝晶。显然，这与成分过冷使平滑固/液界面不稳定而形成胞状晶的原因完全相同。

5.2.3.4 自由枝晶 如前所述，出现成分过冷时，固/液界面处过冷度最小，界面前沿过冷度较大，一旦界面前沿出现晶核时就会自由长大而形成自由枝晶，其形成条件是要有较强的成分过冷或较小的 G_l/R 值。成分过冷越强，界面处成分过冷度越小，在界面前沿液体中越易于形成自由枝晶。

自由枝晶是由八面晶体发展而来的，如图 5-8 所示。如果晶体表面溶质富集少且分布均匀，则成分过冷弱而均匀，晶体就可以八面体外形长大。但是，若晶体表面溶质富集多且分布不均匀，则晶体将从表面溶质偏析较少的地方，开始凸出生长。八面体晶体的锥顶处对流强烈，溶质易于均匀化，不易出现成分过冷，故将优先生长；

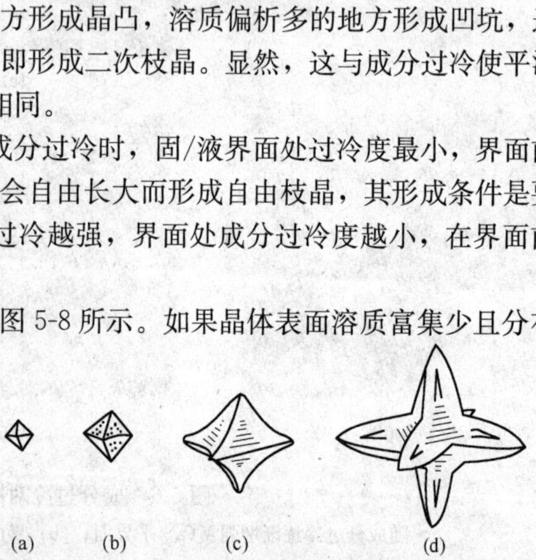

图 5-8 八面晶体长成枝晶主干示意图

八面体的棱边是仅次于锥顶的溶质偏析少处，故比八面体的八个晶面长得快。所以，八面晶体多长成如图 5-8 所示的星形树干结构，然后从树干再生长出分枝，形成枝状晶。

形成自由枝晶的结晶潜热，向周围过冷液体散失，受模壁影响较小，故枝晶在各个方向生长较均匀，无明显单向生长的分枝，晶体最终呈粒状或棒槌状，内部显示出各向等轴的枝晶组织，因此自由枝晶又称为等轴晶。

5.3 枝晶粗化与枝晶臂间距

5.3.1 枝晶粗化过程

铸锭在凝固过程中，由于温度起伏等因素的影响，一些小的枝晶可能被重熔而消失，一些大的枝晶变粗，且枝晶臂间距增大，这一过程称为枝晶粗化过程。不管凝固区内是否存在温度梯度，枝晶粗化过程都能发生。为简便起见，在此仅讨论等温粗化过程。图 5-9 表示枝晶等温粗化的三种模型。模型Ⅰ表明，当枝晶粗细不匀时，由于曲率半径对熔点的影响，那些曲率半径较小的枝晶，熔点要低于曲率半径较大的枝晶，在凝固过程中可能被熔化，而曲率半径大的枝晶变粗。依此模型易于进行定量分析。设枝晶为单曲率的圆柱体，Flemings 得出其液相线温度 T_L 下降度数 ΔT_r 与曲率半径 r 的关系为

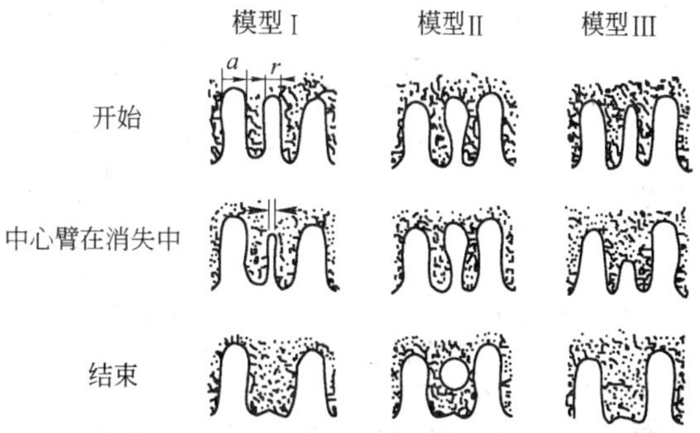

图 5-9 枝晶等温粗化模型

$$\Delta T_r = \frac{\sigma T_L}{\rho_S L r} \tag{5.25}$$

式中，σ 为固/液界面能，L 为熔化潜热。这种由于曲率半径小造成过冷所引起的枝晶粗化过程用图 5-10 表示。设两枝晶的曲率半径分别为 a 和 r，且 $a>r$，则由式（5.25）可知，$\Delta T_a<\Delta T_r$，此时粗细枝晶的液相线温度 T_L 对应的成分分别为 C_L^a 和 C_L^r。由图可知 $C_L^a>C_L^r$，即粗枝晶表面溶质量高于细枝晶，因此溶质由粗枝晶向细枝晶扩散，溶剂则由细枝晶向粗枝晶扩散，使细枝晶熔化或溶解，粗枝晶变得更粗。

模型Ⅱ是指枝晶根部形成缩颈后逐渐熔化及游离；模型Ⅲ表示细枝晶逐渐萎缩而消失。浇温高，冷却强度小，将促进枝晶的粗化过程。

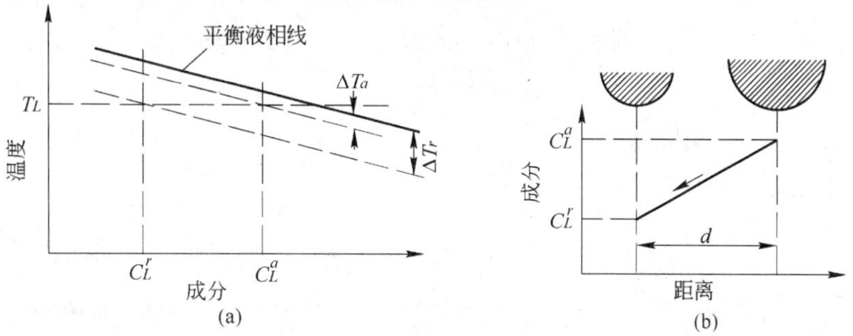

图 5-10 枝晶粗化机制示意图

（a）曲率半径对枝晶表面液相浓度的影响；（b）液相中存在浓度梯度而引起的扩散

5.3.2 枝晶臂间距

枝晶的粗化程度常用枝晶臂间距 d 来衡量。研究表明，d 随铸锭冷却速度 v 增大而减小，铸锭的机械性能和加工性能得到改善。因此，测定 d 值已成为定量研究铸锭质量与工艺参数之间关系的重要方法。实验发现，d 与凝固时间 t 和冷却速度 v 有如下关系：

$$d = at^n$$

因为
$$t = \frac{\Delta T_S}{v} = \frac{\Delta T_S}{G_l R}$$

所以
$$d = a\left(\frac{\Delta T_S}{v}\right)^n = b(G_l R)^{-n} \tag{5.26}$$

式中，ΔT_S 为非平衡凝固时的结晶温度范围；a、b 为与合金性质有关的常数。

对于一次枝晶臂间距，式中指数 n 接近 0.5；对于二次枝晶臂间距，n 多在 0.3～0.5 之间。一些铝合金的 d 与 v 的关系如图 5-11 所示。

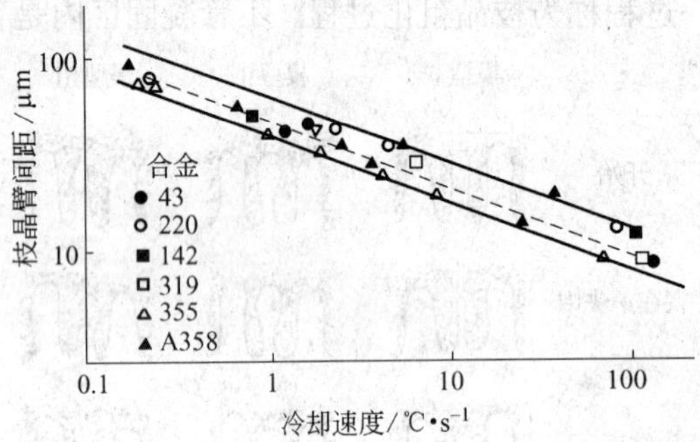

图 5-11 铝合金枝晶臂间距与冷却速度的关系

最近的研究发现，影响铸锭或铸件机械性能的决定性因素不在于晶粒的大小，而在于枝晶的细化程度及位于枝晶间的缩松、偏析和夹杂的多少。在铸锭致密的情况下，d 值小，铸锭的机械性能好。所以，现在人们越来越重视枝晶细化的研究，已建立了一些合金的铸态机械性能与 d 的关系式。Radhakrishna 等人在这方面做了大量的工作，得出了一些铝合金机械性能与二次枝晶臂间距的关系式。

6 铸锭晶粒组织及其细化

铸锭组织包括晶粒形貌、尺寸、取向、完整性等以及各种缺陷。本章主要讨论铸锭晶粒组织形成的基本规律及控制铸锭晶粒组织的基本途径。

6.1 铸锭正常晶粒组织

铁模铸锭的晶粒组织常由三个区域组成：表面细等轴晶区（又称激冷晶区），柱状晶区和中心等轴晶区，如图6-1所示。这种组织通常又称为宏观组织。但并非所有铸锭晶粒组织都是由上述三个晶区组成的。如在不锈钢铸锭中，往往全部是柱状晶，没有中心等轴晶区，而经细化处理的铝合金铸锭中，往往全部为等轴晶，没有柱状晶区。即使铸锭具有上述三种晶区，但各自的宽窄也会因合金、铸锭方法及工艺的不同而不同。在同一铸锭条件下，纯金属多形成柱状晶，合金则常形成粗等轴晶。对于同一合金，用冷却强度大的连铸方法，易于形成细长柱状晶，用铁模铸锭时可得到粗等轴晶或柱状晶。下面将分别讨论各晶区的形成规律。

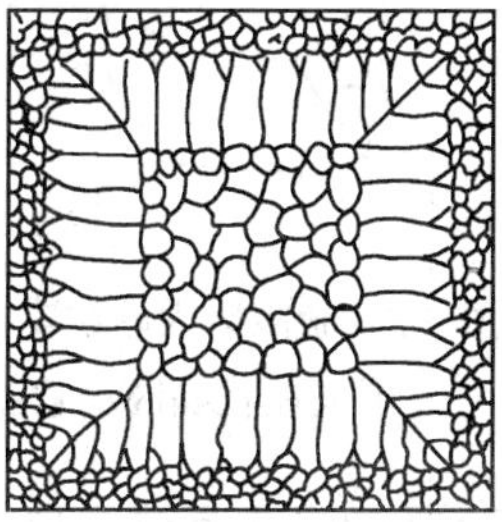

图6-1 具有三个晶区的铸锭晶粒组织示意图

6.1.1 表面细等轴晶区的形成

传统的理论认为，当过热金属浇入锭模时，与模壁接触的一层液体受到强烈激冷，产生极大过冷，并由于模壁的形核作用，因而在模壁附近的过冷液体中大量生核，并同时生长成枝状细等轴晶。这些细等轴晶在形成过程中，放出的结晶潜热既能由模壁导走，也能向过冷液体中散失，因此受模壁散热方向的影响较小，故其一次轴有的与模壁垂直，有的则倾斜，晶粒呈杂乱方向生长。

进一步研究证明，液体金属的对流对表面细等轴晶区的形成有着决定性的影响。浇注时流柱引起的动量对流，液体内外温差引起的热对流，以及由对流引起的温度起伏，均可促使模壁上形成的晶粒脱落和游离，增加凝固区内的晶核数目，因而形成了表面细等轴晶区。但是，如果无对流，即使有强烈的激冷，也不一定形成表面细等轴晶区。例如，把Al-0.1%Ti合金于750℃浇入用冰水激冷的薄壁不锈钢模中静置冷却时，铸锭外部为柱状晶。这一实验结果表明，激冷而无对流，模壁上迅速形成稳定的凝壳，晶粒难以脱离模壁，无晶核增殖作用，故不形成表面细等轴晶区。

表面细等轴晶区的宽窄与浇注工艺、模温及模壁的导热能力、合金成分等因素有关。如浇温高，显热的散失使模温迅速升高，形成稳定晶核数目相应减少，脱离模壁的晶粒少或易于被完全重熔，因而表面等轴晶区窄。但当模壁激冷作用过强时，细等轴晶区也变窄甚至消失。合金中元素含量较高时，晶粒或枝晶根部易形成缩颈而游离，细等轴晶区就变宽。

6.1.2 柱状晶区的形成

在表面细等轴晶区内，生长方向（立方金属为〈100〉）与散热方向平行的晶粒优先长大，而与散热方向不平行的晶粒则被压抑。这种竞争生长的结果，使愈往铸锭内部晶粒数目愈少，优先生长的晶粒最后单向生长并互相接触而形成柱状晶区，如图 6-2 所示。可见，柱状晶区是在单向导热及顺序凝固条件下形成的。此时固/液界面前沿温度梯度大，凝固区窄，从界面上脱落的枝晶易于被完全熔化。

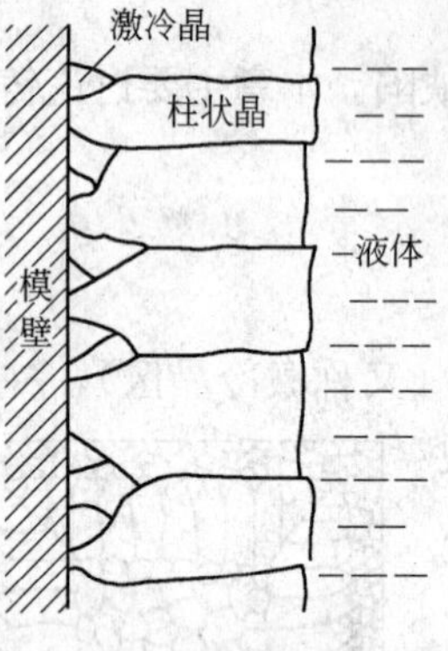

图 6-2　激冷区内晶粒竞争生长形成柱状晶区示意图

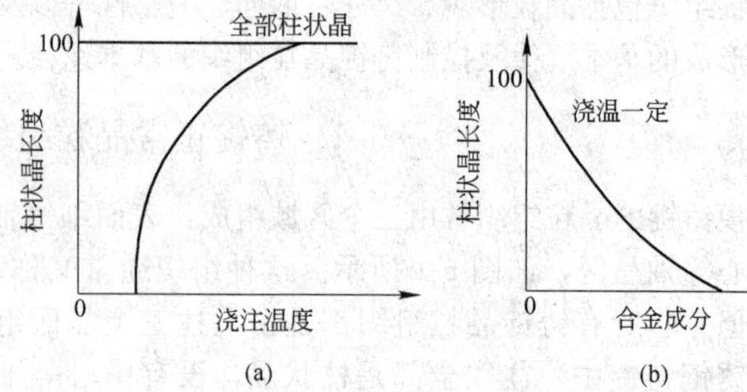

图 6-3　柱状晶区宽度与浇温及合金成分的关系

凡能阻止晶体脱离模壁和在固/液界面前沿形核的因素，均有利于扩大柱状晶区。如模壁导热性好，激冷作用强，易形成稳定的凝壳，则柱状晶发达。合金化程度低，溶质偏析系数 $|1-k|$ 小，成分过冷弱，晶粒或枝晶根部不易形成缩颈而被熔断，也较易于获得柱状晶。提高浇温，游离晶重熔的可能性增大，故有利于扩大柱状晶区[图 6-3(a)]。但浇温提高延长了形成稳定凝壳的时间，温度起伏大，故也有利于等轴晶的形成。所以，随着浇温的提高，柱状晶区变宽，等轴晶粗大，如图 6-4 所示。合金凝固时，由于溶质偏析产生成分过冷，促进晶体根部颈缩及脱落，使固/液界面前沿晶核增殖，不利于获得柱状晶，故随合金含量提高，柱状晶区变窄[图 6-3(b)]。但是，合金凝固时，如在固/液界面前沿能始终保持较大的温度梯度，则柱状晶区可延伸至铸锭中心，直至与由对面模壁生长过来的柱状晶相遇时为止，如图 6-5 所示。

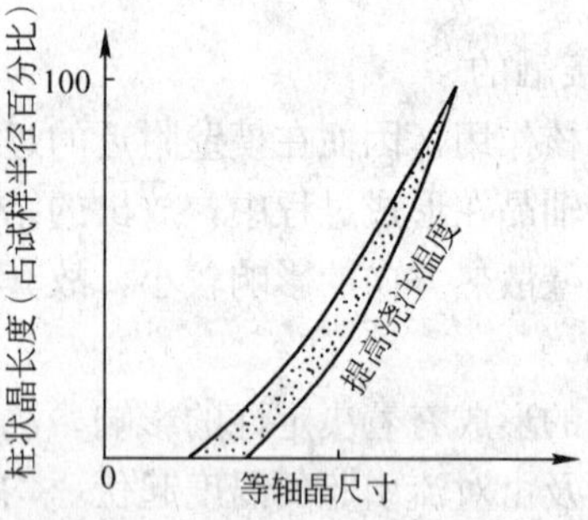

图 6-4　浇温对柱状晶区及等轴晶尺寸的影响

如前所述，对流的冲刷作用以及对流造成的温度起伏，会促使晶体脱落及游离，利于等轴晶的形成。反之，如能抑制金属液内的对流，则可促进柱状晶的形成。实验证明，施

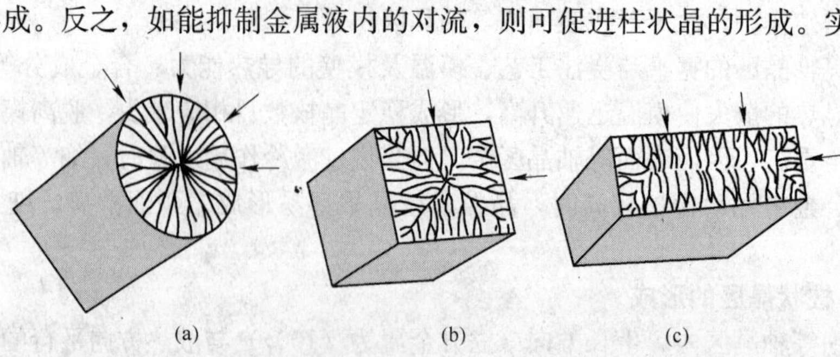

图 6-5　铸锭中具有单一柱状晶组织示意图

加不太强的稳定磁场或沿着一个方向恒速旋转锭模，会显著削弱甚至抑制金属液内部的对流，因而阻止晶体的游离，故易得到柱状晶。为了获得较完整的柱状晶组织，最好采用定向凝固法。其关键是保证单向导热，保持较大的温度梯度和较小的凝固速度。

柱状晶组织对铸锭性能影响很大。在柱状晶区交接处，往往存在着低熔点共晶组织和夹杂物、气孔和缩松，还可能出现晶间裂纹，是铸锭脆弱的地方。铸锭承受冷热加工时，易于沿此处开裂；柱状晶本身的方向性也降低铸锭的机械性能和加工性能。因此，用于加工变形的铸锭，希望柱状晶区尽可能小，等轴晶区尽可能宽，尤其要求不要出现粗大的柱状晶组织。但柱状晶本身由于枝晶不甚发达而较致密，故强度较高。对于某些高温机件（如燃气轮机叶片），采用定向凝固方法得到柱状晶组织，可显著改善其耐热性能。

6.1.3 中心等轴晶区的形成

到目前为止，对于铸锭中心等轴晶区的形成原因尚无定论，争议的实质是中心等轴晶晶核的来源。

长期以来人们一直认为，中心等轴晶区是在柱状晶区包围的残余液体中，同时过冷生核而形成的。从热力学观点看，均质生核需要较大的过冷度，这在一般铸锭条件下是难以满足的。因此，均质生核形成中心等轴晶区的观点早已被否定。后来有人提出成分过冷引起中心非均质生核的观点。这一观点认为，当出现成分过冷时，由于固/液界面处过冷度最小，柱状晶生长被抑制，而界面前沿过冷度较大的地方，利于非均质生核而形成等轴晶区。但非均质生核说难以解释这样一些问题：为什么柱状晶区有时夹带个别等轴晶？为什么柱状晶区内往往看不到枝晶的分枝痕迹？在一般铸造条件下，合金在凝固过程中溶质偏析是始终存在的，因而成分过冷随时都能出现，但为什么有的合金铸锭中柱状晶区变得很宽才出现中心等轴晶区，甚至不出现中心等轴晶区？基于上述原因，非均质生核形成中心等轴晶区的观点，也令人怀疑。如果把 Al-2%Cu 合金浇入插有薄壁不锈钢管的石墨模中，钢管内外的金属液具有相同的传热条件，但钢管可阻止管内外金属的对流，使管外模壁或凝壳上脱落的晶体不能卷入到管内，因而钢管外为细等轴晶区、窄的柱状晶区和粗等轴晶区；钢管内全为柱状晶。这表明，仅靠成分过冷促使非均质生核是不能保证形成中心等轴晶区的。

现在较公认的形成中心等轴晶区的方式有三种，即：表面细等轴晶的游离；枝晶的熔断及游离；液面或凝壳上晶体的沉积。第一种方式形成中心等轴晶区的原因已在第 4 章作了介绍，在此就不重复。需要指出的是，凝固初期在模壁附近形成的晶体，由于其比重大于或小于液体比重，也会产生对流（图 6-6），晶体被卷入铸锭中心，然后长大成等轴晶。

凝固过程中，枝晶被熔断的现象已得到实验证明。如图 6-7 所示，枝晶长大时，在其

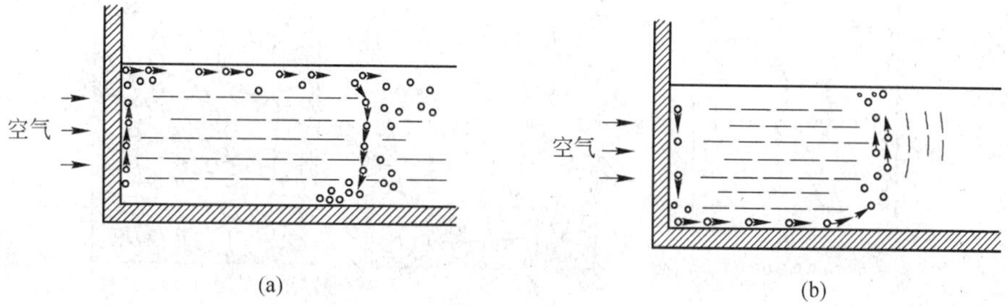

图 6-6 凝固初期因比重不同引起的对流

(a) 晶体比重小于金属液；(b) 晶体比重大于金属液

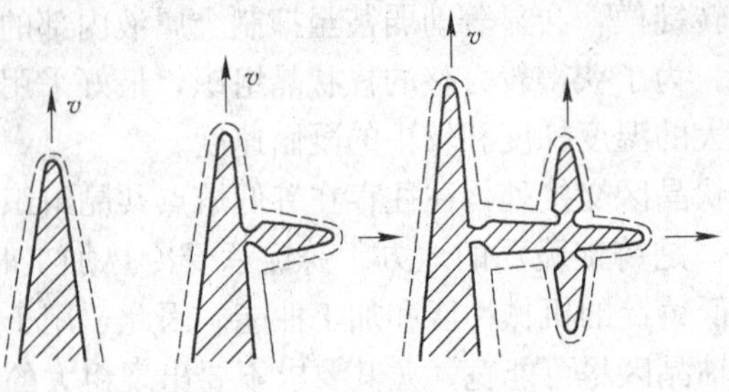

图 6-7　枝晶缩颈的形成示意图
虚线表示溶质偏析层

周围会形成溶质偏析层，因而抑制枝晶生长；由于此偏析层很薄，枝晶一旦穿过该偏析层，就会迅速生长变粗，在偏析层内留下缩颈。这种带缩颈的枝晶，在对流作用下易被熔断，其碎块游离至铸锭中心，在温度较低的情况下，长成为中心等轴晶。图 6-8 和图 6-9 分别显示出铸铁和镍合金中带缩颈的枝晶和断开的枝晶碎块。枝晶熔断现象在无对流的情况下也可以发生。由于枝晶缩颈处表面张力大，熔点较低，在固/液两相共存温度下保温，该处有可能被熔断，此即等温粗化模型Ⅱ所示情况（见图 5-9）。此外，强烈过冷形成的细小枝晶，在结晶潜热作用下，将会被熔断而形成极细小的粒状晶。在上述两种情况下，如有对流存在，则更易形成等轴晶。

图 6-8　亚共晶铸铁中奥氏体枝晶颈缩与断开痕迹

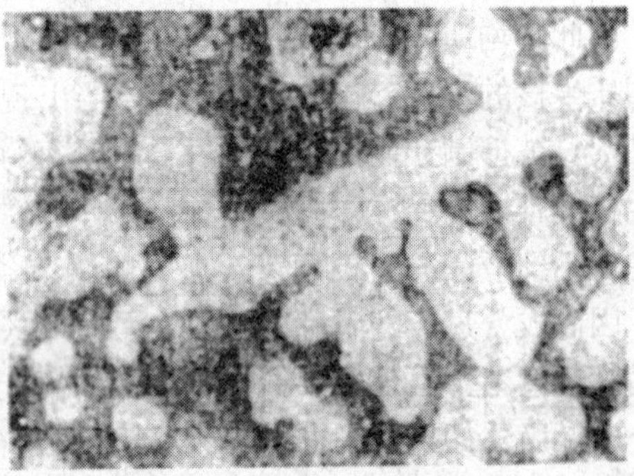

图 6-9　Ni-0.5（at.%）Ce 合金的缩颈枝晶及枝晶断开的碎块

晶体沉积形成中心等轴晶区的过程如图 6-10 所示。在浇注和凝固过程中，形成的大量晶体在对流作用下，沿模壁下沉[图 6-10(a)]，其中部分晶体由于模壁的冷却，积聚在模壁上形成表面细等轴晶；部分晶体由于对流作用被卷向铸锭中部，悬浮在液体中。随着温度的降低，对流的减弱，沉积于铸锭下部的晶体越来越多；与此同时，表面细等轴晶通

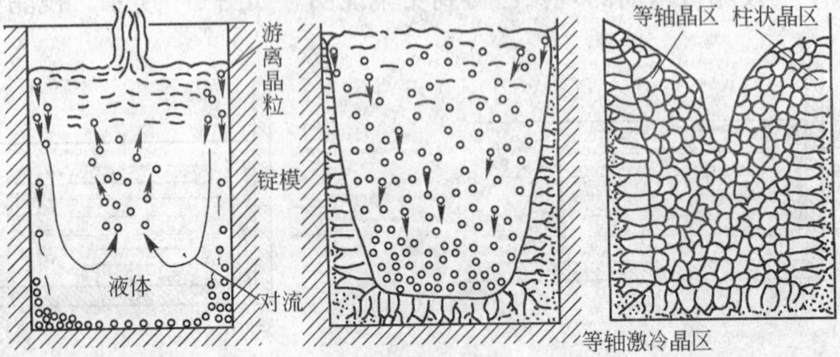

图 6-10　晶体沉积形成中心等轴晶区示意图

过竞争生长形成柱状晶区[图 6-10(b)]；中部晶体不断长大形成中心等轴晶区。当它与由外向里生长的柱状晶相遇时，凝固即告结束，形成具有三个晶区的组织[图 6-10(c)]。晶体沉积形成等轴晶的过程，可用简单的实验方法予以证实。如图 6-11 所示，首先上下两端冷却，由于晶体沉积，只在铸锭下部柱状晶前沿形成等轴晶；然后将锭模上下倒置，同样由于晶体的沉积，很快在上部柱状晶区形成等轴晶。

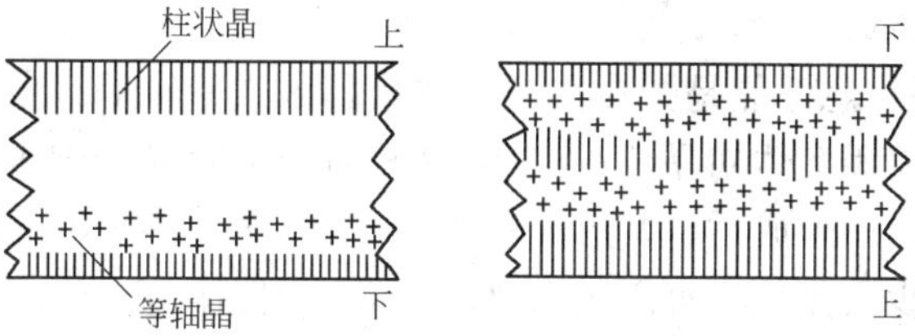

图 6-11 晶体沉积形成等轴晶实验方法示意图

综上所述，形成中心等轴晶区的主要原因是由于溶质偏析产生成分过冷，阻碍了晶体迅速形成稳定的凝壳，并使晶粒或枝晶根部形成缩颈，在对流作用下，根部带缩颈的晶粒或枝晶脱离模壁或凝壳，游离到铸锭中心起晶核增殖作用所致。

根据上述原因，不难理解金属在铁模中凝固比在砂模中更易获得柱状晶。因为铁模比砂模冷却能力强，凝固开始时模壁上会迅速生长大量晶核，且晶粒相互连接而形成稳定凝壳所需要的时间较短，晶粒脱离模壁的过程较快结束，故卷入到铸锭中部的晶体数目较少，如图 6-12（b）所示，因而柱状晶较发达。相反，砂模冷却能力小，凝固开始时模壁上生成的晶粒较少，形成稳定凝壳所需的时间较长，晶粒脱离模壁的过程不会很快结束，因而卷入到铸锭中部的晶粒数目较多[图 6-12(a)]，但由于冷凝较缓慢，故易于得到全部是粗大等轴晶的组织。基于相同的原因，连续铸锭比铁模铸锭易于获得柱状晶，纯金属铸锭比合金铸锭易于获得柱状晶。

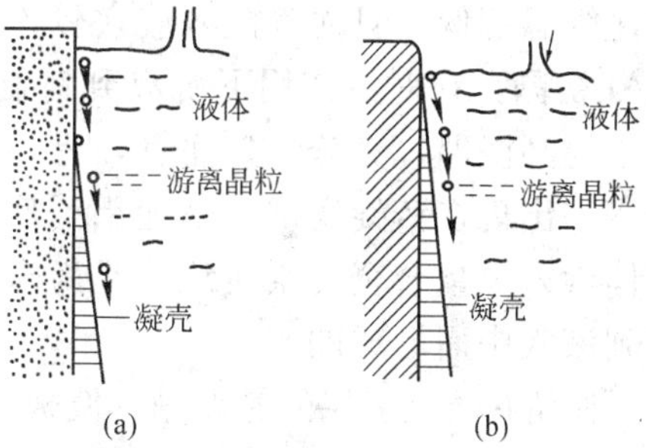

图 6-12 砂模和铁模中晶体游离对比

（a）砂模；（b）铁模

6.2 铸锭异常晶粒组织

铸锭中除上述常见的等轴晶和柱状晶组织外，有时还会出现一些异常的晶粒组织，给铸锭的性能带来不良影响。

由于凝固传热过程的复杂性，导致晶粒组织的多样性，因而给分析异常晶粒组织带来困难。这里仅就异常粗大晶粒和铝合金连续铸锭中存在的羽毛状晶作一初步分析，而不涉及生产条件下出现的其他非平衡组织。

6.2.1 异常粗大晶粒

6.2.1.1 表层粗晶粒 通常，铸锭表层为细等轴晶。但是，在连续铸锭表层中，宏观组织也可能由冷隔（皱折）、细晶粒和粗晶粒组成。当结晶器内壁粗糙或结晶器变形、润滑油分布不匀时，将使金属液与器壁接触不良，其激冷作用不均匀，在缓冷处不能立即大量形核，形成稳定凝壳的时间延迟，只有少量晶核在该处长大成粗大晶粒。此外，气隙形成后，铸锭表层温度升高，位于表层的低熔点偏析物可能重熔，然后结晶长大成粗晶粒。铁模内壁若涂料不匀，在涂料厚及挥发物多的地方，也会慢冷凝固成粗晶粒。

为消除表层粗晶粒，有效的方法是尽可能降低结晶器内的液穴深度，供流匀稳，保持锭模内壁光洁，涂料匀薄等。如工艺控制不当，出现表层粗晶粒组织，则只有通过铣面予以消除。否则就会使加工制品表层组织不均匀，深冲时会出现制耳；铝合金作阳极化处理时，制品表面会出现条纹。

6.2.1.2 悬浮晶 悬浮晶是指夹在正常柱状晶区或等轴晶区中的粗大晶粒。它是优先形核生长的基体金属固溶体初晶，在固/液界面前沿温度梯度较小的过冷液体中自由长大，然后进入凝固层内而形成的。其形成方式主要有四种：液体中温度梯度较小、凝固区较宽时，脱离模壁的少数晶粒在凝固区内自由长大；大型铸锭冷却缓慢时，液穴表面形成的晶粒沉积于凝固区内，得以充分长大；位于气隙较大处的凝壳，由于温度回升被重熔成半凝固状态，在对流作用下凝壳边缘塌落下来的碎块；尚未完全熔化的基体金属晶体碎块。

LY11、LY12、LC4 等铝合金连续铸锭断口常见的光亮晶和白斑就是粗大的悬浮晶，这是含合金元素较少的 α-Al 初晶。前者多分布于铸锭中部，边部则少见。当浇温和注管温度低，且注管浸入液穴较深时，在结晶器壁和注管壁上首先析出熔点较高的 α-Al 初晶，在对流作用下游离到铸锭中部，因浇温较低得以充分长大而形成光亮晶。适当提高浇温，充分预热注管，且不要将其过深地浸入液穴内，则不会出现光亮晶。白斑多出现在铸锭底部，是纯铝铺底时，部分纯铝晶粒浮起混入液体内，然后自合金液体渗入少量合金元素所致；或尚未完全熔化的纯铝晶粒在注管底部长大，然后被卷入到液穴中而形成的。

保留在铸锭表层的悬浮晶，使板材表面产生条痕，降低板材表面质量和性能的均匀性。增大冷却强度，提高铸锭断面的温度梯度，缩小凝固区，可防止产生悬浮晶。

6.2.1.3 粗大金属化合物 铸锭中有时还可见到一些高熔点金属化合物初晶，多呈块状、片状或针状不均匀地分布于基体中。金属化合物一般硬脆，降低铸锭的塑性，加工时不易变形，使加工制品分层或开裂，并降低材料的横向性能、疲劳极限和耐蚀性。分布不匀的粗大金属化合物危害甚大。

粗大金属化合物初晶的形成原因与悬浮晶基本相同。因此，浇注时间长，或浇温低，铸锭冷却缓慢，则向铸锭中部游移的化合物初晶得以在液体中自由生长成粗大晶粒。如工艺不当，在铝合金连续铸锭的半径二分之一范围内，常可出现粗大的金属化合物，其大小和数量逐渐向中心递增。

适当提高浇温，加大冷却速度，可减少游离化合物初晶的数目，有利于防止粗大化合物初晶的形成。严格控制合金成分或变质处理，也是防止粗大化合物形成的有效方法。研究证明，金属化合物的类型和数量与合金成分密切相关。如 LD7、LD8 及 QAl11-6-6 中，Fe、Ni 含量过高时，便易于形成 $FeNiAl_9$ 化合物；LF21 及 MB3 中含 Fe 高时，则有 $MnFeAl_6$ 等化合物。随着这些合金中的 Fe、Mn、Ni 等含量的增加，化合物数量也增加。因此，必须将形成化合物的元素含量控制在下限，并使 LD7 和 LD8 中 Fe 含量约等于 Ni 含量。这样可不形成或少形成粗大金属化合物。一些铝合金不产生金属化合物的成分范围见表 6-1。

表 6-1 一些铝合金不产生金属化合物的成分范围（%）

合金	Fe	Ni	Mn	Cr	Al	附注
LD7	1.0～1.25	1.0～1.20	<0.1	—		Fe≈Ni
LD8	1.0～1.2	1.0～1.15	<0.1	—		Fe≈Ni
LC4	0.2～0.4	—	0.2～0.4	0.1～0.15		Fe+Mn+Cr≯1.2
LF21	0.4～0.6	—	1.0～1.3			Fe+Mn≯1.8
MB3	—	—	0.43～0.48	0.9～1.1Zn	4.1～4.3	镁合金

对于某些合金，利用过热法可以细化金属化合物初晶，改善铸锭组织的均匀性，因而可提高材料的机械性能，如表 6-2 所示。其原因一般认为是，过热使熔体内原有的少量活性化合物质点、夹杂及基体金属的原子团等，完全溶解、熔化或去活化，清除了液相结构上的不均匀性，使以后快冷时形成的化合物初晶质点弥散地分布于液相中。由于过热会增加氧化烧损和吸气，易使大多数合金的晶粒粗化，所以此法只适用于易产生粗大化合物初晶的铸造合金和中间合金等。

表 6-2 合金过热后的机械性能变化

合金	过热前浇注		过热后浇注		附注
	σ_b/MPa	δ/%	σ_b/MPa	δ/%	
Al-8%Cu	157～167	1～1.5	216～235	3～4	分别以一半熔体过热
Al-10%Mg	167～176	1	216～245	3～4	300～450℃，然后与另
ZQSn3-12-3	245～265	11～14	303～323	16～18	一半混合浇注

6.2.2 羽毛状晶

这种异常晶粒组织目前只发现存在于铝合金连续铸锭中。如 LC4、LY12、LD10 和 L3 等连续铸锭中，常可产生一种由许多羽毛状片晶组成的晶粒，称为羽毛状晶，这是一种变态的柱状晶，多分布在铸锭周边处。位向一致的若干羽毛状晶组成羽毛状晶群，位向略有差别的组成另一羽毛状晶群。即羽毛状晶宏观上成群分布，互相交错，如图 6-13 (a) 所示。羽毛状晶显微组织是由许多明暗相间、互相平行的羽毛状片晶组成的，如图 6-13 (b) 所示。所有明亮部分具有相同的位向，深暗部分具有另外的位向。可见，在同一羽毛状晶粒内部有着两个不同的位向。二者以（111）面为对称面，构成柱状孪晶。因羽毛状晶是在铸造过程中形成的，故又称为铸造孪晶。每一片晶沿着（111）面形成枝晶主干，

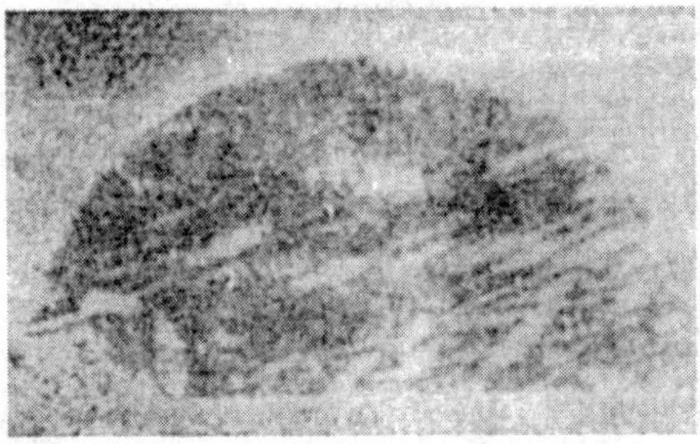

(a)

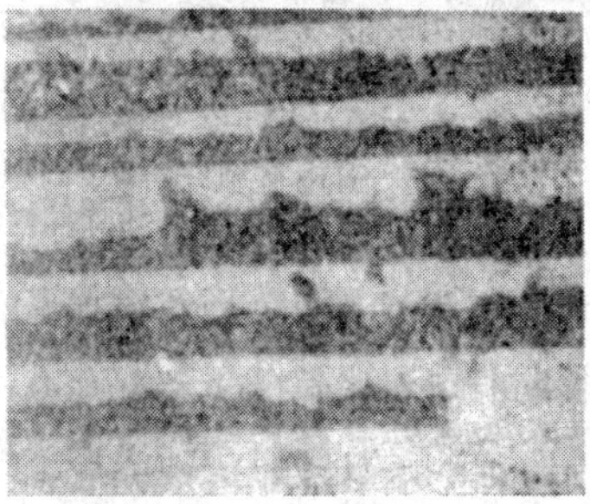

(b)

图 6-13 铝合金铸锭中的羽毛状晶组织

(a) 宏观组织；(b) 显微组织

在（111）面两侧形成许多对称排列的分枝。主干和分枝之间呈锐角，其主干比柱状晶主干长而细，并大体平行于散热方向。

羽毛状晶是以（111）面为孪晶面，沿着〈112〉或〈110〉方向择优生长而形成的。实践表明，浇温高、浇速快，冷却强度大的定向凝固，是连铸铝合金锭形成羽毛状晶的有利条件。显然，这些也是形成正常柱状晶的有利条件，而且这些条件在铜合金连铸过程中也同样存在。但何以铜合金及有的铝合金铸锭中却未见到羽毛状晶组织？为此，必须了解它的形成机理，可惜至今对此尚不甚清楚。

根据羽毛状晶多分布在铸锭周边的事实，可以认为，正如柱状晶那样，羽毛状晶也是激冷区内晶粒竞争生长的结果。激冷区内，那些〈100〉方向与散热方向不平行的α-Al晶粒，当其（111）面大体平行于散热方向时，在强烈而稳定的定向凝固条件下，〈110〉或〈112〉方向也成为主要的散热方向，所以晶粒通过竞争生长，沿〈110〉或〈112〉方向优先发展而形成羽毛状片晶。当羽毛状晶长大到一定长度后，生长方向〈100〉平行于散热方向的柱状晶超前发展，或在羽毛状晶前形成等轴晶，阻碍羽毛状晶的生长，使其位于铸锭周边。其次，当铸锭表面细等轴晶或柱状晶界面上的（111）面大体平行于散热方向时，在该界面的夹杂、空位或层错等缺陷密度高处，晶体有可能由〈100〉转向〈110〉或〈112〉方向优先生长而形成羽毛状晶。此外，还有人认为，由于快速凝固产生较大的铸造应力，使正在生长的晶体以孪晶方式发生变形，然后由孪晶面两侧对称地生长出羽毛状片晶。最后一种观点似乎难以成立，因为形成铸造孪晶需要较高的层错能。Al的层错能为$1.35\times10^{-5}J/cm^2$，Cu为$7.5\times10^{-6}J/cm^2$，Cu-10Zn合金为$3.5\times10^{-6}J/cm^2$。虽然Al的层错能因合金化会降低，但是只凭连铸快速凝固仍难以满足发生层错所需要的能量。否则，层错能较小的紫铜和黄铜连续铸锭岂不更易于形成铸造孪晶，即出现羽毛状晶组织。

羽毛状晶组织具有较强的各向异性，降低铸锭的机械性能和加工性能。室温拉伸试验表明，当拉伸轴与孪晶面法线之间的夹角约45°时，试样抗拉强度和屈服强度最低，延伸率最高；当夹角为0°或90°时，抗拉强度和屈服强度较高，而延伸率最低。这是因为夹角为45°时，具有最大剪应力的滑移面正好与孪晶面平行，易产生滑移变形。LC4铸锭进行自由锻造时，若羽毛状晶达到铸锭表面，且晶轴与铸锭侧面垂直或相交，侧面就会出现与锻造方向呈45°角的裂纹，而且裂纹会沿着孪晶面发展。羽毛状晶组织具有较强的遗传性。如图6-14所示，7075合金铸锭轧制后经T73651处理的板材，仍可保留羽毛状晶特征；经加工和再结晶退火后，遗传性的影响仍然存在，其表现为沿孪晶面易于发生偏析。图6-15（a）为7050—T73651板材内，Al_7Cu_2Fe沿（111）孪晶面的取向偏析；图（b）为7050—T73651板材内，Al_7Cu_2Fe的任意取向偏析；图（c）为2219—T851板材内，$CuAl_2$沿孪晶面的取向偏析。上述羽毛状晶组织的遗传性同样会影响加工制品组织和性能的均匀性。因此，连铸时应尽量避免产生羽毛状晶组织。实践证明，采用较低的浇温，均匀供流，防止液穴局部过热，加入Ti或Ti+B使晶粒细化，均可防止羽毛状晶的形成。如工艺不当，出现少量羽毛状晶，则可通过增大变形量和热处

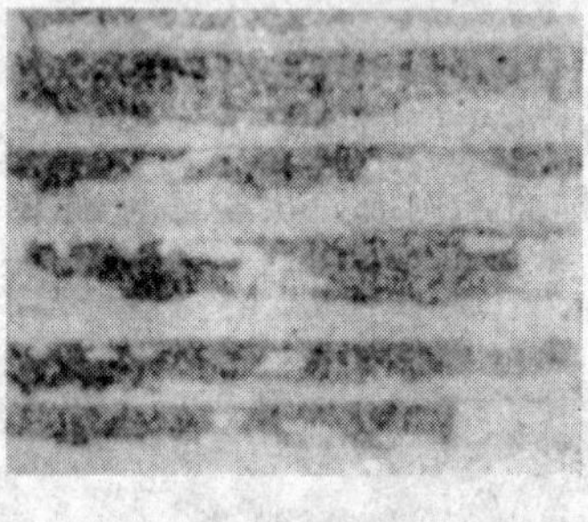

图6-14　7075—T73651板材组织

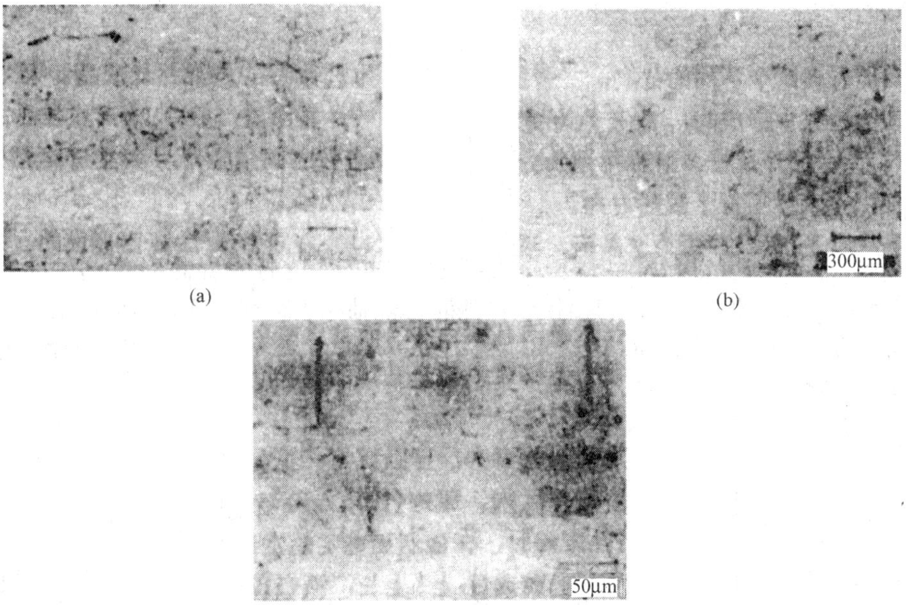

(a) (b) (c)

图 6-15　羽毛状晶组织对相析出的影响

(a) 7050—T73651，有羽毛状晶组织试样；(b) 7050—T73651，无羽毛状晶组织试样；
(c) 2219—T851，有羽毛状晶组织试样

理予以消除。

6.3　晶粒细化技术

细小等轴晶组织各向异性小，加工时变形均匀，且使易偏聚在晶界上的杂质、夹渣及低熔点共晶组织分布更均匀，因此具有细小等轴晶组织的铸锭，其机械性能和加工性能均较好。所以，晶粒细化技术的研究和应用，一直为人们所重视。下面简单介绍一些重要的晶粒细化技术。

6.3.1　增大冷却强度

增大冷却强度的主要方法，是采用水冷模和降低浇温。水冷模冷却强度大，金属浇入模子能迅速形成稳定的凝壳，加之模壁的强烈定向散热作用，故易得到细长的柱状晶，但由于游离晶数目少，因而铸锭中心往往没有或很少有等轴晶。对于小型铸锭，采用水冷模可增大金属液的过冷度，能得到全部为细小柱状晶组织，甚至全部为细小等轴晶组织。对于导热性差的大型铸锭，锭模的冷却作用仅影响铸锭的外层，对铸锭中心晶粒的细化作用不明显。此时适当降低浇温，可在一定程度上使晶粒得到细化。

众所周知，提高浇温能使晶粒粗大（见图 6-4）。因为浇温高，非均质晶核数目减少，同时游离晶体多被熔化，没有或很少有晶核增殖作用，因而粗化柱状晶和等轴晶，并扩大柱状晶区。如 Al-2%Cu 合金，过热 20℃浇注，铸锭全为柱状晶；过热 10℃浇注到相同的锭模中，则柱状晶消失，晶粒大为细化。在保证铸锭表面质量的前提下，宜用低温浇注，这是获得细小等轴晶的基本方法之一。

6.3.2　加强金属液流动

如前所述，等轴晶的形成与晶粒或枝晶的脱落及游离有着密切的关系。基于这一认

识，提出了各种加强金属液流动以细化晶粒的技术。其依据是：随着流动的加强，金属液能更好地与模壁接触，有效地发挥模壁的激冷效果，温度起伏和对流的冲刷作用，增加游离晶数目。

6.3.2.1　改变浇注方式　实验表明，改变浇注方式对晶粒细化有一定的作用。图 6-16 为 Al-0.2%Cu 合金采用不同浇注方式所得到的组织。如图 6-16（a）所示，采用底注时，因液面保持平静，对流作用弱，故铸锭组织主要由粗大柱状晶组成。采用顶注时，铸锭中出现了一些等轴晶[图 6-16(b)]。沿模壁浇注时，铸锭的等轴晶区扩大，晶粒也有所细化[图 6-16(c)]。改用六个浇口沿模壁浇注时，等轴晶显著细化[图 6-16(d)]。这些实验结果证明，流柱使液面波动和对模壁的冲刷，以及由此而引起的温度起伏，对等轴晶的形成和细化确有影响。

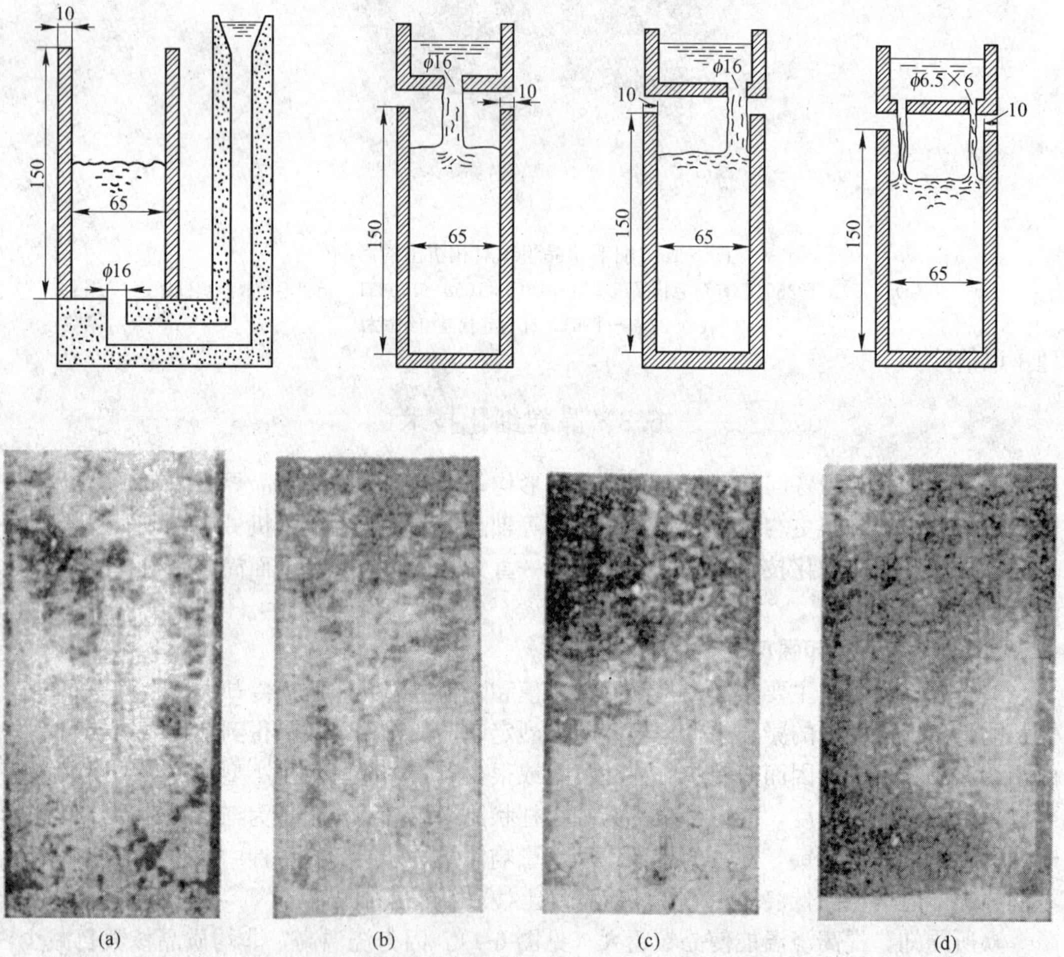

图 6-16　浇注方式对 Al-0.2%Cu 合金晶粒组织的影响

（a）底注；（b）顶注；（c）沿模壁顶注；（d）六浇口沿模壁顶注；石墨模，浇温 680℃

在加强金属液流动的同时，再降低浇温，则细化晶粒的效果会更好些。但浇温过低会降低金属的流动性，不利于夹渣的上浮，降低铸锭的表面质量，甚至使浇注过程难于进行。采用图 6-17 所示的浇注方式，既可实现低温浇注，又可加强金属液流动，此时金属

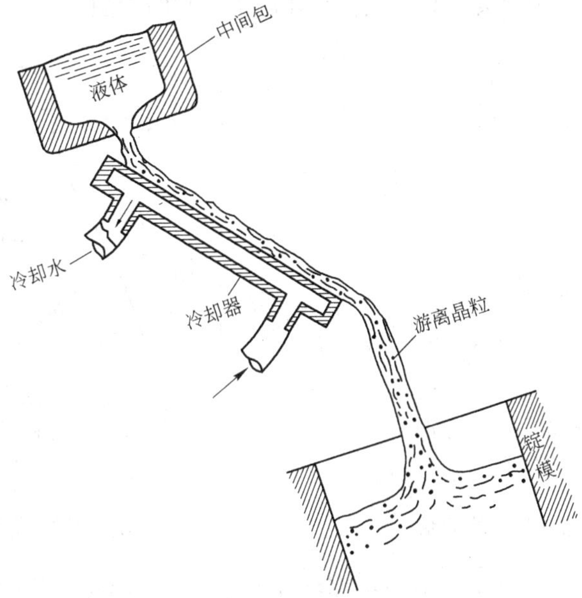

图 6-17 加强金属液流动的低温浇注方式示意图

流进锭模以前，先流经一倾斜冷却器。在金属液的冲刷作用下，由槽壁生成的大量晶粒，随流而下一起进入模中，使铸锭晶粒细化。若振动冷却器，则细化效果可进一步增强。

6.3.2.2 使锭模周期性振动 通常采用机械方法使锭模作周期性的振动。振动的主要作用在于使金属液与模壁或凝壳之间产生周期性的相对运动，从而加速晶体的游离，达到细化晶粒的目的。此外，振动还有加强金属液充填枝晶间隙的补缩作用，从而提高铸锭的致密性。

铜合金水平连铸时，利用偏心轮使装有结晶器的保温炉作周期性往返振动。在水平连铸过程中，由于重力的作用，铸锭下侧与结晶器内壁接触紧密，而上侧与结晶器内壁之间存在间隙，故下侧阻力大于上侧，下侧易拉裂。但振动产生的惯性力和温度起伏，可防止金属和氧化渣粘附在结晶器壁上，减小摩擦阻力；同时细化晶粒，增大凝壳强度，故可降低拉裂倾向。振动效果主要取决于振幅 A 和振动频率 f。为促使枝晶脱落和游离，A 宜高些；f 过高可能会造成晶间裂纹。对于导热性好且凝壳强度高的小锭，f 可高些；对于导热性差且凝壳强度较低的合金大锭，宜用较低 f 和较大 A。例如，H96 取 $f=140$ 次/min，$A=3$mm；H62 取 $f=40$ 次/min，$A=10$mm；QSn6.5-0.1 取 $f=40$ 次/min，$A=3$mm。

铜合金水平连铸还采用间断拉铸法，其作用类似于振动法。在停拉期间，由于高温金属液的加热作用，凝壳不稳定，并因一拉一停造成的液体波动和温度起伏，促进枝晶脱离凝壳或结晶器，因而促进等轴晶的形成和细化。

利用超声波或机械方法使金属液振动，同样可得到细化晶粒的效果。

研究发现，振动频率对晶粒的细化无明显影响，而振幅的大小对晶粒细化的影响却很大，如图 6-18 所示。在振动浇注的情况下，浇温对晶粒度几乎无影响，如图 6-19 所示。由于振动使晶粒细化，成分均匀，致密性提高，因而铸锭的机械性能和加工性能会有所改善。但是，过分强烈的振动会引起热裂，反而产生不利的影响。

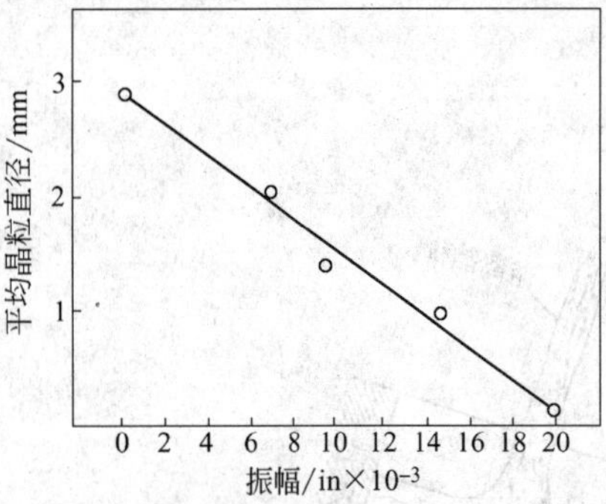

图 6-18　振动与晶粒度的关系

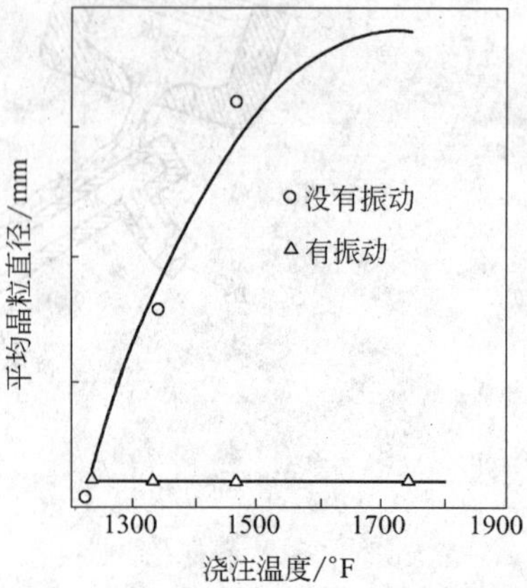

图 6-19　浇温及振动对晶粒度的影响

6.3.2.3　搅拌　搅拌的方法有机械搅拌和电磁场搅动两种，其作用和效果同于振动。值得指出的是，为了获得细小等轴晶，最好周期性地改变搅拌方向或速度，以避免搅拌引起的强制对流，抑制铸锭内外层间的自然对流和温度起伏而不利于枝晶的游离。连铸时把搅拌器放入结晶器内进行搅拌，是细化晶粒效果较好的一种简便方法。

6.3.3　变质处理

变质处理是指向金属液内添加少量物质，促进金属液生核或改变晶体生长过程的一种方法。所添加的物质称为变质剂。目前，有关变质处理这一术语的称呼尚不统一，在铸铁中多称为孕育处理（*Inoculation*），在有色合金中则称为变质处理（*Modification*），在钢铁中二者常混用。有人认为，孕育处理和变质处理从本质来说是有区别的，前者主要影响生核过程，后者主要影响晶体生长过程。

对于加工材料的合金，变质处理主要是为了细化基体相，并希望能改善脆性化合物、杂质及夹渣等第二相的形态和分布状况。对于铸造合金，变质处理主要是为了细化第二相或改变其形态和分布状况。通过变质处理，可改善合金的铸造性能和加工性能，提高合金的强度和塑性。因此，变质处理是铸锭和铸件生产中广泛使用的一种方法。

6.3.3.1　变质机理　关于变质机理有各种说法，如促进生核说，抑制晶体长大说，成分过冷增核说，吸附说，降低表面能或形核功说等等。到目前为止，仍众说纷纭，尚无定论。在此，根据变质剂在金属液中的存在形式，把变质机理分为两种：一是以不溶性质点存在于金属液中的非均质晶核作用；二是以溶质的偏析及吸附作用。下面分别予以讨论。

（1）变质剂的非均质晶核作用：作为非均质晶核，要求变质剂或其与基体金属反应产物 B_nM_m 与细化相有界面共格性，二者点阵错配度 $\delta \leqslant 5\%$。具有界面共格性的两相，晶体结构可以相同，也可以不同，但要求二者相应晶面上的原子排列方式相似，且原子间距相近或互成比例。此外，要求变质剂或其产物 B_nM_m 稳定，熔点高，在金属液内分布均匀、不易被污染。还有 B_nM_m 能构成先析相，并最好能与金属液发生包晶反应生成细化相。根据上述要求，Fe 可以作为 Cu 的变质剂。因为 Fe 和 Cu 都是面心立方金属。点阵常数相近（a_{Cu}=3.62Å，$a_{\gamma-Fe}$=3.65Å），且Fe的熔点高于Cu，故可作为Cu的非均质晶核。在保证导电性能的条件下，紫铜铸锭含有少量Fe，拉制的线材表面很光亮，其原因就在于Fe的变质作用细化了铸锭的晶粒。浇注时加入同类金属的碎粒作变质剂，已证明是细化晶粒的有效方法。例如，高锰钢中加入锰铁、高铬钢中加铬铁，都可以细化晶粒并消除柱状晶，其变质作用类似于紫铜中加铁。要注意加入碎粒的温度不能过高，碎粒应有足够大的尺寸和合适的数量，以免在浇注过程中被全部熔化。一些金属常用的变质剂如表6-3所示。

表6-3　一些金属常用的变质剂

金　属	变质剂一般用量/%	加入方式	效果	附　注
Mg，Mg-Zn合金，Mg-稀土合金	0.5～1.0Zr	Mg-Zr合金或锆盐	好	晶核Zr或MgZr，800～850℃加入K_2ZrF_6
Mg-Zn，Mg-Al，Mg-Zn-Mn合金	1)0.1C 2)0.1Fe 3)0.1Ce或Ca	1)MgC或碳粉 2)$FeCl_3$或Fe-Zn合金 3)Mg-Ce或Ca合金	好 较好 较好	晶核Al_4C_3或Fe与C的化合物
MB8	0.015～0.025Al	MB5等	好	晶核$MgAl_6$(?)
纯　铝	1)0.01～0.05Ti 2)0.01～0.03Ti+0.003～0.01B	1)Al-Ti合金 2)Al-Ti-B合金或K_2TiF_6+KBF_4	好 好	1)晶核$TiAl_3$或Ti的偏析吸附细化晶粒 2)晶核$TiAl_3$或TiB_2、(Ti,Al)B_2、重量比B∶Ti=1∶2效果最好
Al-Mn系合金	1)0.45～0.6Fe 2)0.01～0.05Ti	1)Al-Fe合金 2)Al-Ti合金	较好 较好	1)晶核$(Fe,Mn)_4Al_6$(?) 2)晶核$TiAl_3$(?)
含Fe、Ni、Cr的Al合金	1)0.2～0.5Mg 2)0.01～0.05Na或Li	1)纯镁 2)Na或NaF、LiF		细化金属化合物初晶
Al-Mg系合金	1)0.01～0.05Zr或Mn、Cr 2)0.1～0.2Ti+0.02Be 3)0.1～0.2Ti+0.15C	1)Al-Zr合金或锆盐或Al-Mn、Cr合金 2)Al-Ti-Be合金 3)Al-Ti合金或碳粉	好 好 好	1)晶核$ZrAl_3$，用于高镁铝合金 2)晶核$TiAl_3$或$TiAl_x$，用于高镁铝合金 3)晶核$TiAl_3$或$TiAl_x$、TiC，用于各种Al-Mg系合金
Al-Si系合金	1)0.005～0.01Na 2)0.01～0.05P 3)0.1～0.5Sr或Te、Sb	1)纯钠或钠盐 2)磷粉或P-Cu合金 3)锶盐或纯碲、锑	好 好 较好	1)主要是钠的偏析吸附细化共晶硅、并改变其形貌；常用67%NaF+33%NaCl变质，时间少于25分钟 2)晶核AlP，细化初晶硅 3)Sr、Te、Sb阻碍晶体生长

续表 6-3

金　属	变质剂一般用量/%	加入方式	效果	附　注
Al-Cu-Mg-Si 系合金	1)0.15～0.2Ti 2)0.1～0.2Ti＋0.02B	1)Al-Ti 合金 2)Al-Ti 或 B 合金，或 Al-Ti-B 合金	好 好	1)晶核 $TiAl_3$ 或 $TiAl_x$ 2)晶核 $TiAl_3$ 或 TiB_2、$(Al,Ti)B_2$
Ti 合金	0.05～0.1B	Ti-B 合金		晶核硼化物或碳化物
紫　铜	1)0.1Zr 或 Fe 2)0.05Ti 3)0.05Li＋0.5Bi＋0.5Sb	1)Cu-Zr 或 Fe 合金 2)Cu-Ti 合金 3)纯锂、铋、锑	好 较好 好	1)用于导电铜材 2)晶核 Cu_3Ti 3)阻碍晶体生长 (2)、3) 用于铜铸件)
黄　铜	0.01～0.05Zr＋0.03～0.1Ti	Cu-Zr 及 Ti 合金	好	晶核 Cu_3Ti、Cu_3Zr，还可用 Fe、B、V、Nb、Cr 等
铝青铜	0.05～0.1Ti＋0.05B	Cu-Ti、Cu-B 合金	好	晶核 TiB_2(?)，还可用 V、Nb、Cr 等
Cu-Sn-Zn-(Pb)	1)0.1～0.3Ti＋0.03B 2)0.2Fe＋0.03B 3)0.1～0.2Ce＋0.1Ti	1)Cu-Ti、Cu-B 合金 2)Cu-Fe、Cu-B 合金 3)Ce、Cu-Ti 合金	好 好 较好	QSn4-3 可用 0.05～0.2Zr 或 0.02～0.1B
Ni 合金、Co 合金、不锈钢	15%～20% Co_2O_3 或 CoO(型砂中)	以细粉加入到第一层型砂中	好	$Co_2O_3 \xrightarrow[500℃]{\text{空气}} Co_3O_4 \xrightarrow{1200\sim1300℃}$ $CoO \xrightarrow{\text{碳或分解}} Co$ $CoO \xrightarrow[Al_2O_3]{1300℃} CoAl_2O_4$ 晶核 Co、CoO、$CoAl_2O_4$，细化精密铸件表面晶粒
纯镍及蒙乃尔合金	1)0.05～0.1Ti 或 La 2)0.05～0.1Mg、Ce、Zr 3)0.1Ti-0.06Al 或 Mg	1)Ni-Ti、Ni-La 合金 2)Ni-Mg、Ce、Zr 合金 3)Ni-Ti 合金，铝或镁	好 较好 较好	
B19、B30 等白铜	1)0.04～0.06Ti 2)0.1～0.5Be	1)Cu-Ti 合金 2)Cu-Be 合金	较好 较好	还可用 0.05～0.1Zr
Zr 合金	0.2～0.4Ni 或 Co、Fe	纯镍或钴、铁	较好	
Sn 合金	约 0.1Ge 或 In	Sn-Ge 合金或铟	较好	
Zn 合金	0.07～0.12Ti	$TiCl_4$	好	晶核 $TiZn_{15}$

(2) 变质剂的偏析和吸附作用：在变质剂完全溶解于金属液且不发生化学反应生成 B_nM_m 的情况下，变质剂像溶质一样，在凝固过程中，由于偏析使固/液界面前沿液体的平衡液相线温度降低，界面处成分过冷度减小，致使界面上晶体的生长受到抑制，枝晶根部出现缩颈而易于游离。与一般溶质不同，变质剂能显著加强上述过程，并借助于对流使游离晶数目显著增加，晶核增殖作用进一步加强。同时，由于变质剂易偏析和吸附，故阻

碍晶体生长的作用也加强。因此，往往只需加入少量的变质剂，就能显著细化晶粒。一些用作变质剂的表面活性元素，如 Al-Si 合金中的 Na，铸铁中的 Mg，其原子半径较大，熔点较低，分布系数 $k \ll 1$，吸附作用较强，易富集在生长晶体的表面，不仅阻碍其生长，而且降低界面能，促进生核。总之，变质剂的偏析与吸附细化晶粒的主要原因是：促进晶体游离和晶核增殖；降低界面能，促进生核；阻碍晶体生长。

变质剂的偏析度可用偏析系数 $|1-k|$ 来表示。$|1-k|$ 值愈大，则变质剂愈易偏析，变质效果愈好，因此 $|1-k|$ 可作为选择变质剂的一个粗略标准。表 6-4 和表 6-5 分别列出了一些元素在 Al 和 Fe 中的偏析系数。由表 6-4 知，Ti 是 Al 中偏析系数最大的元素，因此 Ti 对 Al 的变质效果最好，实践充分证明了这一点。由表 6-5 知，S 在 Fe 中的偏析系数大，所以含 S 钢锭多为等轴晶。但是，如钢锭中含有 Mn，会形成 MnS，使 S 的变质效果严重降低，钢锭易产生粗大柱状晶。可见，变质效果与合金所含元素有关。

表 6-4　一些元素在 Al 中的偏析系数

元　素	Ti	Zr	Ni	Be	Fe	Si	Cu	Cr	Mg	Zn	Mn
$\vert 1-k \vert$	7	1.5	0.99	0.98	0.97	0.86	0.83	0.80	0.70	0.56	0.30

表 6-5　一些元素在 Fe 中的偏析系数 $|1-k|$[①]

元　素	$\vert 1-k \vert$	元　素	$\vert 1-k \vert$	元　素	$\vert 1-k \vert$	元　素	$\vert 1-k \vert$
S	0.95～0.98	Ti	0.50～0.86	Pd	0.45	Co	0.10
O	0.90～0.98	N	0.65～0.72	Si	0.34～0.15	V	0.10
B	0.95	H	0.68	Ni	0.20～0.26	Al	0.08
C	0.71～0.87	Ta	0.57	Rh	0.22	Cr	0.03～0.05
P	0.50～0.87	Ca	0.44	Mn	0.15～0.20	W	0.05

①表中 $|1-k|$ 值范围与元素含量有关。

实际上，同一变质剂对同一合金，可能有着一种或多种变质机理。具体问题具体分析，才能深入揭示变质过程。下面将以铝合金变质处理为例，进一步说明变质机理。

6.3.3.2　铝合金的变质处理　在有色合金中，铝合金的变质处理研究得最多，用得最广。变形铝合金用 Ti 作变质剂来细化 α-Al 晶粒时，Ti 多以（Al-Ti）中间合金的形式加入到铝液中。一般加入 0.01%～0.05%Ti 就有明显的细化效果，加入 0.1%～0.3%Ti 效果最好。如同时加入约 0.01%B，则 0.05%Ti 就能获得满意的变质效果。

Ti 在铝合金中的变质机理随其含量不同而不同。如图 6-20 所示，当 Ti 含量大于 0.12%时，Ti 与 Al 反应生成 $TiAl_3$，在 665℃ $TiAl_3$ 与液体进行包晶反应生成 α-Al，此时 α-Al 以 $TiAl_3$ 作为晶核长大。在此情况下，Ti 的变质机理是 $TiAl_3$ 的非均质晶核作用。作为非均质晶核的首要条件是它与细化相有界面共格性。$TiAl_3$ 为正方晶体，点阵常数 $a=b=5.45\text{Å}$，$c=8.61\text{Å}$；Al 为面心立方晶体，点阵常数 $a=4.05\text{Å}$。二者虽晶体结构不同，点阵常数又相差很大，但当 $(001)_{TiAl_3} /\!/ (001)_{Al}$ 时，只要 Al 的晶格旋转 45°，即 $[100]_{TiAl_3} /\!/ [110]_{Al}$，则二者具有界面共格对应关系，原子间距为：

$$\text{Al} \qquad \sqrt{2}a = 5.73\text{Å}$$

$$TiAl_3 \qquad a = b = 5.45\text{Å}$$

则 $\delta=4.9\%$，如图 6-21（a）所示。当 $(100)_{TiAl_3}//(100)_{Al}$、$[001]_{TiAl_3}//[101]_{Al}$时，$b$ 向的 δ 值同上，而 c 向的 $\delta=0.17\%$，如图 6-21（b）所示。$TiAl_3$ 熔点高（1337℃），与液体又能进行包晶反应生成 α-Al。因此，$TiAl_3$ 是 α-Al 极有效的非均质晶核。进一步研究发现，提高冷却速度，可能存在如下反应：

$$L + TiAl_x(\text{或 } TiAl_9) \rightarrow \alpha\text{-Al}$$

即平衡初生相 $TiAl_3$ 被亚稳相 $TiAl_x$ 或 $TiAl_9$ 代替，α-Al 以亚稳相为晶核长大。当冷却速度较大时，$TiAl_x$ 在室温下也能保持稳定。$TiAl_9$ 具有与 Al 相似的立方结构，二者相应晶面互相平行，并有着取向等同性。所以，亚稳相 $TiAl_9$ 被认为是 α-Al 更有效的非均质晶核。

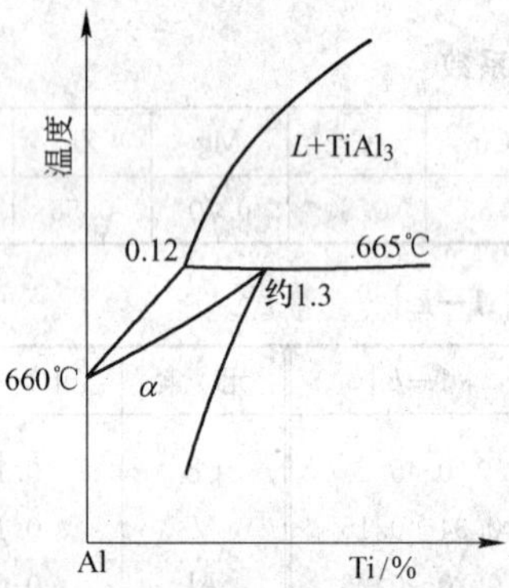

图 6-20　Al-Ti 相图

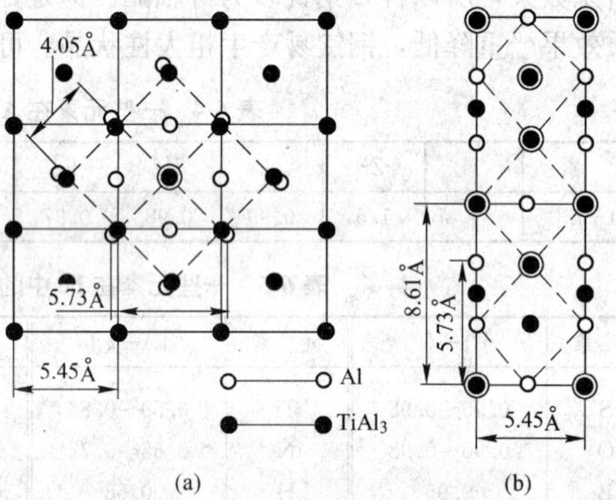

图 6-21　Al 与 $TiAl_3$ 界面共格对应关系

Ti 含量少于 0.12%时，α-Al 可由液相直接析出。在此情况下，如果 Al-Ti 中间合金中的 $TiAl_3$ 未来得及全部熔化或溶解，则 α-Al 也以 $TiAl_3$ 为非均质晶核而长大。实践表明，加入(Al-Ti)中间合金后，保温时间长或温度高，则细化晶粒的效果明显降低。这是 $TiAl_3$ 起非均质晶核作用的证明。因此，(Al-Ti)中间合金内 $TiAl_3$ 的数量、大小和分布，对变质效果有着重大影响。当液体中无 $TiAl_3$ 时，微量 Ti 细化 α-Al 晶粒的机理主要是阻碍晶体生长。还有一种观点认为，Ti 是过渡族元素，d 电子层未充满，与 Al 有较强的结合力，可形成较稳定的短程有序原子团，易于长大成稳定的晶核。现已证实，Ti 是以(TiAl)形式固溶于 Al 中的。稳定晶核的形成可能与 Ti 的电子逸出功(4.15eV)大于 Al (3.85eV)，且能降低 α-Al 的表面能有关。从 Ti 的上述电学特性看，微量 Ti 的变质机理可能是阻碍生长和晶核两种作用的结果。有人加入 0.005%Ti 也获得了细化 α-Al 的效果，并认为是 Ti 与合金中微量碳形成的 TiC 作为非均质晶核所致。

综上所述，Ti 细化 α-Al 晶粒的机理是：有 $TiAl_3$ 或 $TiAl_x$ 存在时，以非均质晶核作用为主；无 $TiAl_3$ 或 $TiAl_x$ 时，以阻碍生长作用为主。后者是在晶核形成之后才发生的，仅影响晶体的生长过程，促进其游离而使晶核增殖。

为了增强 Ti 的变质效果，常常同时添加微量 B。关于 B 的作用，尚无一致看法。一般认为，添加 B 以后，经历如下包晶反应：

$$L + TiB_2 \text{ 或} (Al,Ti)B_2 + TiAl_3 \rightarrow \alpha\text{-Al}$$

因为 TiB_2 或（Al，Ti）B_2 作为 α-Al 的非均质晶核比 $TiAl_3$ 或 $TiAl_x$ 更为有效，所以 Ti 与 B 的二元变质剂优于单一的 Ti 变质剂。也有人认为，α-Al 并非以 TiB_2 或（Al，Ti）B_2 为非均质晶核，而是首先自液相中析出 TiB_2（熔点 2900℃），然后 $TiAl_3$ 以 TiB_2 为晶核，α-Al 再以 $TiAl_3$ 为晶核，相继自液相中析出。另一种观点认为，微量 B 加强 Ti 的偏析作用，促使更多的枝晶颈缩及游离，因而晶核大量增殖，晶粒显著细化；但 B 含量增多，使 Ti 的偏析作用过于强烈，会更过早地包住晶核，抑制稳定晶核形成，反而导致有效晶数目减少，晶粒粗化。B 的细化效果如图 6-22 所示。必须指出，加 B 不能过多，否则铸锭中残留有 TiB_2 夹杂，使变形不匀，降低加工产品的表面光洁度、抗疲劳和抗腐蚀性能。

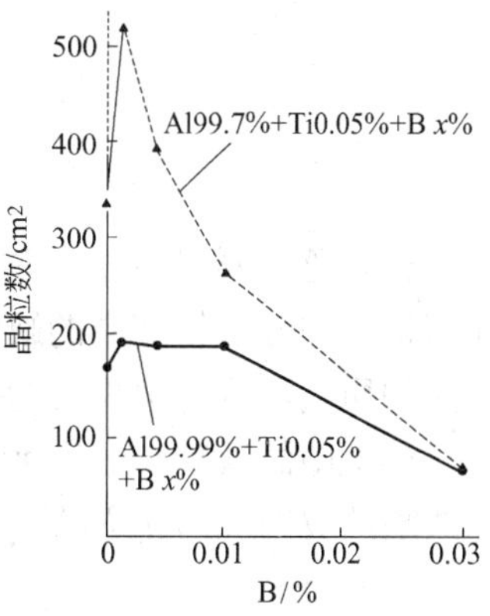

图 6-22 加 B 对 Al-0.05%Ti 合金晶粒尺寸的影响

此外，Mg、Cu、Zn、Fe 和 Si 等也有增强 Ti 细化晶粒的作用，其中 Si 的影响较大。因为加 Si 后形成的 Ti（Al，Si）$_3$ 虽与 $TiAl_3$ 有着相同的晶体结构，但其形核熵高于 $TiAl_3$，故易于形核析出，使非均质晶核数目增多，晶粒更加细化。例如，Ti 少于 0.1%时，加入约 1%Si，α-Al 晶粒数目提高两倍。Cr、Zr 对 Ti 的变质效果产生不良影响，Mn 无明显影响。

Al-Si 系铸造合金的常用变质剂是 Na 和 P。Na 以钠盐形式加入，P 以赤磷粉或 P-Cu 合金形式加入。如 ZL102，常用 0.3%～0.5%钠盐（67%NaF＋33%NaCl）作变质剂，在 780℃左右覆盖于熔体表面并保温一段时间，经反应生成游离 Na，也可能形成 AlSiNa 化合物。Na 是表面活性元素，易于偏析并被吸附在 Si 相周围，阻碍其长大。随 Na 含量的增多，初晶 Si 由块状或花瓣状变为等轴多枝状或球状，共晶 Si 由层片状变为纤维状。用 Na 变质时 Al-Si 共晶转变温度降低 10℃左右，这是 Na 阻碍 Si 相生成的证明。有人认为，游离钠易于挥发逸出，故 Na 的变质作用也可能是 AlSiNa 的非均质晶核作用的结果。

Al-Si 合金中加 P 是为了细化初晶 Si，一般用量为 0.01%～0.05%P。P 与 Al 化合生成 AlP，可作为 Si 的非均质晶核。因此，P 的变质机理是其非均质晶核作用。有 Na 存在时，Na 与 P 含量的比值大小对变质效果影响很大。当 Na∶P＝2.2 时，Na 与 P 组成 Na_3P，二者都失去变质作用；当二者比值减小，即有过剩 P 时，共晶中 Si 为先析相；比值增大时，共晶中 α-Al 为先析相，并随比值增大，初晶 Si 逐渐球化。

Na 对 Al-Si 合金的变质效果好，其缺点是易于失效。长期以来，人们为寻求所谓长效变质剂进行了大量工作，提出了 Sr、Te、Sb 等长效变质剂。有关它们的变质机理，尚有待深入研究。

7 铸锭常见缺陷分析

在有色金属材料生产过程中，约有70%的废品是与铸锭中存在的缺陷有关。因此，如何识别和分析铸锭中的缺陷及其成因，寻求防止或减少缺陷的方法，对提高铸锭和加工产品的质量，具有很现实的意义。

铸锭中的缺陷有数十种。本章主要讨论偏析、缩孔、裂纹、气孔及非金属夹杂物等常见缺陷的成因和防止方法。

7.1 偏 析

铸锭中化学成分不均匀的现象称为偏析。如表7-1所示，偏析分为显微偏析和宏观偏析两类。前者是指一个晶粒范围内的偏析，后者是指较大区域内的偏析，故又称为区域偏析。

表7-1 偏析分类

显微偏析	宏观偏析
枝晶偏析 胞状偏析 晶界偏析	正偏析 反偏析 带状偏析 重力偏析 V形偏析

偏析对铸锭质量影响很大。枝晶偏析一般通过加工和热处理可以消除，但在枝晶臂间距较大时则不能消除，会给制品造成电化学性能不均匀。晶界偏析是低熔点物质聚集于晶界，使铸锭热裂倾向增大，并使制品易发生晶界腐蚀。如高镁铝合金中的钠脆，铜及铜合金中的铋脆等，都是晶界偏析的结果。宏观偏析会使铸锭及加工产品的组织和性能很不均匀，如铅黄铜易发生铅的重力偏析，降低合金的切削及耐磨性能；锡青铜和硬铝铸锭中锡及铜的反偏析，导致铸锭的加工性能和成品率降低，增加切削废料。宏观偏析不能靠均匀化退火予以消除或减轻，所以在铸锭生产中要特别防止这类偏析。

7.1.1 显微偏析

7.1.1.1 枝晶偏析 在生产条件下，由于铸锭冷凝较快，固液两相中溶质来不及扩散均匀，枝晶内部先后结晶部分的成分不同，这就是枝晶偏析，或称为晶内偏析。利用电子探针扫描可定量确定晶内各层次的偏析状况。如图7-1所示，先结晶的枝晶臂含Mn、Cr、Ni较低，枝晶间含Mn、Cr、Ni较高。由于枝晶偏析是溶质再分布的结果，故可以用式(5.1)来近似描述：

$$C_S = kC_0(1-f_S)^{(k-1)}$$

该式仅适用于固相无扩散，液相成分始终是均匀的情况。实际上，在铸锭凝固和冷却过程中，固相内也有一定程度的扩散，液相成分也不可能始终均匀一致，因此由式(5.1)计算的枝晶偏析比实际测定的要高些。此外，温度起伏引起的枝晶部分熔化并重新析出，有利于溶质的均匀分布，也是式(5.1)产生误差的另一重要原因。影响枝晶偏析的因素还有：合金原始成分C_0，溶质分布系数k，扩散系数D及凝固速度R等。其他因素一定时，合金的液相线和固相线之间的水平距离越大，合金越易产生枝晶偏析。合金一定时，影响

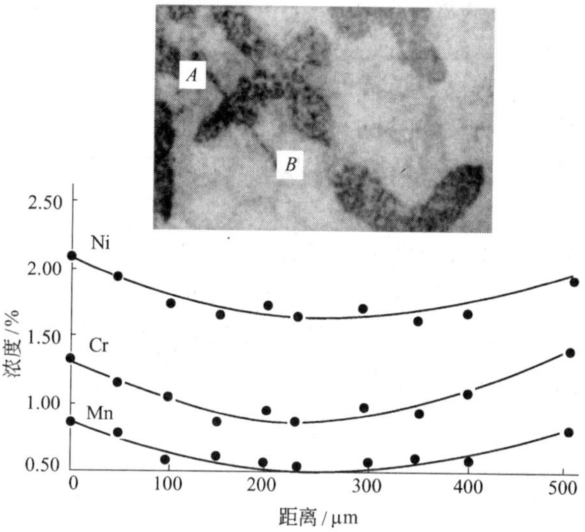

图 7-1 电子探针沿 AB 线测定的低合金钢中枝晶偏析情况

枝晶偏析的主要因素是 R。R 大，溶质难于扩散均匀，故偏析大。但是，随着冷却速度增大，R 也增大，晶粒变细，枝晶偏析度反而降低。

7.1.1.2 晶界偏析 $k<1$ 的合金凝固时，溶质会不断自固相向液相排出，导致最后凝固的晶界含有较多的溶质和杂质，即形成晶界偏析，形成过程如图 7-2 所示。

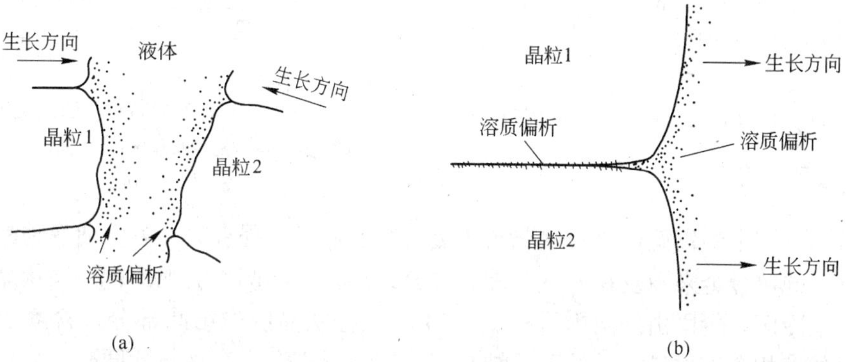

图 7-2 晶界偏析形成过程示意图

(a)晶粒相向生长；(b)晶粒平行生长

当固溶体合金铸锭定向凝固得到胞状晶时，$k<1$ 的溶质也会在胞状晶晶界偏聚，形成胞状偏析，如图 7-3 所示。胞状晶是一种亚结构，故胞状偏析实质上是一种亚晶界偏析。

影响晶界偏析的因素同于枝晶偏析，但晶界偏析不能通过均匀化退火予以消除。

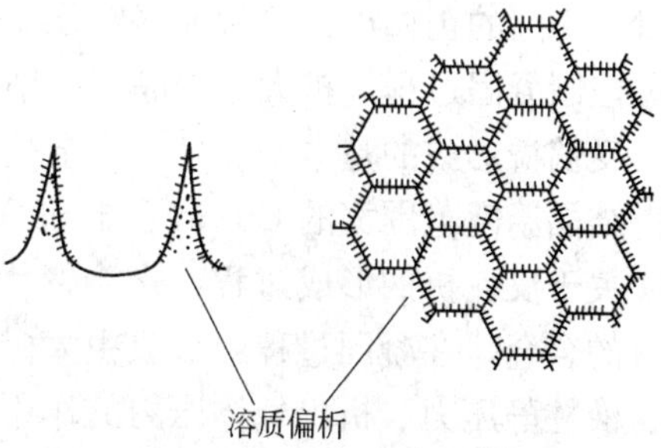

图 7-3 胞状偏析示意图

7.1.2 宏观偏析

7.1.2.1 正偏析与反偏析 正偏析是在顺

序凝固条件下，溶质 $k<1$ 的合金，固/液界面处液相中的溶质含量会越来越高，因此愈是后结晶的固相，溶质含量也就愈高；$k>1$ 的合金愈是后结晶的固相，溶质含量愈低。铸锭断面上此种成分不均匀现象称为正偏析。这意味着，$k<1$ 的合金铸锭，其表面和底部的溶质量低于合金的平均成分，中心和头部的溶质量高于合金的平均成分。正偏析的结果，易使单相合金的铸锭中部出现低熔点共晶组织和聚集较多的杂质。

反偏析恰与正偏析相反。$k<1$ 的合金铸锭发生反偏析时，铸锭表面的溶质高于合金的平均成分，中心的溶质低于合金的平均成分。图 7-4 为 Al-Cu 合金铸锭断面上 Cu 的分布曲线。由该图可知，Al-Cu 合金易发生 Cu 的反偏析。

实际生产条件下，由于合金品种的不同，冷却条件的差异，液体的对流及由对流引起的枝晶游离，使铸锭的偏析状况更复杂些。

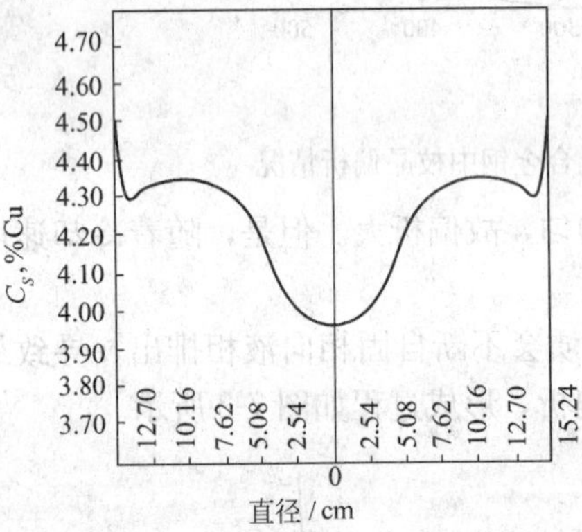

图 7-4　Al-Cu 合金连铸圆锭的反偏析

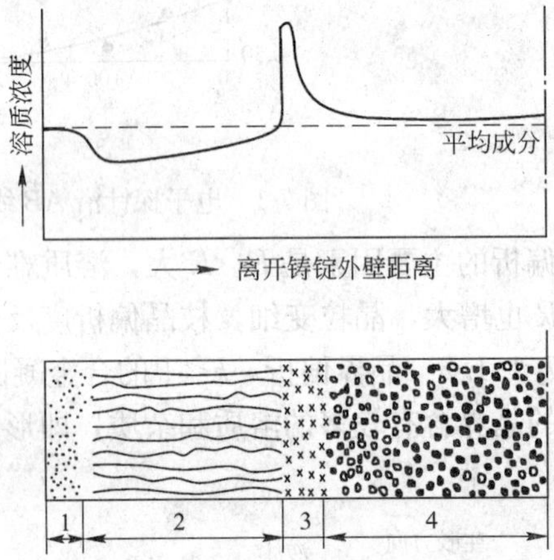

图 7-5　正偏析与晶粒组织的关系

1—激冷区；2—柱状晶区；3—偏析最大区；4—中心等轴晶区

通常，铸锭中的正偏析分布状况与铸锭组织的形成过程有关。表面细等轴晶是在激冷条件下形成的，合金来不及在宏观范围内选分结晶，故不产生宏观偏析。柱状晶区的凝固速度小于激冷区，凝固由外向内进行。$k<1$ 时，柱状晶区先结晶部分，含溶质较低，而与之接触的液相含溶质较高，故随后结晶部分溶质量逐渐升高。与此同时，游离到中心区的晶体由内向外缓慢生长，并不断排出溶质，形成中心等轴晶区，直至与柱状晶区相交为止，铸锭的凝固即告完成。因此，铸锭断面柱状晶区与中心等轴晶区交界区域偏析最大。所以，实际的正偏析分布状况多如图 7-5 所示。由此可见，正偏析与铸锭凝固特性有关。通过控制凝固过程，扩大等轴晶区，细化晶粒，有利于降低偏析度。

反偏析形成的基本条件是：合金结晶温度范围宽，溶质偏析系数 $|1-k|$ 大，枝晶发达。结晶温度范围宽的 Cu-Sn 合金和 Al-Cu 合金是发生反偏析的典型合金。

关于反偏析的形成过程，迄今尚无令人满意的解释。一般认为，结晶温度范围宽且 $k<1$ 的合金，在凝固过程中形成粗大树枝晶时，枝晶间富溶质的金属液在收缩力、大气压力、液柱静压力、析出气体压力的作用下，沿着枝晶间的毛细通道向外移动，到达铸锭表层，冷凝后形成反偏析；并有可能在铸锭与模壁间形成气隙后，铸锭表面温度升高时，突

破凝壳而在铸锭表面形成反偏析瘤。上述反偏形成机理未能解释中心贫溶质的现象。有人根据游离晶形成中心等轴晶区的观点，认为中心贫溶质是先结晶的贫溶质枝晶游离到铸锭中心所致。这种解释也难以令人信服。因为按此观点，正偏析时铸锭中心也应贫溶质。此外，上述两种观点都难以解释 Cu-Sn 合金中的 Sn 在连续铸锭表面和砂模铸件表面为什么都易反偏析？由此看来，反偏的形成过程仍有待进一步研究。

7.1.2.2　带状偏析　带状偏析出现在定向凝固的铸锭中，其特征是偏析带平行于固/液界面，并沿着凝固方向周期性地出现。

带状偏析的形成机理可用图 7-6 加以说明。当金属液中溶质的扩散速度小于凝固速度时，如图 7-6（a）所示，在固/液界面前沿出现偏析层，使界面处过冷度降低[图 7-6(b)]，界面生长受到抑制，但在界面上偏析度较小的地方，晶体将优先生长穿过偏析层，并长出分枝，富溶质的液体被封闭在枝晶间，当枝晶继续生长并与相邻枝晶连接一起时，再一次形成宏观的平界面[图 7-6(c)]。此时，界面前沿液体的过冷如图 7-6(d)所示。平界面均匀向前生长一段距离后，又出现偏析和界面过冷[图 7-6(e)和图 7-6(f)]，界面生长重新受到抑制。如此周期性地重复，在定向凝固的铸锭纵断面就形成一条一条的带状偏析。此外，当固/液界面过冷度降低生长受阻时，如果界面前沿过冷度足够大，则可能由侧壁形成新晶粒，并在界面局部突出生长前，很快长大而横穿富溶质带前沿，将其封闭在界面和新晶粒之间，于是也形成带状偏析，如图 7-6（g）所示。

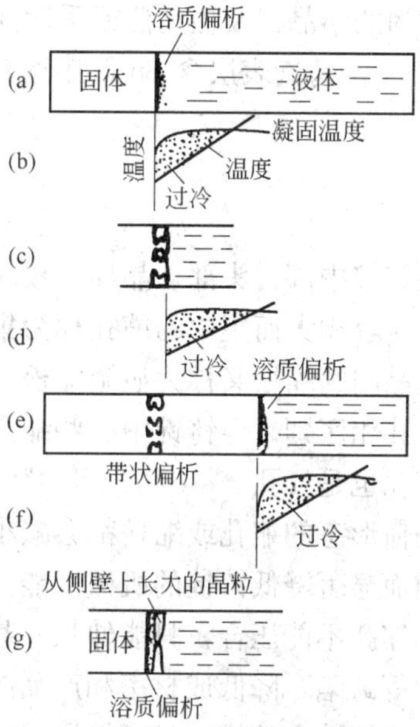

图 7-6　带状偏析形成机理示意图

显然，带状偏析的形成与固/液界面溶质偏析引起的成分过冷有关。溶质偏析系数 $|1-k|$ 大，有利于带状偏析的形成。如加强固/液界面前沿的对流、细化晶粒、降低易于偏析的溶质量，则可减少带状偏析。但对于希望通过定向凝固以得到柱状晶组织的铸锭或铸件来说，应主要采用降低凝固速度和提高温度梯度等措施来防止或减少带状偏析。

7.1.2.3　重力偏析　当互不相溶的两液相或固液两相的比重不同而产生的偏析，称为重力偏析。Cu-Pb 和 Sn-Sb 常产生重力偏析。Cu-Pb 合金在液态就易产生偏析，凝固后铸锭上部富 Cu，下部富 Pb，使合金的热加工性能、切削及耐磨性能降低。Sn-Sb 合金最先析出的晶体是富 Sb 的 β 相，比重较小而上浮。为降低 Sn-Sb 合金的偏析和提高其耐磨性，可加入少量 Cu，以生成熔点较高的 CuSb 化合物，阻止随后结晶的 β 相上浮。

V 形偏析是大型镇静钢锭中产生的一种宏观偏析，分为 V 形和倒 V 形偏析两种类型，其形成机理尚未定论。大型有色合金铸锭中迄今未发现这类偏析，因此关于 V 形偏析在此就不予介绍。

7.1.3 防止偏析的主要途径

各类偏析都是凝固过程中溶质再分布的必然结果。因此，一切能使成分均匀化和晶粒细化的方法，均有利于防止或减少偏析。基本措施有：增大冷却强度，搅拌，变质处理，采用短结晶器，降低浇温，加强二次水冷，使液穴浅平等。

为有效地防止偏析，对不同合金，应采取不同方法。例如：限制浇速 $v \leqslant 1.6/D$（D 为铸锭直径，m；v，m/h），可降低硬铝圆锭的偏析；采用小锥度或稍带倒锥度的短结晶器及振动的方法，可基本消除 LY12 及 LC4 等铝合金大型圆锭的反偏析。又如采用内壁带直槽沟的结晶器及振动法或采用间断式水平连铸法，能明显减少锡磷青铜的反偏析，使 QSn6.5-0.1 铸锭表层含 Sn 量接近其上限成分，表面富 Sn 层厚度由 10～15 毫米减至 3～5 毫米。

7.2 缩孔与缩松

在铸锭中部、头部、晶界及枝晶间等地方，常常有一些宏观和显微的收缩孔洞，通称为缩孔。容积大而集中的缩孔称为集中缩孔；细小而分散的缩孔称为缩松，其中出现在晶界或枝晶间的缩松又称为显微缩松。缩孔和缩松的形状不规则，表面不光滑，故易与较圆滑的气孔相区别。但铸锭中有些缩孔常为析出的气体所充填，孔壁表面变得较平滑，此时既是缩孔也是气孔。

任何形态的缩孔或缩松都会减小铸锭受力的有效面积，并在缩孔和缩松处产生应力集中，因而显著降低铸锭的机械性能。加工时缩松一般可以压合，但聚集有气体和非金属夹杂物的缩孔不能压合，只能伸长，甚至造成铸锭沿缩孔轧裂或分层，在退火过程中出现起皮起泡等缺陷，降低成材率和产品的表面质量。

产生缩孔和缩松的最直接原因，是金属液凝固时发生的凝固体收缩。因此，有必要了解收缩过程及其影响因素。

7.2.1 金属的凝固收缩

凝固过程中金属的收缩包括凝固前的液态收缩、由液态变为固态的凝固收缩及凝固后的固态收缩。液态及凝固收缩常以体积的变化率来表示，称为体收缩率 ε_V。固态收缩常以直线尺寸的变化率来表示，称为线收缩率 ε_L。当金属的温度从 T_1 降到 T_2 时，体收缩率和线收缩率分别为

$$\varepsilon_V = \frac{V_1 - V_2}{V_1} \times 100\% = \alpha_V (T_1 - T_2) \times 100\% \tag{7.1a}$$

$$\varepsilon_L = \frac{L_1 - L_2}{L_1} \times 100\% = \alpha_L (T_1 - T_2) \times 100\% \tag{7.1b}$$

总的体收缩率为：

$$\Sigma\varepsilon_V = \varepsilon_{V液} + \varepsilon_{V凝} + \varepsilon_{V固} \tag{7.2}$$

式（7.1）中，V_1 和 V_2、L_1 和 L_2 分别为金属在 T_1 和 T_2 时的体积和长度；α_V 和 α_L 分别为金属在（$T_1 - T_2$）温度范围内的平均体收缩系数和线收缩系数，通常 $\alpha_V \approx 3\alpha_L$。式（7.2）中，$\varepsilon_{V液}$、$\varepsilon_{V凝}$、$\varepsilon_{V固}$ 分别是液态、凝固和固态的体收缩率。

纯金属和共晶合金的凝固体收缩只是相变引起的，故 $\varepsilon_{V凝}$ 与温度无关。具有一定结晶温度范围的合金，凝固体收缩是相变和温度变化引起的，故其 $\varepsilon_{V凝}$ 与结晶温度范围有关，

因而与合金成分有关。这类合金的固态收缩并非是凝固完成后才开始的。如图 7-7 所示，当温度下降至液相线下的点划线时，枝晶数量增多，彼此相连构成连续的骨架，此时铸锭中已有 55%～70%的固相，便开始线收缩。由图可见，合金线收缩开始温度与其成分有关，故合金的线收缩率也与合金成分有关。

收缩是产生缩孔、缩松、应力、热裂、冷裂和变形等缺陷的基本原因，也是金属的一个十分重要的铸造特性。

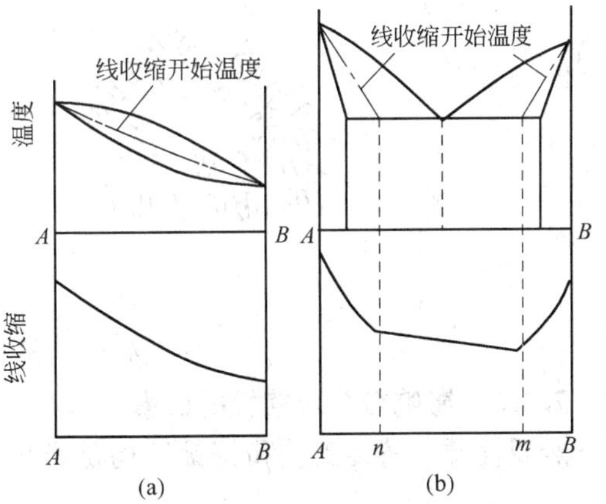

图 7-7　合金线收缩开始温度及线收缩与成分的关系

7.2.2　缩孔与缩松的形成

集中缩孔（简称为缩孔）是铸锭在顺序凝固的条件下，由金属的体收缩引起的，其形成过程如图 7-8 所示。金属浇入锭模后，凝固主要是由底向上和由外向里逐层地进行，经过一段时间后便形成一层凝壳，由于液态和凝固收缩，因而液面下降。以后随着温度的继续降低，凝壳一层一层地加厚，液面不断降低，直至凝固完成为止，在铸锭最后凝固的中上部，形成一个如图 7-8（e）所示的倒锥形缩孔。在连铸条件下，停止浇注后的情况亦如此，但这种缩孔的大小（容积）取决于液穴的容积，后者大则前者也大。缩孔容积 $V_{孔}$ 为

$$V_{孔}=V_{液}\left[\alpha_{V液}(T_p-T_s)+\varepsilon_{V凝}-\frac{1}{2}\alpha_{V固}(T_s-T_f)\right] \tag{7.3}$$

式中，$\alpha_{V液}$ 为液态金属在（T_p-T_s）温度范围内的平均体收缩系数；$\alpha_{V固}$ 为固态金属在（T_s-T_f）温度范围内的平均体收缩系数；T_p、T_s 和 T_f 分别为浇温、凝固温度和铸锭的表面温度。该式表明，固态收缩减小 $V_{孔}$。因此，形成缩孔的基本原因是合金的液态和凝固收缩大于固态收缩。

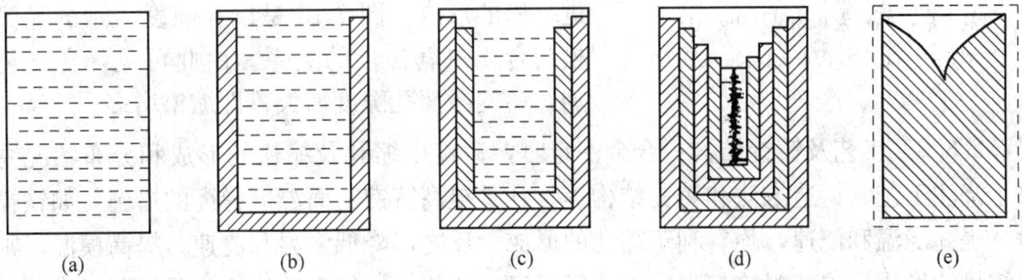

图 7-8　集中缩孔形成过程示意图

综上所述，集中缩孔是在顺序凝固条件下，因金属液态和凝固体收缩造成的孔洞得不到金属液的补缩而产生的。缩孔多出现在铸锭的中部和头部，或铸件的厚壁处、内浇口附近以及两壁相交的“热节”处。

形成缩松的基本原因同于缩孔，但形成的条件有所不同。缩松是在同时凝固的条件下，最后凝固的地方因收缩造成的孔洞得不到金属的补缩而产生的。缩松分布面广，铸锭轴线附近尤为严重。晶界缩松的形成如图 7-9 所示。

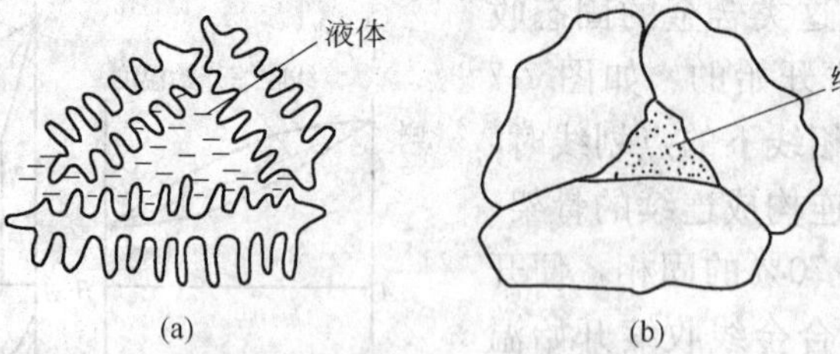

图 7-9　晶界缩松形成过程示意图

7.2.3　影响缩孔及缩松的因素

金属性质、铸锭工艺和铸锭结构是影响缩孔及缩松的主要因素。下面将分别予以讨论。

7.2.3.1　金属性质　由式（7.3）知，金属$\alpha_{V液}$和$\alpha_{V凝}$越大，则缩孔的容积越大；$\alpha_{V固}$大，则缩孔可减小。当温度梯度一定时，合金的结晶温度范围愈小，则凝固区愈窄，铸锭形成集中缩孔的倾向愈大；反之，结晶温度范围大，则凝固区宽，等轴晶发达，补缩困难，形成缩松的倾向大。例如，LF21，H62 及铝青铜等结晶温度范围较窄的合金，其铸锭中多产生缩孔；LD2，LY12，锡磷青铜及高镁铝合金等结晶温度范围宽的合金，其大圆锭最易产生缩松。吸气性强，易氧化生渣的硅青铜等，铸锭中产生缩松的倾向也较大。因为在凝固过程中析出的气体经扩散而转入晶界或枝晶间残余液体中，造成局部地方气体过饱和并形成气泡，使局部地方气压增大，阻碍金属液的流动和补缩，故有利于缩松的形成。氧化渣也会阻碍金属液的流动和补缩，故同样促进缩松的形成。图 7-10 是以孔隙度表示的显微缩松与合金中氢含量的关系。由此可见，含气量增加，铸锭断面孔隙度增大，即缩松增多。

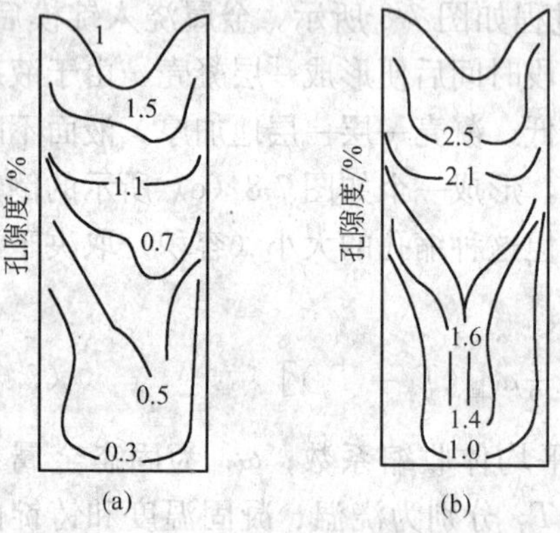

图 7-10　Al-8%Si 合金圆锭中的等孔隙度曲线

氢含量：(a) 为 0.3ml/100g Al；(b) 为 0.45ml/100g Al

7.2.3.2　工艺及铸锭结构　合金一定时，铸锭中缩孔及缩松的形成和分布状况主要取决于浇注工艺、铸造方法和铸锭结构等。凡是提高铸锭断面温度梯度的措施，如铁模铸锭时，提高浇温和浇速，均有利于缩孔的形成；反之，降低浇温和浇速，提高模温，则有利于缩松的形成。连铸时冷却强度大，凝固区通常较窄，但由于浇注与凝固同时进行，因而不产生缩孔，缩松一般也较少。但对于大型铸锭，其中部热量的散失主要由凝壳的导热能力来决定，故冷凝较缓慢，导致中部凝固区变宽并进行同时凝固，所以连铸时也易于形成缩松。铸锭尺寸越大，形成缩松的倾向也越大。即使结晶温度范围较小的 H62 和 HPb59-1 合金，连铸生产的大型铸锭中部也易于形成缩松，而用铁模生产的小型铸锭，缩松却很少。对于大型铸锭，不管合金的导热性和结晶温度范围如何，提高浇温和浇速，均会促使铸锭中部的缩松增多；浇注时供流集中、结晶器高、液穴深，不利于补缩，也易于形成缩松。

7.2.4 防止缩孔及缩松的途径

防止缩孔及缩松的基本途径，是根据合金的体收缩特性、结晶温度范围大小及铸锭结构等，制定正确的铸锭工艺，在保证铸锭自下而上顺序凝固的条件下，尽可能使缩松转化为铸锭头部的缩孔，然后通过人工补缩来消除。在锭模铸锭的情况下，一般要合理设计模壁厚度和锭坯的宽厚比或高径比等，必要时可采用上大下小的锭模及加补缩冒口；或在锭模头部放置由保温材料做成的保温帽，以加强补缩；适当提高浇温、降低浇速，浇注完毕随即进行补缩，都是减小缩孔并使其集中在冒口部分的有效措施。连铸易形成缩松的大型铸锭时，应先做好去气去渣精炼，务必使熔体中含气量和夹渣尽量少；采用短结晶器或低金属液面水平，适当提高浇温、降低浇速，加强二次水冷，使液穴浅平，以便尽可能使铸锭由下而上进行凝固，这样便可消除缩孔和减少缩松。

7.3 裂　　纹

大多数成分复杂或杂质总量较高，或有少量非平衡共晶的合金，都有较大的裂纹倾向，尤其是大型铸锭，在冷却强度大的连铸条件下，产生裂纹的倾向更大。在凝固过程中产生的裂纹称为热裂纹，凝固后冷却过程中产生的裂纹称为冷裂纹。两种裂纹各有其特征。热裂纹多沿晶界扩展，曲折而不规则，常出现分枝，表面略呈氧化色。冷裂纹常为穿晶裂纹，多呈直线扩展且较规则，裂纹表面较光洁。铸锭中有些裂纹既具有热裂纹特征又具有冷裂纹特征，这是铸锭先热裂而后发展成冷裂所致。

根据裂纹形状和在铸锭中的位置，裂纹又可分为许多种，如热裂纹可分为表面裂纹、皮下裂纹、晶间微裂纹、中心裂纹、环状裂纹、放射状裂纹等；冷裂纹可分为顶裂纹、底裂纹、侧裂纹、纵向表面裂纹等。

裂纹是铸锭或加工制品成为废品的重要原因。由铸锭遗传下来的微裂纹，常常还是制品早期失效的根源之一，在使用中可能造成严重事故。因此，在铸锭生产中如何防止裂纹，是一个值得研究的重要课题。产生裂纹最直接的原因是铸造应力的破坏作用。所以下面首先简要介绍应力产生的原因。

7.3.1 铸造应力的形成

铸锭在凝固和冷却过程中，收缩受到阻碍而产生的应力称为铸造应力，按其形成的原因，可分为热应力、相变应力和机械应力。

热应力是铸锭凝固过程中温度变化引起的。凝固开始时，铸锭外部冷得快，温度低，收缩量大；内部温度高，冷得慢，收缩量小。由于收缩量和收缩速率不同，铸锭内外层之间，便会互相阻碍收缩而产生应力。温度高收缩量小的内层会阻碍温度低收缩量大的外层收缩，使外层受拉应力，收缩量小的内层则受压应力。在整个凝固过程中，热应力的大小和分布将随铸锭断面的温度梯度而变化。以圆锭为例，在浇速一定的情况下，铸锭拉出结晶器后，外层受二次水冷而强烈收缩，但此时内层温度高收缩量小，阻碍外层收缩并使之受拉应力，内层则受压应力，如图 7-11 (a) 所示。当经过时间 T_1 和 T_2 以后，铸锭外部温度已相当低、冷却速度小，中部温度高冷却速度快、收缩量大，会受外部阻碍而受拉应力，外部则受压应力。此时应力分布与铸锭刚拉出结晶器的情况正好相反，如图 7-11 (b) 所示。铸锭在以后的冷却过程中，中部冷却速度降低，但仍大于外部，故铸锭断面的应力符号不变，只是应力有所增大[图 7-11(c)]。扁锭的应力分布有所不同，大面的冷

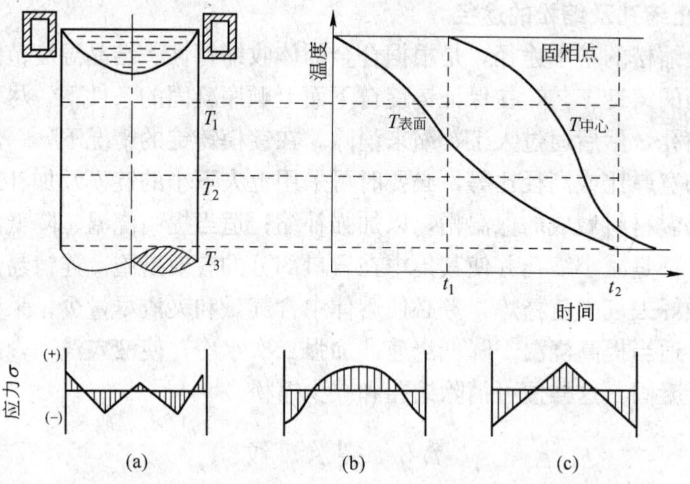

图 7-11　连铸圆锭中温度和应力分布示意图

却速度低于小面，大面中部冷得慢受压应力，小面、棱边及底部冷得快受拉应力。

热应力大小一般可用下式来表示：

$$\sigma_{热} = E \cdot \varepsilon_L = E\alpha_L(T_1 - T_2) \tag{7.4}$$

式中，E 为弹性模量；（$T_1 - T_2$）为铸锭断面两点间的温度差。

该式表明，金属性质和铸锭条件是影响热应力 $\sigma_{热}$ 大小的两个主要因素。金属的弹性模量和线收缩（膨胀）系数大，铸锭中 $\sigma_{热}$ 大；金属的导热性差，铸锭断面的温度梯度大，则 $\sigma_{热}$ 大。连铸时提高浇温和浇速，铸锭断面的温度梯度会增大，$\sigma_{热}$ 也增大。连铸高合金化的大锭，要特别注意热应力的产生。锭模铸锭时，浇温和模温高，模壁冷却能力降低，铸锭各部分温度较均匀，因而有利于减小 $\sigma_{热}$。铸锭结构对热应力的影响前已述及，这里还须指出，扁锭中的热应力分布还与宽厚比有关。宽厚比大，小面所受的拉应力也大；当宽厚比不变而铸锭尺寸增大时，应力分布状况不变，只是总的应力会增大。当宽厚比趋近于一时，则与圆锭的情况基本相同，即铸锭中心受拉应力。

具有固态相变的合金，在冷凝过程中铸锭各部分由于散热条件的不同，达到相变温度的时间也不同，各部分相变的程度、新旧相比容的不同，引起铸锭不均匀收缩而产生的应力称为相变应力。例如，有新相析出的 LY11 合金，在浇口处往往易产生拉应力而导致顶裂。因金属粘附于模壁或结晶器变形、内表面粗糙、润滑不良等使铸锭发生悬挂，由此引起铸锭收缩受阻而产生的应力称为机械应力。当上述两种应力符号与热应力符号相反时，可使铸锭中应力相互抵消或减小。当上述三种应力同时存在于同一区域并且都为拉应力时，则破坏作用更大。

7.3.2　热裂形成机理及影响因素

7.3.2.1　热裂形成机理　热裂是在线收缩开始温度至非平衡固相线温度范围内形成的。热裂形成机理主要有液膜理论、强度理论及裂纹形成功理论。

液膜理论认为，铸锭的热裂与凝固末期晶间残留的液膜性质及厚度有关。此时若铸锭收缩受阻，液膜在拉应力作用下被拉伸，当拉应力或拉伸量足够大时，液膜就会破裂，形成晶间热裂纹，如图 7-12 所示。这种热裂的形成取决于许多因素，其中液膜的表面张力

和厚度影响较大。当作用力垂直于液膜时，将液膜拉断所需拉力 P 为

$$P=\frac{2\sigma F}{b} \qquad (7.5)$$

式中，σ 为液膜的表面张力；F 为晶体与液膜的接触面积；b 为液膜厚度。

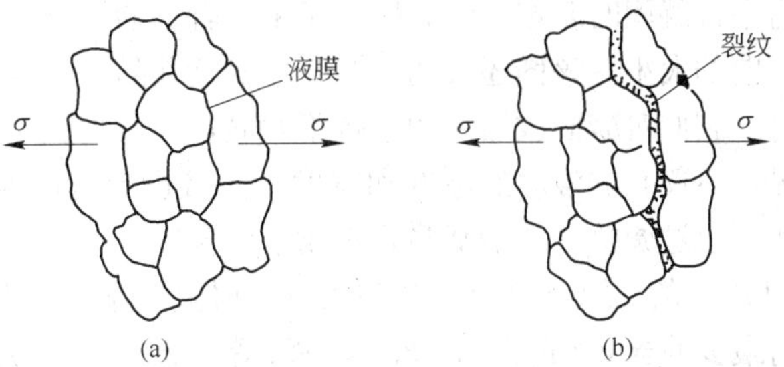

图 7-12 晶间有液膜时热裂形成示意图

(a) 形成液膜；(b) 形成晶间裂纹

该式表明，把液膜拉断所需要的力与液膜的表面张力及晶体与液膜的接触面积成正比，而与液膜厚度成反比。液膜的表面张力与合金成分及铸锭的冷却条件有关。液膜厚度取决于晶粒的大小。晶粒细化，晶粒表面积增大，单位晶粒表面积间的液体减少，因而液膜厚度变薄，铸锭的抗热裂能力增强。随着低熔点相增多，液膜变厚，即凝固末期晶间残留较多液体时，在收缩力和液体静压力作用下，产生的热裂纹可能被液体充填而愈合。这可由热裂纹内往往富集有低熔点偏析物得到证明。

强度理论认为，合金在线收缩开始温度至非平衡固相点间的有效结晶温度范围内，强度和塑性极低，故在铸造应力作用下易于热裂。

通常，有效结晶温度范围愈宽，铸锭在此温度下保温时间愈长，热裂愈易形成。

裂纹形成功理论认为，热裂通常要经历裂纹的形核和扩展两个阶段。裂纹形核多发生在晶界上液相汇集处。若偏聚于晶界的低熔点元素或化合物对基体金属润湿性好，则裂纹形成功小，裂纹易形核，铸锭热裂倾向大。例如，Bi 的熔点低（271℃），几乎不溶于 Cu，与 Cu 晶粒的接触角几乎为零，润湿非常好，可连续地沿晶界分布，故 Cu 中有 Bi 时，裂纹形成功小，铸锭的热裂倾向大。因此，紫铜中 Bi 含量一般不允许超过 0.002%。据研究，凡是降低合金表面能的表面活性元素，如铜合金中的 Bi、As、Sb、Pb，铝合金中的 Na，钢中的 S、P、O，都会使合金的热裂倾向增大。

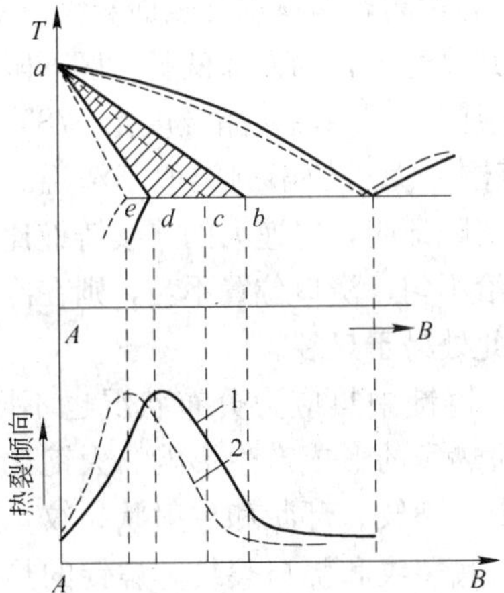

图 7-13 有效结晶温度范围及热裂倾向与成分关系示意图

ab—在平衡条件下的线收缩开始温度；
ac—在铸造条件下的线收缩开始温度；
ad，ae—分别为平衡固相线和非平衡固相线；
1，2—平衡和铸造条件下的热裂倾向曲线

必须指出，并非收缩一受阻，铸锭就会产生热应力，就会热裂。如果金属在有效结晶温度范围内，具有一定的塑性，则可通过塑性变形使应力松弛而不热裂。例如，铝合金的延伸率只要大于 0.3%，铸锭就不易热裂。

7.3.2.2 影响热裂的因素　影响铸锭热裂的因素很多，其中主要的有金属性质、浇注工艺及铸锭结构等。

合金的有效结晶温度范围宽，线收缩率大，则合金的热裂倾向也大。有效结晶温度范围和线收缩率均与合金成分有关，故合金的热裂倾向也与成分有关，如图 7-13 所示。由图可知，非平衡凝固时的热裂倾向

与平衡凝固时基本一致，因此可根据合金的平衡凝固温度范围大小粗略地估计合金的热裂倾向的大小。该图还表明，成分愈靠近共晶点合金，热裂倾向愈小。当合金元素含量较低时，它们对凝固收缩率的影响不明显，但对高温塑性的影响则较大。因其沿晶界的偏聚状况，不仅影响液膜的厚度和宽度，而且也影响晶粒的形状和大小，进而影响到塑性。因此，通过调整合金中某些元素或杂质含量，可以改变铸锭热裂倾向的大小。如用99.96% Al配制的Al-Cu合金，含0.2%Cu时热裂倾向最大，而用99.7%Al配制的合金，热裂倾向最大的含Cu量为0.7%。Cu-Si等合金也有类似的情况。可见，用低品位金属配制的合金，热裂倾向反而小些。这是由于用高品位金属配制的合金中，含有少量非平衡共晶分布于晶界，降低了合金的强度和伸长率所致。但当上述铝合金中的Cu增加时，凝固末期晶间的共晶量增多，即使出现裂纹也可得到愈合，故热裂倾向降低，以致铸锭不裂或少裂。据研究，大多数铝合金都有一个与成分相对应的脆性区，如LY11的脆性区在0.1%～0.3%Si内，而LY12在0.4%～0.6%Si内。一些铝合金的脆性区温度范围列于表7-2。因为在脆性区温度范围内，合金处于固液状态，强度和塑性都较低，所以脆性区温度范围大，合金热裂倾向也大。通过适当调整成分和工艺，可提高合金在脆性区温度范围内的强度和塑性，提高其抗裂能力，铸锭也可能不热裂。

表7-2　一些铝合金的脆性区温度范围

合　金	结晶温度范围/℃	热裂开始温度/℃	热裂终止温度/℃	脆性区温度范围/℃
LY12	638～506	590～500	524～477	580－514＝66
LC4	638～476	620～575	590～470	610－550＝60
LC6	632～446	620～520	600～475	602－555＝47
LF21	659～657	654～653	650～605	658－625＝33

脆性区温度范围还与浇注工艺有关。浇温高，往往提高脆性区上限温度。如LC4，由720℃过热到820℃浇注，脆性区上限温度提高15℃。浇温过高，紫铜扁锭表面裂纹严重。提高冷却速度，由于非平衡凝固会改变共晶成分和降低共晶温度，因而降低脆性区下限温度。如含有Cu、Si的铝合金，冷却速度由20℃/s提高到100℃/s，共晶温度由578℃降到525℃，即降低了脆性区的下限温度，扩大其温度范围。浇速的影响类似于浇温。所以，浇温浇速过高、冷速过快会增大铸锭的热裂倾向。实践证明，冷速大的连续铸锭比铁模铸锭的热裂倾向大得多。连铸时若冷却水和润滑油供给不匀，浇口位置不当，则在冷却速度小或靠浇口的地方，凝壳较薄，在热应力作用下，此处易于热裂。

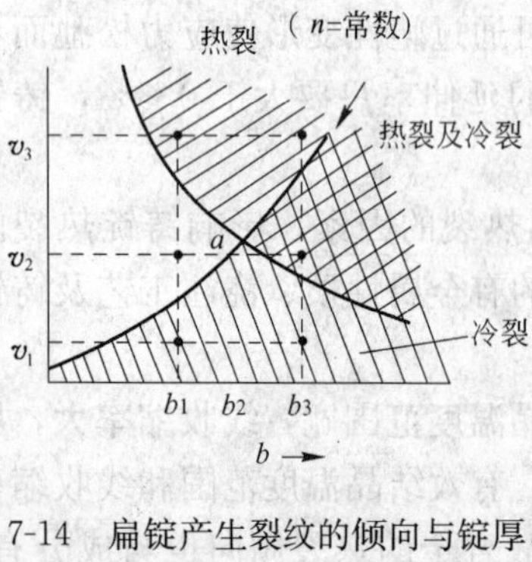

图7-14　扁锭产生裂纹的倾向与锭厚、宽厚比及浇速的关系

铸锭结构不同，铸锭中热应力分布状况也不同，故铸锭的结构必然对热裂的形成产生影响。大锭比小锭易热裂，圆锭多中心裂纹、环状和放射状裂纹，扁锭最易产生侧裂纹、底裂纹和浇口裂纹。扁锭的热裂还与锭厚及其宽厚比有关。如图7-14所示，当浇速及宽厚比一定时，随锭厚增大，热裂倾向增大。由图还可看出，当锭厚一定时，热裂倾向随浇速增大而增大。例如锭厚为b_3、浇速为v_1时，可能产生冷裂而不产生热裂；v_2时则可能产生冷裂也可能产生热裂；v_3时则只产生热裂。

以上分别讨论了影响热裂的主要因素。但为了有效地防止热裂的产生，必须对不同合金锭中不同类型裂纹产生的原因作具体分析。例如，中心裂纹和浇口裂纹是在浇温和浇速高、冷却强度大的情况下，从液穴底部开始形成并逐渐发展起来的，甚至可延伸至径向的$\frac{1}{3}\sim\frac{1}{2}$处，严重时甚至可以从头到尾、从中心到边缘整个铸锭开裂，造成通心裂纹或劈裂。连续铸造的QSi3-1、HPb59-1及LF21圆锭，产生通心裂纹的倾向较大。成分复杂的LY12、LC4、HA166-6-3-2、HA159-3-2、HA177-2等圆锭，当冷却强度大且不均匀时，中心裂纹常沿径向扩展，以致造成劈裂。环状裂纹是在结晶器出口处水冷不匀，破坏了液穴和凝壳厚度的均匀性情况下，在柱状晶区和等轴晶区相接的弱面处，在径向和轴向拉应力共同作用下形成的。环状裂纹多是不连续的，且与氧化夹渣的分布有关。放射状裂纹多在浇温低、结晶器高或金属水平高的条件下，铸锭在结晶器出口处受喷水急冷，径向收缩受阻，在水冷较弱处产生边裂或表面裂纹，以后由外向里扩展而成的。低塑性合金圆锭的横裂是在直径大、浇温低、表面氧化渣多且有冷隔或偏析瘤等缺陷时拉裂的，即主要由机械应力造成的。LC4、LY12及铍青铜扁锭的侧裂与圆锭的横裂原因类似，并与大面及小面冷却不匀、结晶器变形和表面夹渣较多等有关。

7.3.3 冷裂的形成及影响因素

冷裂一般是铸锭冷却到温度较低的弹性状态时，因铸锭内外温差大、铸造应力超过合金的强度极限而产生的，并且往往是由热裂纹扩展而成的。

铸锭是否产生冷裂，主要取决于合金的导热性和低温时的塑性。若合金的导热性好，凝固后塑性较高，就可不产生冷裂。高强度铝合金铸锭在室温下的伸长率若高于1.5%，便不产生冷裂。易于产生晶间裂纹的软合金，如LF21和LD2等，因其在室温下塑性较高，故虽有晶间裂纹也不致产生冷裂。合金的导热性好，可降低铸锭断面的温度梯度，故有利于降低其冷裂倾向。因为合金的导热性和塑性与成分有关，所以合金成分对冷裂的形成影响很大。例如，HA159-3-2的导热系数只有紫铜的21%，含Cu、Mg的固溶体铝合金的导热系数约为纯铝的四分之一，因此HA159-3-2比紫铜、Al-Cu-Mg合金比纯铝易于冷裂。此外，非金属夹杂物、晶粒粗大也会促进冷裂。热裂纹的尖端是应力集中处，在铸锭凝固后的冷却过程中，热应力足够大时，会促使热裂纹扩展成冷裂纹。例如，扁锭侧向横裂纹，开始时是热裂纹，其后才是冷裂纹。因小面开始时冷得比大面快，形成气隙也先于大面，铸锭刚拉出结晶器时由于温度回升，有时甚至出现局部表面重熔和偏析瘤，因而造成横向热裂纹，以后由于应力集中而发展成冷裂纹。为防止表面重熔，须提高浇速。但浇速过高，又会促进大面产生纵裂。扁锭的冷裂也与锭厚及宽厚比有关，如图7-14所示。

7.3.4 防止裂纹的途径

一切能提高合金在凝固区或脆性区的塑性和强度，减少非平衡共晶或改善其分布状况，细化晶粒，降低温度梯度等因素，皆有利于防止铸锭热裂和冷裂。工艺上主要是通过控制合金成分，限制杂质含量以及选择合适工艺相配合等办法，来防止铸锭产生裂纹。

7.3.4.1 合理控制成分　连续铸锭中存在的多数裂纹，特别是高合金化或多元合金铸锭中的裂纹，往往既是热裂纹又是冷裂纹。实践证明，控制合金成分及杂质限量是解决大型铸锭产生裂纹的有效方法之一。如工业纯铝的含Si量大于Fe，则因生成熔点为574.5℃的α(Al)+Si+β(AlFeSi)三元共晶分布于晶界而易热裂，但含Fe>Si时，因在

629℃产生包晶反应 $FeAl_3+L=\alpha(Al)+\beta(AlFeSi)$ 而完成凝固，提高了脆性区的下限温度，即缩小了脆性区温度范围，故不产生热裂。LF21 中含 Si>0.2%且多于 Fe 时，常易产生热裂，是因为形成熔点为 575℃的三元共晶 $\alpha(Al)+T(Al_{10}Mn_2Si)+Si$ 分布于晶界所致；而含 Fe>Si 时，热裂倾向降低，是因形成 $Al_{10}(FeMn)_2Si$，减少了游离 Si 和三元共晶之故；但加 Fe 过多，形成大量化合物初晶，降低流动性和塑性，会增大热裂倾向。因此要防止裂纹，必须将合金元素及杂质含量控制在少于或大于最易形成裂纹的临界共晶量以外，以避开其脆性敏感范围，并尽量避免形成有害的化合物。铸锭尺寸大，杂质含量宜低。如铝合金圆锭直径增大，则含 Si 量应降低。有些铝合金，如 LC4 的大型扁锭，仅控制铁硅比有时仍不能完全消除裂纹，还须从提高塑性的观点去调整其他成分，并配合适当的浇注工艺等才能防止裂纹。LC4 中的 Cu、Mn 含量取中下限，Mg 和 Zn 取中上限，并使 Mg∶Si>12，Fe>Si，就可降低大扁锭的热裂倾向。因为降低 Cu 含量可减少非平衡共晶，调整 Mn、Mg、Zn 含量可改善其塑性。一些铝合金宜控制的 Fe、Si 含量列于表 7-3。

表 7-3　可使一些铝合金连续铸锭不裂的铁硅含量（%）

合　金	Fe	Si	备　　注
LF2	0.2～0.25	0.1～0.15	Fe 比 Si 多 0.05～0.1，ϕ190 以下的铸锭不控制
LF21	0.25～0.45	0.2～0.4	Si≈0.2 时，可取 Fe=Si，扁锭应 Fe 比 Si 多 0.03～0.05
LY11	0.3～0.5	0.4～0.6	Fe<Si，但 ϕ190 以下的铸锭不控制
LY12	0.33～0.40	0.28～0.35	Fe 比 Si 多 0.05，但 ϕ190 以下的铸锭不控制
LC4	0.35～0.44	<0.25	LC3、LC5、LC6 均要求 Fe>Si
工业纯铝	0.25～0.40	0.2～0.35	Fe 比 Si 多 0.01～0.05

7.3.4.2　选择合适的工艺措施　采用低浇温、低浇速、低金属液面水平、均匀供流及冷却等措施，均有利于防止产生通心裂纹。某些铜合金如 HPb59-1，采用高浇速、低水压、小喷水角等拉“红锭”的措施，使铸锭在拉出结晶器后较远处才水冷，可防止中心裂纹。用短结晶器或低金属水平、低浇速、均匀冷却的方法，可防止环状裂纹。短结晶、低金属水平、高浇速及均匀水冷，可使铸锭外层在水冷收缩时内部具有较高塑性，以减小对外层的阻力，可防止放射状裂纹。利用热解石墨结晶器，有利于防止易氧化铜合金水平连续铸锭的表面横向裂纹。选择较大锥度和高度的芯子，正确安装芯子和芯杆，采用低浇速、低水压的方法，可消除含铜锻铝空心锭的径向裂纹。宽厚比较大、塑性较差的铝合金扁锭，采用小面带切口的结晶器，提早水冷，加大小面的冷速，以防表面重熔或温度回升而形成反偏析瘤，可防止表面横向侧裂纹和纵裂纹。

7.3.4.3　变质处理　在合金成分及杂质含量不便调整时，可加适量变质剂进行变质处理，以减少低熔点共晶量并改善其分布状况，细化晶粒，也能降低铸锭产生裂纹的倾向。如 H68 铸锭中含 Pb≥0.02%～0.04%时易裂，加入 Ce、Zr、B 等可防止裂纹；铝合金加入 Ti 或 Ti+B，镍及其合金加 Mg、Ti，镁合金及铜合金加入 Zr、Ce 和 Fe 等进行变质处理，均可减少裂纹。

7.4　气　　孔

气孔一般是圆形的，表面较光滑，据此可与缩孔及缩松相区别。加工时气孔可被压缩，但难以压合，常常在热加工和热处理过程中产生起皮起泡现象。这是铝及其合金最常见的缺陷之一。

根据气孔在铸锭中出现的位置，可将其分为表面气孔、皮下气孔和内部气孔三类，如图 7-15 所示。QBe2 及 QSi3-1 铸锭内部气孔往往是沿铸锭整个断面分布的满面气孔。LY12 及 LC4 铸锭内部气孔，多沿晶界缩松分布，形成缩松气孔。HPb59-1 及 QZn15-20 铸锭常常在表皮下 20～30 毫米处形成皮下气孔，并沿柱状晶生长方向呈细长状分布。QCd1.0 等铸锭的皮下气孔，常出现在离表皮 5～10 毫米处，多与表面缺陷相连。铁模铸锭易产生表面气孔，连续铸锭易产生皮下气孔。

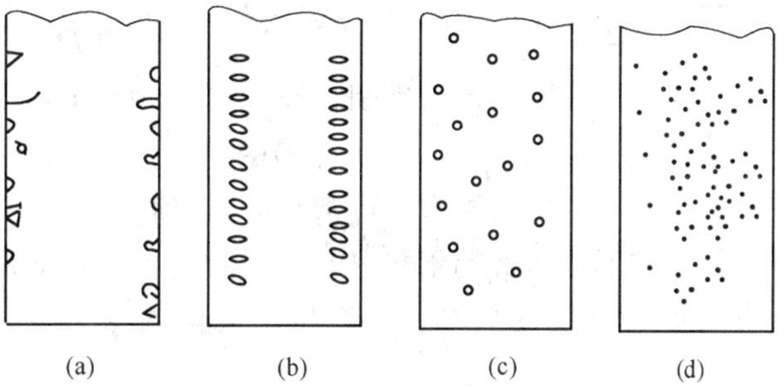

图 7-15　铸锭断面气孔分布状况示意图

(a) 表面气孔；(b) 皮下气孔；(c) 内部满面气孔；(d) 内部缩松气孔

根据气孔的形成方式又可分为析出型气孔和反应型气孔两类。下面将分别讨论其形成过程及影响因素。

7.4.1　析出型气孔

溶解于金属液中的气体，其溶解度一般随温度降低而减小，因而会逐渐析出来。析出的气体或是通过扩散达到金属液表面而逸出，或是形成气泡后上浮而逸出。但由于液面有氧化膜的阻碍，且凝固较快，气体自金属液内部扩散逸出的数量极为有限，故多以气泡的形式上浮逸出。在凝固速度大或有枝晶阻拦时，形成的气泡来不及上浮逸出，便留在铸锭内成为气孔。

为使溶于金属中的气体析出并形成气泡，要求气体有一定的过饱和度。在实际生产条件下，由于铸锭冷却速度较大，因而允许不产生气孔的气体过饱和度也较大。如铝及铝合金铁模铸锭时，[H] 的过饱和度可高于其平衡浓度的 10～15 倍；连续铸锭时，[H] 的过饱和度可高于其平衡浓度的 20～30 倍。这表明，冷却速度越大，气体析出越不容易。同时，在正常情况下经过精炼去气后，金属液的含气量多低于其平衡浓度，但何以还会有气体析出产生气孔呢？这可用溶质偏析和非均质形核理论予以解释。

金属在凝固过程中，可以认为气体溶质只在液相中存在有限扩散，而在固相中的扩散可忽略不计，这样式（5.5）就可用来描述金属液中气体浓度 C_L 的分布：

$$C_L = C_0\left[1 + \frac{1-k}{k}\exp\left(-\frac{R}{D_L}x\right)\right] \tag{7.6}$$

式中，C_0 为金属液中气体原始浓度；k 为气体在金属中的平衡分布系数；R 为凝固速度；D_L 为气体在金属液中的扩散系数；x 为离开固/液界面的距离。

该式表示的气体在金属中的浓度分布如图 7-16 所示。在固/液界面处，液相中气体浓

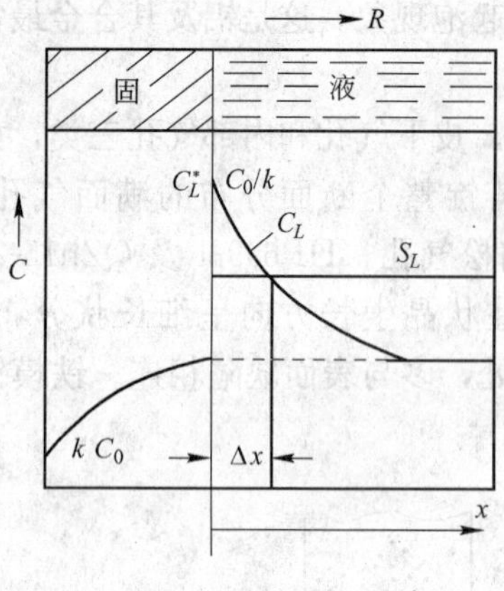

图 7-16　凝固时气体浓度的分布

度 $C_L^* = C_0/k$ 最高。设液相中气体浓度 C_L 大于某一过饱和度 S_L 时，才析出气泡，则大于 S_L 的气体富集区 Δx 可由式（7.6）求出：

因为　　$x = \Delta x$ 处, $C_L = S_L$

所以　　$$\Delta x = \frac{D_L}{R}\ln\left[\frac{C_0(1-k)}{k(S_L - C_0)}\right] \tag{7.7}$$

析出气泡还取决于 Δx 存在的时间 Δt，Δt 愈长即凝固愈缓慢，愈有利于析出气泡。由该式可知：

$$\Delta t = \frac{\Delta x}{R} = \frac{D_L}{R^2}\ln\left[\frac{C_0(1-k)}{k(S_L - C_0)}\right] \tag{7.8}$$

上面各式表明，原始气体浓度 C_0、凝固速度 R 是影响 Δx、Δt 和 C_L 分布的主要因素。R 大，则 Δx 变小，不析出气泡的过饱和度 S_L 值变大。

像液体结晶一样，气泡的形成也经历形核和长大过程，但气泡的形成不仅与温度和浓度有关，而且与压力有着更为密切的关系。只有析出气体的压力 p 大于外部总压力时，才有可能形成气泡，即

$$p > \Sigma P_{外} = P_0 + H \cdot \rho \cdot g + \frac{2\sigma}{r} \tag{7.9}$$

式中，P_0 为大气压；H 为气泡至液穴表面的高度；ρ 为金属液密度；g 为重力加速度；σ 为金属液表面张力；r 为气泡半径。

若 $p < \Sigma P_{外}$，则不会析出气泡，气体将呈固溶状态存在于铸锭中；若 $r \to 0$，$(2\sigma/r) \to \infty$，也不能析出气泡。因此，析出气泡必须有一定的气体过饱和度及有大于一定尺寸的气泡核。由于气体原始浓度 C_0 一般较小，而凝固速度通常又较大，因而仅靠气体偏析来增大固/液界面前沿浓度，促使气泡均质形核是非常困难的，甚至是不可能的。如 700℃ 时，铝液的表面张力为 0.9N/m，则在铝液中形成半径为 0.01μm 的氢气泡核，要求析出氢气的压力 p_{H_2} 大于 180MPa，或要求铝液中的氢含量[H]>42cm³/100g Al，而此时固/液界面处可能的最大浓度[H]只有 7.5cm³/100g Al，最大压力 p_{H_2} 只有 5.76MPa。又如钢液中形成半径为 10^{-7}cm 数量级的 CO 气泡核，则需要 p_{CO}>520MPa，而凝固时最大析出压力 p_{CO} 只有 42MPa。因此实际上析出气泡都是非均质形核的，如模壁、晶体、夹杂物、浇注时卷入的气泡等均可作为析出气泡的气泡核。气泡核形成之后，溶解在金属液中的气体由于其分压差而自动向气泡内扩散，使气泡不断长大。当气泡长大到一定临界尺寸时，便脱离它所附着的基体而上浮。临界尺寸的大小取决于气泡浮力和气泡保持在基体上的附着力，二者相平衡时得

$$A_1(\rho_m - \rho_g)d_0^3 = A_2\sigma d_0$$

则
$$d_0 = A\sqrt{\frac{\sigma}{\rho_m - \rho_g}} \tag{7.10}$$

式中，d_0 为气泡脱离基体时的临界直径；ρ_m、ρ_g 为基体和气体的密度；A 为常数。

A 值与气泡对晶体或其他基体的润湿能力有关，润湿良好，润湿角 θ 小，A 值小，σ 小，则气泡脱离基体的 d_0 值小。通常取 $A \approx 0.02\theta$。

脱离基体上浮的气泡能否在铸锭中形成气孔，则与许多因素有关。C_0 大，界面前沿

C_L 大，一般易于形成气孔；冷却强度大，凝固速度快，凝固区窄，枝晶不发达不易封住气泡。且 Δx 和 Δt 小而 S_L 又增大，则不易形成气孔；合金结晶温度范围宽，凝固区宽，枝晶发达，Δx 和 Δt 较大，则不利于气泡上浮而易于聚集长大成气孔，尤其易于形成枝晶间的缩松气孔。锡磷青铜、锡锌铅青铜和 LC4、LY12 及高镁铝合金、镁合金等最易形成缩松气孔。含有降低气体溶解度或易挥发和氧化生渣元素的合金，如含 Cd、Zn、Si、Be 的铜合金，含 Cu、Si、Zn、Mg 的铝合金，都较易形成气孔。金属形成气孔的倾向可用气孔准数 η 来判断。

$$\eta = \frac{C_L - C_S}{C_S} \tag{7.11}$$

式中，C_L、C_S 为气体在液相和固相中的溶解度。

因为 $$k = C_S/C_L$$

所以 $$\eta = \frac{1-k}{k} \tag{7.12}$$

将式（7.12）代入式（7.6），并令 $x=0$，则

$$C_L = C_L^* = C_0(1+\eta) \tag{7.13}$$

可见，η 的物理意义是固/液界面处气体浓度增加的倍数。η 值愈大，C_L^* 愈大，金属产生气孔的倾向愈大。氢在一些金属中的溶解度及 k、η 值如表 7-4 所示。由表知，氢在铝中的 η 值大，所以铝及铝合金产生气孔的倾向也大。气孔是铝及铝合金铸锭生产中经常遇到而又难以完全消除的重要缺陷。据研究，结晶温度范围宽的铝合金，若浇注时金属中含 $[H] \leqslant 0.3C_L$（0.204cm^3/100g）时，便会产生缩松气孔；$[H] \leqslant 0.5C_L$（0.34cm^3/100g）时，将形成针状皮下气孔；$[H] = C_L$（0.68cm^3/100g）时，则多形成小圆孔；$[H] > 0.68$cm^3/100g 时，可形成大气孔。

表 7-4 氢在一些金属中的溶解度及 k、η 值

金 属	C_L/cm^3·100g^{-1}	C_S/cm^3·100g^{-1}	k	η
Al	0.68	0.036	0.053	17.87
Cu	6.00	2.1	0.35	1.86
Ni	39.00	17.0	0.44	1.27
Fe	23.80	14.3	0.60	0.68
Mg	26.00	18.0	0.69	0.45

防止析出型气孔的有效方法是搞好精炼去气去渣，浇注时加大冷却强度。

7.4.2 反应型气孔与皮下气孔

金属在凝固过程中，与模壁表面水分、涂料及润滑剂之间或金属液内部发生化学反应，产生的气体形成气泡后，来不及上浮逸出而形成的气孔，称为反应型气孔。

反应型气体的主要是高温下金属与水蒸气反应产生的氢气。如 Cu、C、Si、Al、Mg、Ti 等元素都可与水汽反应，生成氧化物和氢气：

$$m\mathrm{Me} + n\mathrm{H_2O} \longrightarrow \mathrm{Me}_m\mathrm{O}_n + n\mathrm{H_2}$$

溶于紫铜及铜合金液中的 $[Cu_2O]$ 与 $[H]$ 作用，产生不溶于铜的水蒸气：

$$[\mathrm{Cu_2O}] + 2[\mathrm{H}] \longrightarrow 2\mathrm{Cu} + \mathrm{H_2O(g)}$$

此外，润滑油燃烧产生的气体也是反应型气体来源之一。上述反应产生的气体使铸锭局部地方气压增大，最易产生表面气孔和皮下气孔。

二次冷却水的水蒸气、涂料和润滑油挥发产生的气体，也是产生皮下气孔的重要来源。凝固初期，反应生成的氢气和水蒸气等充填于气隙，当气压增大到超过凝壳强度及某处液体静压力时，气体便突破凝壳而进入凝固区，然后在柱状晶表面形成气泡并随柱状晶长大而长大，且因凝固速度较大，气泡往往来不及脱离柱状晶表面就被枝晶封住，而形成皮下气孔。这种气孔多呈细长状，故又称为皮下针孔。皮下气孔常常是造成紫铜及锡磷青铜等铸锭热穿孔开裂的重要原因。金属挥发形成的蒸气，也可形成皮下气孔和表面气孔。通常，含有 Be、Mg 和稀土等活性金属的合金，或含有 Zn、Cd 等易挥发金属的合金，或锭模表面有裂缝、凹坑、结晶器变形导致局部气隙过大，或模壁有水汽、涂料挥发过慢及浇温浇速过高等情况下，都有助于铸锭产生皮下气孔和表面气孔。防止皮下气孔的主要方法是：涂料、润滑油、模壁、注管、流槽、引锭座等要特别注意干燥，供流要均匀，适当减小结晶器喷水角以免水汽侵入，模壁须常清理。对于塑性较好的金属，可采用短结晶器和加大冷却强度；对于易裂合金如 QSi3-1 等，必要时可改小喷水角，适当降低二次冷却水压，并适当提高浇温或降低浇速。

7.5 非金属夹杂物

7.5.1 概述

铸锭中的氧化物、硫化物、氢化物和硅酸盐、熔剂、炉衬剥落物、涂料或润滑剂残焦等非金属夹杂物，通称为夹渣。

非金属夹杂物可以球状、多面体、不规则多角形、条状、片状等各种形状存在于晶内、晶界及铸锭局部区域内。同种夹杂物在不同合金中可能有不同形状，如 Al_2O_3 在钢中呈链式多角状，在铝合金中则呈片状或膜状。若夹杂物与金属间界面能大，则夹杂物多呈球形；反之，夹杂物多呈尖角状或薄膜状。轻金属多内部夹渣，重金属多表面夹渣。

非金属夹杂物对铸锭及其制品的机械性能影响很大。例如，Al-Mg 合金经陶瓷管过滤后，夹渣明显减少，强度可提高 50%，延伸可提高一倍以上。一些非金属夹杂物在铸锭加工过程中，沿金属流动方向拉长并展平，使金属的横向强度比纵向约低 50%，伸长率约低 90%，并使加工产品出现起皮分层缺陷。非金属夹杂物还严重降低金属的抗疲劳性能。如果夹杂物同基体金属相比，弹性模量大、膨胀系数小，则在交变应力作用下，基体金属承受的拉应力大，并在夹杂物尖角处出现应力集中，产生疲劳裂纹源。钛和钛合金锭易产生针状氢化物 TiH 夹杂物，在钛材使用过程中，裂纹常常沿着 TiH 与基体界面扩展，导致氢脆。由硫化物等组成的低熔点夹杂物分布于晶界，增大铜和镍锭的热脆性，也是造成铸锭热加工开裂的重要原因之一。非金属夹杂物的上述有害作用，与其数量、形状、大小和分布状况有关。如夹杂物呈细小球状，且弥散分布于基体中，则产生局部应力集中小，其有害作用就较低；如呈大块尖角形，且分布不均匀，则其危害就较大。但也应注意到，一些非金属化合物却起着强化及细化晶粒等有益作用，如镍基高温合金及钢中的氮化物、碳化物、硼化物是重要的强化相，能有效地改善合金的高温力学性能。TiC、TiB_2 及 CoO 等，可作为铝及镍合金的非均质晶核，细化晶粒。

7.5.2 非金属夹杂物的形成过程

非金属夹杂物按其来源可分为一次非金属夹杂和二次非金属夹杂物两类。前者是由熔体中残留的高熔点氧化物等微粒形成的，后者是在浇注过程中由金属二次氧化及凝固过程中由溶质偏析并化合而形成的。

一次非金属夹杂物从液相中析出并在液相包围下通过互相碰撞、吸附而长大，其形成过程类似于偏晶的结晶过程。由于金属液内残留的夹杂物大小、形状、密度不同，加之对流和温度起伏的作用，故夹杂物在金属液内的运动速度也不同，因而有可能相互碰撞。夹杂物相互碰撞后，能否聚集上浮，则取决于夹杂物的表面性质、大小及金属液温度等，如果夹杂物与金属液间界面能大、金属液温度高、夹杂物细小，则夹杂物易聚集长大并上浮；反之，夹杂物就可能粘连成松散的多链球状，或互不粘结地聚集成不规则形状。不同性状的夹杂物碰撞后也可组成络合物，如

$$Al_2O_3 + 2SiO_2 \longrightarrow Al_2O_3 \cdot 2SiO_2$$

夹杂物聚集在一起的过程，就是其粗化过程。夹杂物粗化后运动速度会加快，再与其他夹杂物碰撞，使细小的夹杂物附积其上而进一步长大，其组成和形状也愈来愈复杂。一些尺寸较大者可能上浮至铸锭头部而形成宏观夹杂物；细微者可能来不及聚集长大和上浮，在凝固时嵌入晶内或偏聚于晶界而形成显微夹杂物。

二次非金属夹杂物的长大过程类似于一次非金属夹杂物。由金属二次氧化形成的夹渣多出现在铸锭上表面，成为形状极不规则的宏观二次夹渣。由合金元素或杂质化合而形成的夹杂物多分布在晶内或晶界，成为显微二次夹杂物。例如，S 在 Cu 和 Ni 中的固溶度几乎为零，凝固过程中极易发生偏析，富集在枝晶间或晶界，形成 Cu_2S 和 Ni_3S_2 夹杂物。因为 S 是 Cu 和 Ni 的表面活性元素，能降低二者的表面能，且 Cu_2S 和 Ni_3S_2 与 Cu 和 Ni 能形成低熔点共晶，故多沿晶界呈薄膜状分布，常使紫铜和镍锭热裂倾向增大。

影响非金属夹杂物形成的因素很多。从工艺上讲，铁模铸锭时，如流柱长、浇速快，易产生涡流和飞溅，则二次夹渣会增多；连铸时，液穴深或注管埋入液穴过深，不利于夹渣上浮，会使夹渣增多。提高浇温虽然会增加二次氧化，但有利于夹杂物的聚集和上浮，因而有利于减少铸锭中的夹杂物。

防止或减少非金属夹杂物的有效措施，是尽可能彻底地精炼去渣，适当提高浇温和降低浇速，供流平稳均匀，工模具保持干燥等。铝合金连铸时，采用过滤法，能显著减少铸锭中的夹渣。

参 考 文 献

1 闵乃本．晶体生长的物理基础．上海：上海科学技术出版社，1982
2 胡汉起．金属凝固，冶金工业出版社，1985
3 Flemings，M.C.，关玉龙等译．凝固过程．北京：冶金工业出版社，1981
4 Uhlmann，D.R.，Chalmers，B.，Seward，T.P.，*Trans. Met. Soc.* AIME，v.236，527，1966
5 盖格，G.H.，波伊里尔，D.R.，俞景禄等译．冶金中的传热传质现象．北京：冶金工业出版社，1981
6 鲁捷斯等，B.C. 连续铸钢原理．上海：上海人民出版社，1977
7 李庆春等．铸件形成理论基础．北京：机械工业出版社，1982
8 Mrris，L.R.，Winegard，W.C.．*J. Crystal Growth*，v.5，361，1969
9 高桥恒夫等．轻金属，v.21，No7，463，1971

10 Radhakrishna, K., Seshan, S., Sehard, M. R.. AFS, Transaction, v. 1, 80, 1980
11 大野笃美，唐彦斌等译. 金属凝固学. 北京：机械工业出版社，1983
12 Cole, G. S., Bollings, G. F.. *Trans. Met. Soc.*, AIME, v. 239, 1824, 1967
13 Chalmers, B.. *Priciples of Solidification*, 1964
14 Chalmers, B.. *J. Australian Inst. Met.*, v. 8, 255, 1963
15 Jackson, K. A., Hunt, J. D., Uhlmann, D. R., Seward, T. P.. *Trans. Met. Soc.*, AIME, v. 236, 149, 1966
16 Sothin, R. T. *The Solidification of Metals*, ISI, 1968
17 Smallman, R. E., 张人佶译. 现代物理冶金学. 北京：冶金工业出版社，1980
18 Granger, D. A. Liu, John. *J. Metals*, *June*, 54, 1983
19 Mondolfo, L. F. *Aluminium Alloys: Structure and Properties*, London, 1976
20 曲英. 炼钢学原理. 北京：冶金工业出版社，1980

Ⅲ　有色金属熔铸技术

金属的熔铸方法、设备和工艺，都是随着科学技术和生产发展的需要，在实践中不断开发和完善的。熔铸的目的起初只是从液体金属铸得成形铸件，但随着生产力的发展，逐步扩大到生产锻造、轧制和挤压等所需的锭坯。今日的金属材料不仅品种繁多，而且对其成分、组织、性能、规格、尺寸公差、能耗、成本及使用寿命等都有严格的标准和要求，这为研究开发新的熔铸技术提供了依据和动力。近年来，新的熔铸方法、设备及工艺不断涌现，材料的质量和产量也有长足的进展，但还存在生产工序多、损耗大和能耗高、技术经济指标较低、成本高等问题。因此，不断开发应用新技术，有着重要的实际意义。

本篇分别介绍有色金属的熔炼和铸锭方法、主要设备及工艺的特点和存在问题，正在开发的一些新技术及思路，某些典型合金的熔铸技术特性等，以资借鉴。

8　有色金属熔炼技术

金属熔炼最早是从地坑炉和坩埚炉开始的，其后出现火焰反射炉及电阻炉，然后是电弧炉和感应电炉。从20世纪40年代以来，由于真空技术和机制技术的发展，出现了真空感应炉和真空电弧炉，它促进了高温合金的发展。50年代以来，真空电子束炉、等离子炉及电渣炉也相继被开发应用，为发展各种精密合金及难熔金属提供了条件。近年来由于能源紧张，更促进了熔炉的更新，开发了一些新技术，如竖炉、高压加氧喷射炉等快速熔炉及熔炼技术，此外还有电渣重熔、真空动态去气精炼、炉外真空去气处理、联合在线精炼、直接用电解金属液配制合金等技术。

本章主要简介几种典型熔炉的熔炼技术特点、技术经济效果及存在问题，着重讨论特种和快速熔炼技术。

8.1　坩埚炉及感应炉熔炼技术

8.1.1　坩埚炉熔炼技术特点

在加热方式上，坩埚炉和感应电炉基本相同，都是由坩埚侧面及底部加热炉料的。坩埚是用耐火材料制作的，还有用石墨、铸铁或钢板制成的。坩埚炉可使用各种燃料，熔炼各种常用金属及其合金，投资少，灵活性大，适合于品种多、产量小的机修厂用。在材料加工厂中它多用来熔制熔剂、中间合金及试制新产品等。电阻坩埚炉温度较低，升温慢。火焰坩埚炉烟尘大，污染环境，热效率低，温度不易控制，已基本上为感应电炉取代。

8.1.2　坩埚式无铁芯感应炉熔炼技术特点

感应电炉分为坩埚式无铁芯感应炉和熔沟式铁芯感应炉两种，除难熔金属以外，它们是金属合金的主要熔炼设备之一。

坩埚式感应炉的结构示于图 8-1。它是利用电磁感应和电流热效应原理而工作的。即由电磁感应使金属炉料内产生感应电流，感应电流在炉料中流动时产生热量，使炉料加热和熔化。这种炉子可达到较高的熔炼温度（1600～1800℃），加热速度快，搅拌作用强，便于更换合金品种，维修较方便，适于熔炼温度较高且不需造渣精炼的合金、中间合金及供真空重熔用的合金锭坯。其缺点是功率因素低，通常小于 0.2～0.3，须配备大量补偿电容器，以提高其电效率。中频以上的无铁芯感应炉，还需有变频装置，电气设备费较工频铁芯感应炉高，单位电耗也高。由于造渣熔剂多为非导体或不良导体，要靠金属液去加热，故温度较低不利于造渣过程。坩埚壁由于内外温差大，要承受熔体的冲刷，炉渣及熔体的侵蚀，因而使用寿命短，一般只有几十炉次。在集肤效应作用下，大部分感生电流产生在坩埚壁附近炉料的表层，故坩埚壁附近金属的温度较高，加剧了熔体与炉衬间的相互作用，导致增硅、增铁而污染熔体。为延长炉龄和防止污染，已设计出如图 8-2 所示的水冷坩埚。坩埚中的金属液在电动力作用下，液面常呈峰状突出，增加金属液的氧化损失，并将氧化渣搅入熔体内部。降低输入功率或适当增加熔体的高度，可减少这种现象。此外，随着电流频率增高，炉料表层中涡流电势和热能增大，加热速度加快。因此，小容量炉子多采用高频感应炉；随着容量增大，则宜采用低频炉。可见，无铁芯感应炉主要是向

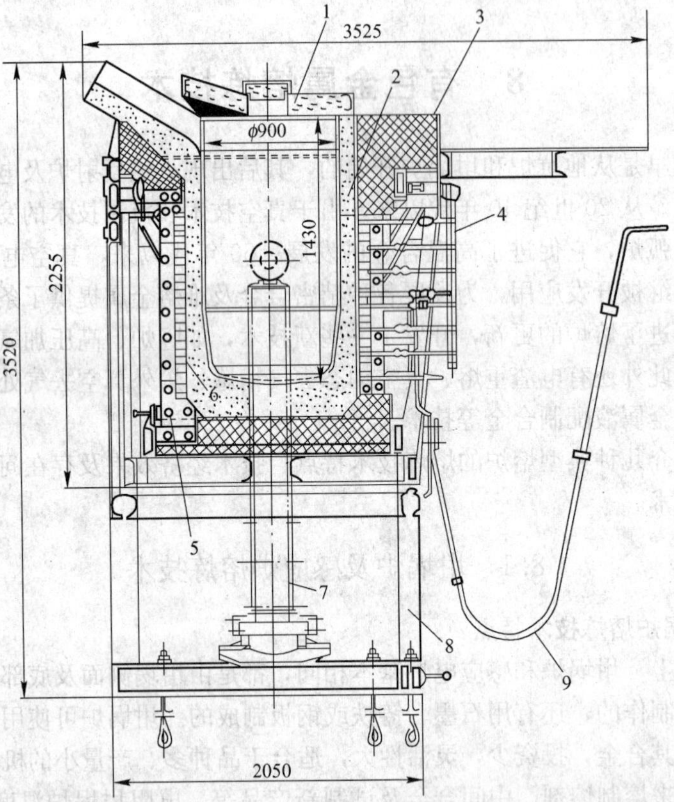

图 8-1　坩埚式感应炉结构示意图

1—炉盖；2—坩埚；3—炉架；4—冷却水管；5—磁轭；6—感应器；
7—倾动机构；8—支承架；9—电缆

低频大型化发展。

8.1.3 熔沟式铁芯感应炉熔炼技术特点

熔沟式感应炉是铜合金普遍应用的熔炉，在锌、铝及其合金生产上也得到应用。这种炉子的工作原理、技术特点和坩埚式感应炉基本相同。所不同的是用工频电，热电效率较高，电气设备费较少，熔沟部分易局部过热，炉衬寿命一般也较长，熔炼温度较低。由于熔沟中金属感生的电流密度大，加上有熔沟金属作起熔体，故熔化速率较高。炉子容量已系列化（0.3～40 吨），并正向大型化自动化发展。

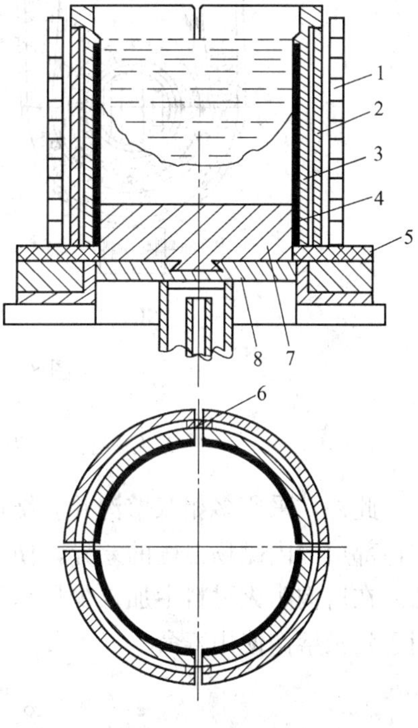

图 8-2　水冷铜坩埚结构示意图

1—感应器；2—坩埚外套；3—铜内套；4—CaF_2绝缘层；5—绝缘层；6—Al_2O_3 绝缘体；7—垫底；8—底座

熔沟式感应炉结构及工作原理见图 8-3。单熔沟感应炉的问题是熔沟中金属液流紊乱，局部过热严重。熔炼铜合金时，熔沟中与上部熔池中金属液的温差可达 100～200℃。由于熔沟底部漏泄磁场对熔沟金属施加电磁力，使产生局域性涡流而出现死区，见图 8-4（a）。常处于过热状态的熔沟金属液，在静压力作用下会渗透到炉衬的空隙中去，加上熔体的冲刷作用，因而降低炉衬寿命，甚至会穿透炉衬而造成漏炉。为克服这一缺陷，已发展出一种单向流动单熔沟，见图 8-4（b）。这种熔沟断面呈非对称椭圆形变断面结构，并由左向右上升流动。两侧熔沟断面积以 $A/B=1/1.5$ 为宜，过大熔沟易损坏；过小熔体流动慢，热交换差。单向流动熔沟中熔体流速高，不仅可减小熔沟和炉膛中熔体的温差，避免熔沟金属过热，还可缩短熔炼时间，熔炉生产率提高 10%～30%，增加炉衬寿命 0.5～1.0 倍，改善电效率，降低电耗和成本。

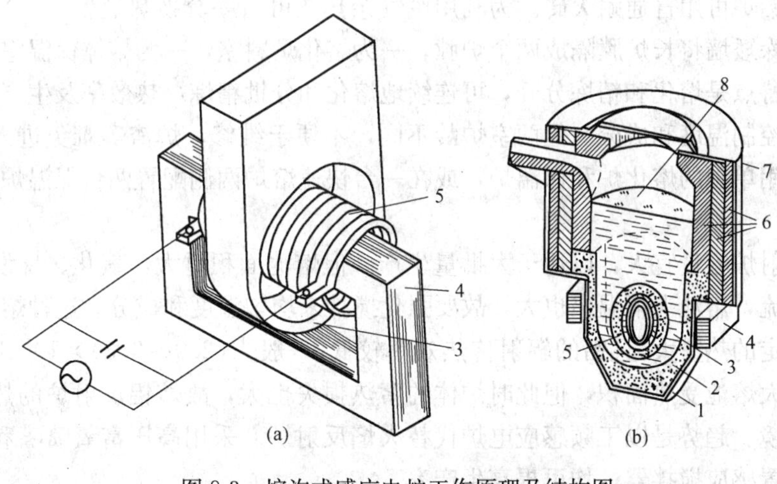

图 8-3　熔沟式感应电炉工作原理及结构图

（a）工作原理；（b）剖面结构

1—炉底；2—炉底石；3—熔沟；4—铁芯；5—感应器；6—炉衬；7—炉壳；8—熔体

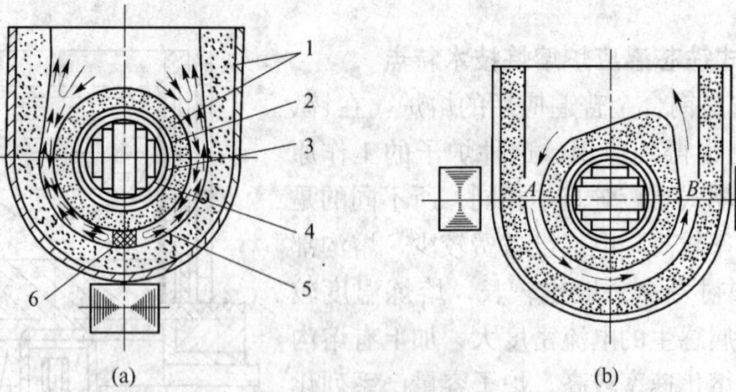

图 8-4　熔沟金属液流动情况示意图

（a）双向流动；（b）单向流动

1—耐火炉衬；2—耐火套；3—铁芯；4—感应器；5—熔沟；6—死区

此外，采用多相双熔沟并立结构，也可得到单向流动的结果。它是利用中部共用熔沟与边部熔沟内磁场强度的差异，使中部熔沟中的熔体向下流动，两侧熔沟中的熔体向上流动。在熔沟耐火材料中加入少量冰晶石粉，并将感应器外的耐火套改用水冷金属套，均有利于延长熔沟使用寿命。

8.2　反射炉熔炼技术

8.2.1　火焰反射炉熔炼技术特点

火焰反射炉是利用高温火焰经炉顶辐射及火焰直接辐射传热，来加热和熔化炉料的。现多用液体或气体燃料，温度可达 1600～1700℃。这种熔炉容量较大，多用于镁、铝、锌合金及紫铜熔炼。到目前为止，火焰反射炉仍是大量生产铝、镁合金的主要熔炼炉之一。

火焰反射炉的断面结构见图 8-5。炉顶受热强度大，温度高，宜用热稳定性好的耐火砖砌筑。熔铝炉可用普通耐火砖。为利用废气余热，可备一套换热装置，或采用双膛炉。后者是用一垛矮墙将长炉膛隔成两个炉膛，一为熔化炉料室，一为熔体保温室，分别用喷嘴加热。其特点是熔化和精炼分开，可连续地熔化和分批精炼，热效率及生产率较单膛炉高，有利于控制温度和成分。但两室炉龄不同，不便于维修，炉渣等难免进入保温室去。生产上多采用单独的熔化炉和保温炉，或在一台快速熔炉两侧配置两台保温炉，便于进行连续生产。

火焰反射炉容量宜大，以适于大批量生产。但熔池面积过大，氧化、挥发熔损增大，且因缺乏对流，熔池上下温差也大，故要强化搅拌来均匀温度和成分。这种熔炉劳动强度大，炉气带走的热量大，且铝的辐射传热效率较低，一般为$(2.9\sim3.3)\times10^5$kJ/(m^2·h)。为此必须加大熔池受热面积，但此时炉体的蓄热损失也大，故熔铝反射炉的热效率较低。烟尘污染环境。趋势是以工频感应电炉代替火焰反射炉。采用高压富氧喷嘴和换热装置，或在炉底配置感应搅拌器，均可提高生产率。

8.2.2　电阻反射炉熔炼技术特点

电阻反射炉的剖面结构见图 8-6。利用安装在炉顶型砖内的电阻产生的热量，通过辐

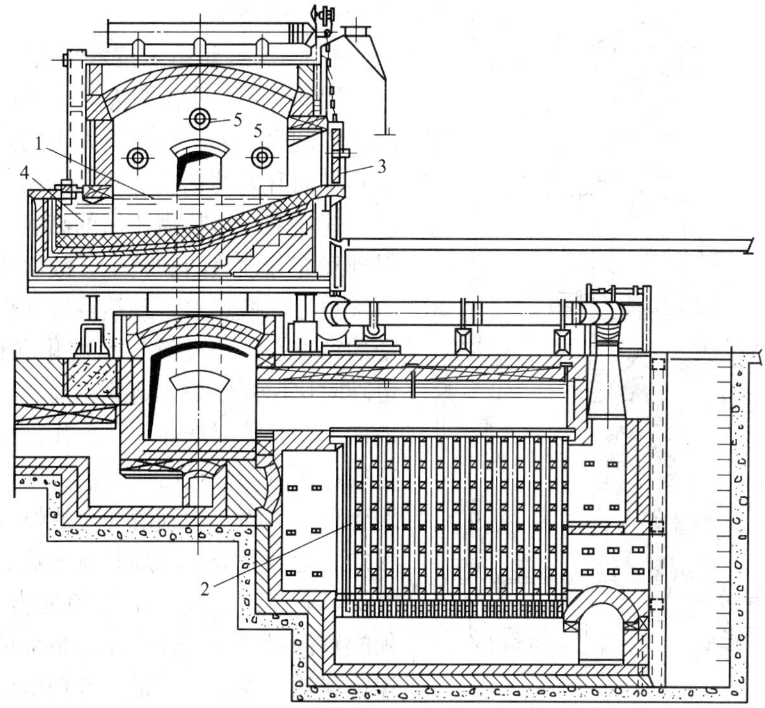

图 8-5　油反射炉及蓄热室剖面图

1—熔池；2—换热器；3—炉门；4—虹吸箱；5—喷嘴

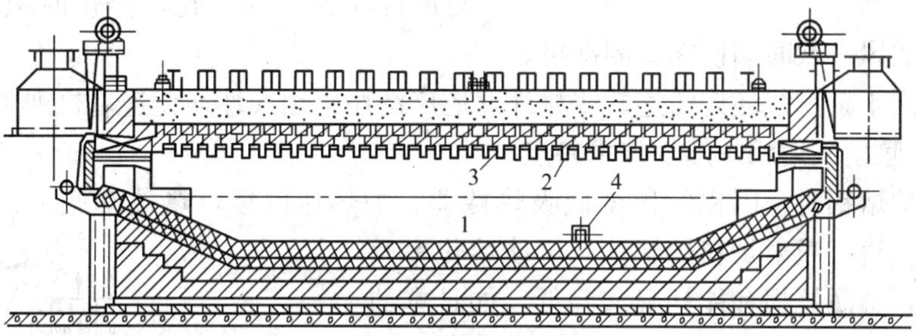

图 8-6　电阻反射炉剖面图

1—炉底；2—型砖；3—电阻器；4—金属流口

射传热来加热炉料的。这种熔炉主要用于熔炼温度较低的轻合金，多作为保温炉用。金属电阻的使用温度一般不超过 1100℃，每 1 平米炉顶面积的功率约 30～35kW，熔炼温度低于 850℃，加热速度慢，熔炼时间长，且电阻易为熔剂和炉气烟尘所腐蚀，使用寿命短，单位电耗大（450～650 度/吨铝），故炉子容量不宜过大，一般不超过 10 吨，熔池不宜过深。优点是温度较易控制，金属含气量较低，熔体质量较好。

8.3　快速熔炉熔炼技术

近年来，人们利用电解铝液直接输入保温炉，并配入合金元素，精炼后铸锭和连轧成材，这样做可节约能耗、缩短生产周期、降低成本等效益。为强化熔炼过程，节约能耗，提高热效率和生产率，国外已开发出一些新的熔炉和熔炼工艺。下面简介几种典型快速熔炼炉及熔炼技术。

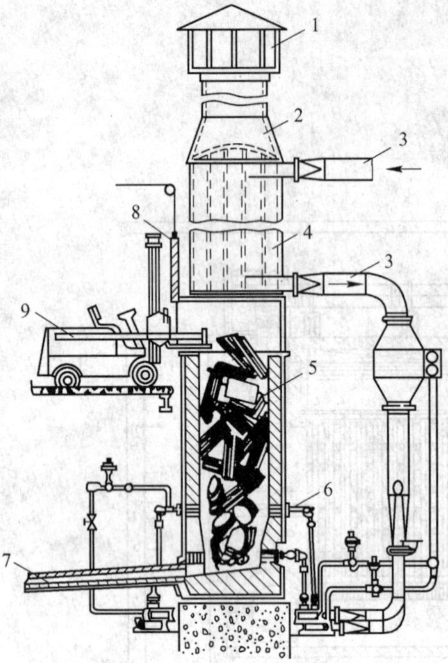

图 8-7　竖炉结构示意图

1—烟罩；2—烟囱；3—风管；4—炉筒；5—炉膛；6—喷嘴；7—流槽；8—装料门；9—装料车

8.3.1　竖炉熔炼技术特点

图 8-7 是一种和冲天炉相似的竖炉。炉料由炉顶侧门装入，和由下而上的炉气接触，吸收热量而升温熔化。炉膛周围装有多排多个可控高速喷嘴。由喷嘴喷出的高温火焰，直接喷射到经充分预热的炉料上，故熔化率高。废气由炉顶导入换热器，预热空气和煤气。这种炉子的特点是：可连续快速熔化和供给金属液，可随时快速开停炉，熔化率高，设备简单，占地面积少，炉衬寿命长，操作方便，但要严控空气过剩量。最近已研制出自动调控空气燃气混合比的喷嘴，达到既完全燃烧又不氧化铜的目的。这也是竖炉熔炼紫铜成功的关键。由于竖炉具有连续、高速熔化和过热熔体的特点，须配置保温炉进行合金化及精炼熔体，然后再连铸连轧。要注意的是：开炉熔炼时要防止炉内炉料相互粘结搭桥，为此，开炉时要先预热好炉料及炉衬；当铜料快要熔化时，即加大火力进行高温快速熔化。停炉时只要停止送燃料，并继续送风一段时间使铜凝固即可。

竖炉除用于紫铜线坯连铸连轧线材外，还广泛用于铝线坯连铸连轧机列生产线上。

8.3.2　喷射式熔铝炉熔炼技术特点

用火焰炉熔铝时，因铝的黑度低吸热性差，加热速度慢，热效率低（15%～30%）。但用高速燃气直接喷射炉料熔铝法，可使熔化率及热效率提高，金属烧损和能耗显著降低。如日本的1500 型喷射式熔铝炉及高速连续熔铝炉，见图 8-8 及图 8-9。前者在炉顶及炉墙上装有加氧烧油喷嘴，使火焰直接喷到炉料上，可强化熔化过程，缩短熔炼时间 30%～50%，热效率提高到 50%以上，降低金属烧损 20%～26%。在加料、点火、测温、供氧和油、搅拌及熔体转注等方面，采用微机控制条件下，可提高熔炉生产率 30%。因为用高速旋转喷嘴代替一般喷嘴，用高发热值燃料，预热炉料和燃料、空气，并用纯氧或富氧气助燃，再提高火焰温度，以强制对流传热为主的高温高速（200～250m/s）燃气喷到炉料上，使传热速度提高到 $(12.6\sim16.7)\times10^5$ kJ/(m^2·h)，为普通反射炉的五倍。

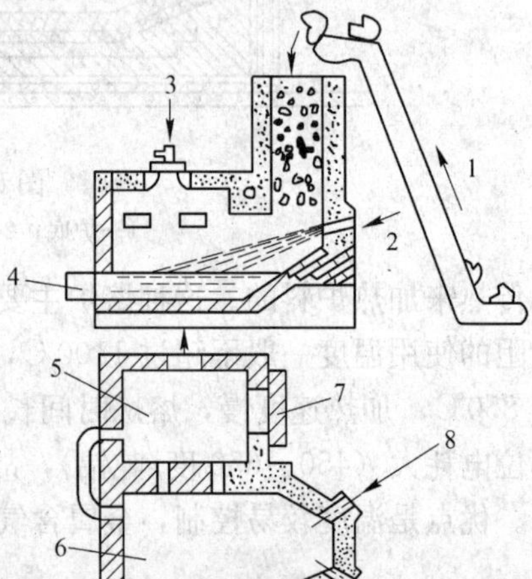

图 8-8　喷射式双膛熔铝炉

1—加料机；2、3、8、9—喷嘴；4—出口；5—保温炉；6—熔化炉膛；7—炉门由图 8-9 可知，它是由竖炉和反射炉组合而成的。铝锭由竖炉下部装入，废料由炉顶加入。由于能利用废气预热炉料，热效率可提高到 70%，油耗由 100 升/吨铝降到 40～60 升/吨铝，还可延长炉衬寿命。在反射炉底安设感应搅拌器，能提高熔化率 15%，降低熔池上下温差 20℃左右；若改用活动炉顶，由炉门装料改为炉顶装料，可使装料时间从占整个熔炼时间的 5%～10%降为 2%～3%。采用陶瓷纤维作炉壁绝热层，减少炉衬的蓄热损失等，均可提高热效率。

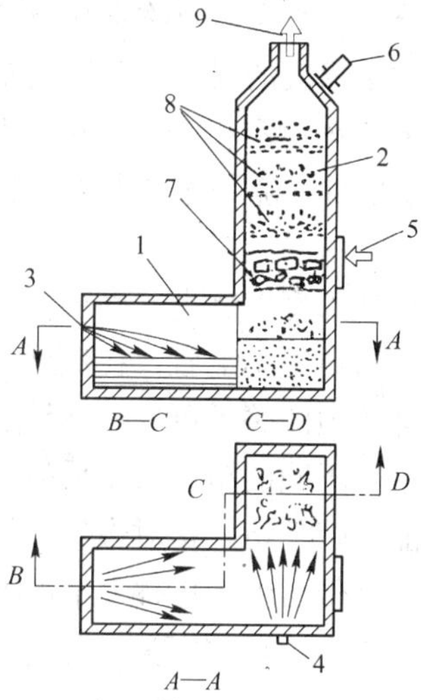

图 8-9　喷射式熔铝炉

1—保温炉膛；2—熔化炉膛；3、4—喷嘴；5—铝锭加料门；6—废铝加料门；7—块料；8—废料；9—废气出口

采用空气助燃喷嘴时，大量热能耗费于加热四倍氧体积的氮气上，且为废气所带走，故火焰温度低，燃烧不完全，游离炭使火焰的辉光辐射增强，导致炉衬温度升高，降低炉衬寿命。加氧喷嘴的火焰中氮气少，燃烧较完全，火焰温度高（2200℃左右），火焰直接覆盖炉料，在炉膛内与炉料接触停留时间较长，能更好地进行对流传热，故热效率较高，且 NO_2 气公害减少。此时，火焰温度中部高周边低，游离炭少，其辉光辐射系数较小，炉衬温度低，故炉龄较长。由于熔化率高，熔炼时间缩短，因而可降低熔损率和含气量。可见，采用加氧或纯氧喷嘴，可降低油耗，提高热效率，减少噪声。快速熔炉正在完善和向大型化发展。

8.4　真空炉熔炼技术

8.4.1　概况

真空熔炼包括真空铸造，是生产难熔、稀有和活性金属的基本方法之一，是获得高纯度、高质量金属材料的现代技术之一。活性难熔金属化学活性强，在大气下熔铸时会急剧氧化和氮化，形成大量夹渣，以致不能加工成材，因而必须采用真空熔铸法才能制取质量好的产品。

真空熔炼技术是在 20 世纪 50 年代开发应用的,现已发展到较完善的阶段,已有多种熔铸设备,如真空感应炉、真空电弧炉及电子束炉等。人们已成功地解决了大容量的真空系统、密封材料及真空测试技术等问题,可进行远距离安全操作,从而扩大了真空熔铸的应用范围。

真空冶金的突出优点，是能得到纯洁度高和材质均匀的产品。其含气量低，杂质少，夹杂尺寸小，缺陷少，加工性能优。因此，除用于提炼高纯金属外，还可用热还原法制取高活性的镁、钙等金属，其质量比电解的好且经济。原子能工业用的高纯钡、铪、钒及钍，高温合金，热电合金，磁性合金，活性金属钛、锆，难熔金属钨、钼、钽、铌，及电真空用的铜、镍及其合金，都是用真空重熔法生产的。此外，真空离子镀膜及离子注入技术，已形成为表面改性、表面复合、表面合金化及制取新型薄膜材料的重要手段之一。利用炉外真空处理法，可得到气体和夹渣少的熔体，提高锭坯质量。可见，真空冶金技术的应用正在扩大。

8.4.2　真空熔炼热力学

真空熔炼的优越性在于提纯作用强，表现为杂质易挥发，去气效果好，脱氧能力强，部分氮化物及氢化物可热分解，一些在大气下不能进行的化学反应也能进行，特别是有气体产物形成的反应。由于真空熔铸的锭坯纯洁度和致密度高，因而材质明显改善。如在大气下熔铸的铬和钛锭，几乎无法进行压延，而在真空熔铸的锭坯，可顺利地进行锻造和轧制。因此，微量杂质对材料性能的影响及其控制问题，引起了越来越多的注意。镍钴基高温合金中的微量铅、铋、硒、碲及锡等，对高低温性能的影响十分明显，但在真空熔炼时，就可挥发除去这些杂质。

从热力学上看，在低压条件下因气相分子密度低，气体遵守理想气体定律，各种反应焓与压力的关系可忽略不计，即焓等于热容，反应的驱动力用自由焓度量。但在真空熔炼过程中不同的是：由于反应是在不断抽气的低压下进行的，气体产物被随时抽走，使反应不能维持平衡。这对去气、挥发及一切有气体产物的反应过程十分有利。

就低压下熔体挥发情况而论，当熔体与其蒸气间处于平衡时，熔体的自由焓 G_L 和蒸气的自由焓 G_g 相等。因遵守理想气体定律，G_g 可由 1 摩尔气体在一定温度下的状态方程 $pV=RT$ 及其平衡压力 p_e，计算标态 $G_g^{\ominus}$ 的增减来得到：

$$dG_T = V dp_T = \frac{RT}{p} dp_T$$

积分上式

$$G_g = G_g^{\ominus} + RT\ln\left(\frac{p_e}{p_e^{\circ}}\right) \tag{8.1}$$

自由焓变化

$$\Delta G = G_g^{\ominus} - G_g = -RT\ln\left(\frac{p_e}{p_e^{\circ}}\right) \tag{8.2}$$

式中，p 为气体压力；V 为气体体积；T 为绝对温度；R 为气体常数。$p_e^{\circ}=1$ 大气压，则上式变为

$$\Delta G^{\ominus} = -RT\ln p_e^n \tag{8.3}$$

指数 n 为同 1 摩尔初始物质进行反应的气体摩尔数。在给定温度下，上列关系式也可用质量作用定律表示，

$$\Delta G^{\ominus} = -RT\ln K \tag{8.4}$$

式中，K 为平衡常数。由上列标志自由焓 $\Delta G^{\ominus}$ 可知，真空度越高，与之相平衡的 p_e 越小，反应的 $\Delta G^{\ominus}$ 值越负，该反应越易进行。这就是真空熔炼时真空度或低压所起的作用。

8.4.3 真空熔炼动力学

8.4.3.1 挥发 真空熔炼的特点之一是不仅蒸气压大的元素易挥发，而且蒸气压较小的杂质及某些一氧化物也能挥发。因此，真空熔炼的重要问题之一是挥发速率及其损失大小，这主要取决于动力学因素的影响。一般元素的挥发速度与其蒸气压及活度成正比，挥发损失随温度升高及时间延长而增大，且随熔池面积增大而加大。一些 p_i° 较低的元素，由于其一氧化物具有较高的蒸气压，也可造成较大的挥发损失。钨、铪、钍、镱等金属的一氧化物，其 p_{iO}° 比 p_i° 高几个数量级（表 1-3），更易挥发损失。此外，当真空炉内的气压低于熔炼金属三相点的压力时，在升温加热过程中，固体金属便可因升华而损失。如钴、镍在三相点时的 p_i° 分别为 0.10Pa、0.57Pa，当在 0.13～0.013Pa 的真空炉内缓慢加热时，挥发损失会很大，甚至得不到金属液。实践表明，在真空感应炉内加热镍、钴时，由于升温速度大于升华速度，即使在 0.013Pa 下也能熔化且挥发损失并不大。

金属的挥发过程包括：原子由熔体内部向液面迁移；原子通过液相边界层扩散到液/

气界面；由原子转变成气体分子，即$[i]\rightarrow i_{气}$；分子气体由界面扩散到气相中，然后被抽走或冷凝于炉壁上。一般认为，p_i° 大的元素在温度高时，挥发速度由液相边界层内的扩散控制；p_i° 小的元素在温度较低时，则受限于$[i]\rightarrow i_{气}$。充气熔炼时气相的压强将对$[i]\rightarrow i_{气}$ 产生阻碍作用。在以$[i]\rightarrow i_{气}$ 为限制环节时，元素 i 的挥发速度 V_i（以 wt%计）可由下式计算并判断是否优先挥发

$$V_i = 0.05833 f_i N_i p_i^\circ \sqrt{\frac{M_i}{T}} \tag{8.5}$$

式中，M_i、f_i、N_i、p_i° 分别为 i 元素的分子量、活度系数、浓度及蒸气压；T 为温度。

对于由 w_A 克基体金属 A 和 w_i 克合金元素 i 的二元合金，经真空熔炼后挥发损失 x 克 A 及 y 克 i，则挥发损失为 $x'=\frac{x}{w_A}\times 100$，$y'=\frac{y}{w_i}\times 100$，由式（8.5）可得出其相对挥发损失的关系式

$$y' = 100 - 100\left(1-\frac{x'}{100}\right)^a \tag{8.6}$$

式中，$a=\frac{f_i}{f_A}\cdot\frac{p_i^\circ}{p_A^\circ}\cdot\sqrt{\frac{M_A}{M_i}}$，称为挥发系数。由上式可知，$a=1$ 时，$y'=x'$，表示合金元素的相对含量不会变化。$a>1$ 时，$y'>x'$，则 i 元素含量将减少。$a<1$，则 i 元素反而相对增加。

对于一定温度下由液相边界层扩散控制的挥发过程，i 元素的挥发速度为

$$v_i = K\frac{A}{V}(C_i^\circ - C_i) \tag{8.7}$$

式中，C_i°、C_i 分别为熔体中及界面处 i 的浓度；K 为传质系数，在 $10^1\sim10^2$cm/s，也称为速度常数，随温度升高及压力降低而增大，在充气熔炼时随时间延长而减小；A、V 为熔池面积和体积。可见，熔池面积大，熔炼温度高和时间长，挥发损失大。在熔炼后期加入 p_i° 高的元素，充入惰性气体或关闭炉体真空阀门后加入 i 元素，均可降低其挥发损失。如用真空感应炉熔炼高温合金时，锰的挥发损失达 95%；若在出炉前充 Ar 至$(4.0\sim4.8)\times10^4$Pa 后再加锰，则收得率可达 94%以上。

8.4.3.2　去气　真空去气的特点是去氢效果好，还可除去部分氮。根据平方根定律，金属中气体的溶解度随气相中该气体分压的降低而降低。挥发去气速度主要取决于气体在熔体内的迁移速度。因此，去气速度可用下式表示：

$$-\frac{dC}{dt} = \frac{D}{\delta}\cdot\frac{A}{V}(C_1 - C_2) \tag{8.8}$$

积分得

$$t = \frac{\delta}{D}\cdot\frac{V}{A}2.3\lg\left[\frac{C_0 - C_2}{C_1 - C_2}\right] \tag{8.9}$$

式中，δ 为界面层厚度；D 为气体原子在熔体中的扩散系数；C_0、C_1 分别为 $t=0$ 时及 t 时熔体中的气体浓度；C_2 为界面处熔体中的气体浓度。由上式可知，真空感应炉的坩埚因熔池面积小且深度大，不利于挥发去气。但由于有电磁搅拌，增大了表面积，故去气效果较好。将大气下熔炼的铝液在 0.1～50Torr 真空室内静置数分钟，也能收到一定的去气效果，降低铸锭的疏松度，其力学性能提高 10%～15%。在相同条件下，用动态真空处理技术（见图 2-11）去气效果更好，铸锭的力学性能可提高 30%～40%。

真空自耗炉熔炼钛合金的去气情况表明，仅靠挥发去气只能除去部分氢和氮。但海绵钛中带入镁或氯化镁时，则可除去更多的气体。在真空下依靠熔池内产生气泡去气时，去气速度比挥发去气要快得多，去气效果主要取决于气泡内外的分压差。因此时动力学因素比热力学因素起更大作用。氮的去除主要靠界面处氮化物的分解。TiN、ZrN、AlN 及 Mg_3N_2 的分解压在 0.13～0.013Pa，而在真空电弧炉熔池附近的压强约 13.3～0.13Pa 故仅能分解部分氮化物，去氮效果不够好。提高真空度对去氮有利，但对去氢的影响不明显。实践表明，去氢所需真空度并不高。如在 1600℃和大气下，镍基高温合金中氢的溶解度为 38.2ppm，只要将[H]降至 1.5ppm 以下，就可不产生氢脆。以这些值代入式(2.5）中，可求得 $P_{H_2}=0.0015$atm 或 150Pa。可见，为了去氢，用一般的真空设备就可满足要求。这也是近年来大力发展大型炉外真空处理技术的原因之一。

8.4.3.3　脱氧　氧化物的分解压比氮化物低得多，一般在 $1.33\times10^{-5}\sim1.33\times10^{-7}$ Pa 以下，而在生产用真空炉要达到这样高的真空度是困难的。因此，只能靠加入还原剂来脱氧。真空脱氧的特点是：一切形成气体产物的反应均能顺利地进行，故脱氧反应可在较低温度下实现，脱氧效果好。如在 1.33Pa 下用铝、硅还原 CaO，反应温度可分别由大气压下的 2250℃及 2500℃，降至 930℃及 1380℃。用碳作脱氧剂时，几乎能还原一切氧化物。实践表明，碳在真空下的脱氧能力很强，可达到在大气下脱氧能力的 100 倍左右，比铝强得多。这是因为它的脱氧产物 CO 是气体。加上 Al_2O 及 SiO 也有较高的蒸气压，和 CO 一样是气体产物。所以，在真空炉内气压达到 133Pa 左右，便可得到较好的脱氧效果。

从动力学来考虑，CO 等气体在熔体中形成气泡时，会受到炉气压力、液柱静压力及熔体表面张力的影响。在真空条件下炉内气体压力小，对形成气泡有利。对一定合金而言，液柱静压力取决于气泡在熔体中所处的位置。当 CO 气泡的半径很小时，克服熔体表面张力就成为限制因素。在炉内的 $p_{气}$ 比液柱静压力和表面张力小得多时，用提高真空度来增大形成气泡反应的能力是有限度的。因此，用碳及其他脱氧剂时，须注意以下几点：

(1) 凡易与碳形成稳定碳化物的钛、锆、铌等金属用碳脱氧时，铸锭中易形成闭合孔洞，使 CO 气泡不易逸出而脱氧不全，且可形成碳化物夹杂，故不宜用碳作脱氧剂。

(2) 用真空感应炉熔炼时，碳与坩埚中的 Al_2O_3 等相互作用，会使熔体产生增铝增硅等，缩短坩埚寿命，残留熔体中的碳也会污染金属。

(3) 用 $p^{\circ}_{MeO}/p^{\circ}_{Me}>1$ 的元素脱氧时，应注意该元素的熔损和补偿。如含 1%Zr 的铌合金在电子束炉熔炼时，由于 ZrO 的挥发脱氧，使[O]由 0.15%～0.2%降至 0.02%～0.03%，而 Zr 损失约 90%。

8.5　真空感应电炉熔炼技术

8.5.1　概况

图 8-10 是真空感应炉工作原理图。这种炉子是在 20 世纪 40 年代末为改善高温合金的性能而开发的。第一台真空感应炉容量虽只有 4.5 公斤，但对制作高性能涡轮发动机的涡轮叶片来说，可避免在大气下熔铸时形成的夹杂物，提高持久断裂寿命 2～3 倍。实践证明，高温合金性能上的每一个突破，都是由于采用新技术的结果。

真空感应炉主要用于熔炼高温及精密合金，可铸锭也可铸造铸件，也可为真空电弧炉等提供重熔锭坯，还常用于废钛的重熔回收。真空感应炉已有成套和系列化产品。1吨以上的炉子，可在不破坏真空条件下连续进行熔铸。目前的趋势还在向扩大容量、用可控硅变频的低倍工频电源❶、双频率搅拌、功率及功率因数自动调控等方面发展。

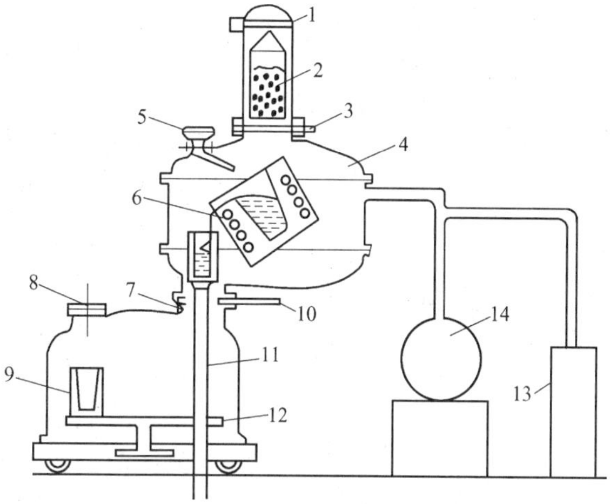

图 8-10　真空感应炉工作原理图

1—绞盘；2—炉料；3—闸门；4—熔炼室；5—加料斗；6—感应器；7—弹簧；8—卸锭门；9—锭模；10—闸门；11—升降机构；12—旋转台；13—机械泵；14—扩散泵

8.5.2　真空感应炉熔炼技术特点

为保证熔体质量和安全生产，首先要检查真空及水冷系统，使真空度和水压达到要求值，漏气率小于规定值。所用原材料的纯度、块度、干燥程度均应符合要求。坩埚须经烧结和洗炉后方可用来熔炼合金。其次，为防止炉料粘结搭桥，装料应下紧上松，使能较快地形成熔池。炉料中的碳不应与坩埚接触，以免发生相互作用，造成脱碳不脱氧而影响脱氧及去气效果。再次，熔炼期不宜过快地熔化炉料；否则，因炉料中的气体来不及排除，而在熔化后造成金属液的大量溅射，影响合金成分，增大损失。精炼期主要是脱氧、去气、除去杂质、调整成分及温度。熔炼镍基高温合金时，一般用碳脱氧和高温沸腾精炼。碳氧反应强烈，CO气泡沸腾去气；但温度升高时熔体与坩埚反应也强烈。因此，必须严控温度和真空度，采用短时高温、高真空精炼法。为进一步脱氧、去硫而加入少量活性元素时，以在较低温度下加入为宜。熔炼完毕后，静置一段时间并调控好温度，即可带电浇注。真空铸锭可适当降低浇温，浇注应先快后慢，细流补缩。收缩系数大的合金铸锭，也可在浇注后破真空补缩。总之，真空感应炉熔炼的技术特点是：适当延长熔化期，用高真空度和高温短时沸腾精炼，低温加活性和易挥发元素，中温出炉，带电浇注，细流补缩。

8.6　真空电弧炉熔炼技术

8.6.1　概况

图 8-11 是真空自耗电极电弧炉示意图。它是由炉体、电源、水冷结晶器、送料和取锭机构、供水和真空系统、观察和控制系统等所组成的。真空电弧炉分为自耗炉和非自耗炉。在熔炼过程中，用炉料作电极边熔炼边消耗，这便是自耗电极电弧炉；电极不熔耗者为非自耗电极炉。

真空电弧炉的基本特点是温度高和精炼能力强，主要用于熔炼高温合金和各种活性难熔金属合金，还可用于熔炼磁性合金、航空滚珠钢及不锈钢等。从 20 世纪 50 年代开始应用以来，就显示出其优越性，到 60 年代发展了真空重熔法，应用更广泛。这种炉子现已

❶ 指频率为 100Hz、150Hz 及 200Hz 的电源。

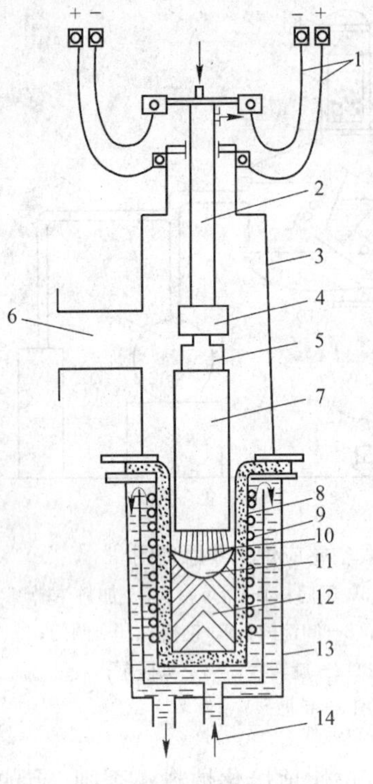

图 8-11　真空自耗电极电弧炉工作原理图

1—电缆；2—水冷电杆；3—炉壳；4—夹头；5—过渡极；6—真空管道；7—自耗电极；8—结晶器；9—稳弧线圈；10—电弧；11—熔池；12—锭坯；13—冷却水；14—进水口

处于较为完善阶段，正在向更大容量及远距离操作发展，在结构上提出了同轴性、再现性及灵活性的设计原则。前者是使阴、阳极电缆保持近距离平行，则在导线和电极内的感生磁场将相互抵消，并提高电效率。再现性是指通过先进的电视和传感器来控制电参数的稳定性，使熔化率及弧长恒定。后者是使炉子可能熔铸多种类型锭坯。

8.6.2　真空自耗电极电弧炉熔炼技术特点

自耗电极在电弧高温、低压及无渣条件下，熔化下滴于水冷结晶器中，并冷凝成锭坯。当熔滴通过 5000K 电弧区时，由于挥发、分解、化合等作用，使金属得到纯化。但铸锭质量的好坏还与电弧及磁场等因素有关。

8.6.2.1　电弧　在正常操作情况下，真空电弧呈钟形。电弧一般分为阴极区、弧柱区及阳极区三部分。阴极区包括正离子层及阴极斑点。正离子层间电压降较大，有利于电子发射和电弧的正常燃烧。电极端面发射电子的小块面积叫阴极斑点，是一个温度高的亮点，面积小，电流密度高。但其大小与周围气体的压强有关。在真空度低或气体压强高时，阴极斑点面积小；随着真空度的提高，不仅面积会扩大，且会高速移动，由电极端面移向侧面，使电极端面呈圆锥形，温度降低，降低金属熔滴及熔池温度，影响铸锭表面质量。由于降低电子逸出功的地方，如电极表面有氧化物、活性物质、裂缝、焊接瘤子及个别突出点最易发射电子，即阴极斑点处首先熔化成液滴；当熔滴下落后，阴极斑点便转移到别处。因此，阴极斑点常在电极端面移动，其移动速度与稳弧磁场强度、电极密度、弯曲度及原材料纯度等有关。电极材料的熔点高，阴极斑点温度也高。当气压低于 1.33Pa 时，阴极斑点面积易于扩展到电极侧面去，因而易于产生爬弧、边弧和聚弧，如图 8-12 所示。温度下降，甚至引起辉光放电。

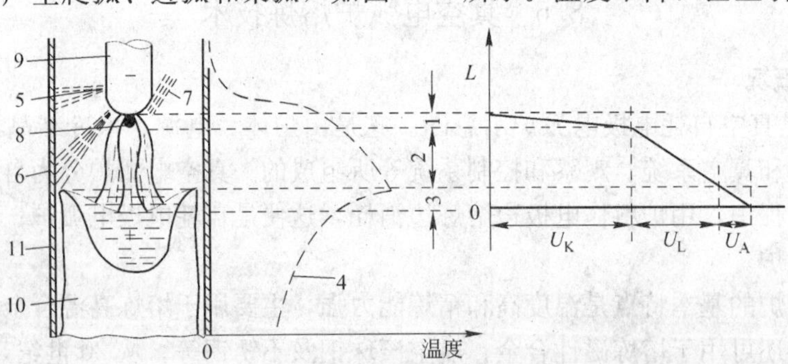

图 8-12　电弧、电压及温度的分布情况

1—阴极区；2—弧柱区；3—阳极区；4—温度；5—聚弧；6—边弧；7—爬弧；8—阴极斑点；9—自耗电极；10—锭坯；11—结晶器

此时充入少量惰性气体，降低电极，便可恢复正常。

阳极区位于熔池表面附近，集中接受电子和负离子的地方便是阳极斑点。阳极斑点面积较大，也常移动。气压低时会扩大其面积，影响电弧的稳定性。在正常情况下，高速电子和负离子束的轰击，释放出大量能量使熔池加热到高温，不仅有利于精炼反应，且使铸锭轴向顺序结晶稳定。

弧柱区是由电子和离子组成的等离子体，亮度和温度最高，一般随电流密度增大而增高。但弧柱周围气压过低时，弧柱断面会急剧膨胀，电流密度降低，电弧不稳定，甚至造成主电弧熄灭，由弧光放电转变为辉光放电，不仅使熔炼停顿，且给安全操作带来威胁。在用海绵钛电极进行首次熔炼时，常在封顶期出现这种现象。此外，弧柱面积还会受到外加磁场的影响。磁场强度对电弧起压缩作用，使熔池周边温度降低，会恶化铸锭表面质量。弧柱过长不仅易引起聚弧或侧弧，烧坏结晶器，且易熄弧，甚至中断熔炼。

8.6.2.2　磁场　为使电弧聚敛和能量集中，避免产生侧弧，常在结晶器外设置稳弧线圈。线圈产生与电弧平行的纵向磁场。在此纵向磁场内两电极间运动的电子与离子，凡运动轨迹不平行于磁场方向的，将因切割磁力线而受到一符合左手定则方向的力，从而发生旋转，使向外逸散的带电质点向内压缩，电弧因旋转而聚敛集中，弧柱变细，阴极斑点沿电极端面旋转，阳极斑点保持在熔池中部，因而不发生侧弧，可提高电弧的稳定性，且电弧旋转也带动熔池旋转，均匀成分，改善铸锭表面质量。但磁场强度过大，熔池旋转过速，熔体易被甩至结晶器壁上，形成硬壳和夹杂，引起侧弧；磁场强度过弱，则稳弧作用不明显。磁场强度要根据铸锭质量情况而定，约在1000～4500安匝。可改变线圈的电流来调节安匝数，既要使电弧稳定地燃烧，又要熔池微微地旋转。采用交流电磁场时熔池不旋转，熔池表面温度高，有利于改善铸锭表面质量，但在电弧较长时，不能保证电弧稳定和成分均匀。直流电产生的纵向磁场，能压缩电弧并旋转熔池，均匀成分和温度，也有某些细化晶粒和均匀结晶组织等作用，故生产上多用直流稳弧线圈。

8.6.2.3　电制度　电流和电压是真空电弧炉熔炼的主要工艺参数。电流大小决定金属熔池温度和熔化率，对熔池深度及形状有直接影响。电流大，电弧温度高，熔化率高，铸锭表面质量好，增大熔池深度，有利于柱状晶径向发展和粗化，促进缩松和偏析，某些夹杂物聚集铸锭中部。电流小，熔化率低，熔池浅平，促进轴向柱状晶，减少疏松和偏析，夹渣物分布较匀，致密度较高。电流密度要根据合金熔炼特性和电极直径来确定。合金熔点高、流动性差、直径较小的电极，要用较大电流密度；反之，可用较小电流密度。锭坯中部易生粗大等轴晶的合金，宜用较小的电流密度。

电压对电弧的稳定性也有影响。真空电弧有辉光、弧光和微光放电三种。正常操作是用低电压和大电流的弧光放电。气压不变，加大两极间距离及电压，易于产生辉光放电；电压太低，则不足以形成弧光放电，容易引起微光放电。因此，要使电弧稳定，必须将电压控制在一定范围内。熔炼钛、锆等合金时，工作电压一般在25～45伏；钽、钨的熔炼电压可增大到60伏。起弧时电压要稍高。压制电极比烧结或铸造电极的电压宜稍高些。充氩熔炼时电压也略高。此外，工作电极还与电源等有关，一般自耗炉常用直流电，电压较低，电弧较稳定；用交流电时电弧不是很稳定，用较高电压虽可提高电弧的稳定性，但又易产生边弧。为保证电弧稳定，电源应具有压降特性。这样，在弧长变化时电流和电压不会变化太大，甚至出现电流和电压不随弧长而变化，即不服从欧姆定律的情况。因为电弧电压是由阴极压降U_K、弧柱压降U_L和阳极压降U_A所组成，其中$U_K+U_A=U_S$，称为表面压降，与两极间距即弧长无关，仅与电极材料、气体成分、气压及电流密度等有关。因而，在电极材料和真空度等条件一定时，电弧电压仅取决于弧柱压降，而U_L变化不大，熔炼钛时约0.5伏/厘米弧长。通常弧长在20～50毫米、电压在20～65伏内变动。维持电弧稳定地燃烧和正常熔炼而不发生熔滴短路的最小弧长约15毫米，称为短弧操作。但弧长小于15毫米时，易产生周期性短路，使熔池温度忽高忽低，影响铸锭组织的均匀性，且由于金属喷溅而恶化锭坯表面质量。电弧过长，热能不集中，易产生边弧。目前，多用大直径电极和短弧操作，优点在于热能均布于熔池表面，熔池扁平，有利于轴向结晶，致密度高，偏析小，夹杂物较细匀，铸锭加工性能优良。

8.6.2.4 其他因素 自耗电极（电极）与结晶器直径之比（即填充比），真空度，漏气率，冷却强度等因素，对铸锭质量也有一定的影响。由于金属熔池处于液态时间短，熔池暴露在真空中的面积不大，且熔池液面上的实际真空度不高，特别是当填充比较小时，熔池的精炼作用是有限的。因此，选用质量较好的自耗电极材料是必要的。自耗电极是铸造和压制而成的。要求纯洁度高，表面质量好，弯曲度小，中间合金在钨、钼等压制电极中沿轴向均布。填充比（$d_{极}/D_{器}$）在0.65～0.85。选用大的填充比时，锭坯表面质量好，致密度较高，但易产生边弧。一般应使电极与结晶器间的间隙大于熔炼时的弧长，采用大电极及短弧操作时，此间隙值约18～20毫米。

为使脱氧、挥发杂质和分解夹杂反应更完全，真空度宜越高越好。但要使电弧能稳定地燃烧，则弧区要有较高的气压。真空度在67～6700Pa时常易出现辉光放电，阴极端电弧沿电极上下移动且呈扩散状，此即爬弧，故应避免在上列真空度内进行操作。为防止由于大量放气而骤然降低真空度，最好在1.33～0.013Pa下进行熔炼。真空系统的漏气率也有影响。漏气率大，会形成更多的氧化物及氮化物夹杂物。对于一般高温合金，漏气率应控制在≤6700Pa·l/s；难熔金属须小于400～670Pa·l/s。

自耗电极炉广泛采用直流电，以熔池为阳极，电极为阴极，称为正极性操作。此时2/3电弧热量分布于熔池，温度高锭坯表面质量好。熔炼钨、钼等难熔金属时，宜用反极性操作。这时电极温度较高，电极较易熔化，但熔池温度较低，铸锭表面质量较差。因此，一般多用正极性熔炼。

熔滴尺寸和冷却强度也有影响。电流密度小，熔化速度慢，熔滴数少而粗；短弧操作时，熔滴尺寸过大，易于短路和熄弧，熔池温度低，铸锭表面质量不好。反之，熔滴细小，有利于去气及挥发杂质，反极性操作，电弧长，磁场强度大及电极含气量高，均促进熔滴变细，而且在电弧及气流作用下，易溅于结晶器壁上造成锭冠等缺陷。铸锭的冷却强度受其尺寸及水压等的限制。结晶器水冷的要求是薄水层，大流量，大温差。结晶器进出口水温差≥20℃，且出口水温≯50℃。

8.6.3 凝壳炉及非自耗电极电弧炉熔炼技术特点

真空非自耗电极炉在钛合金发展初期曾得到应用，但由于有污染合金问题，现只用于废钛回收及铸件的凝壳炉。后者可用非自耗电极或自耗电极，如图8-13所示。非自耗电极炉的特点，是能用碎屑料，可省去压制电极及压力机，电极与坩埚间的空隙较大，熔体在真空下停留时间长，利于去气和挥发杂质等精炼操作。为使电弧稳定和成分及温度均匀，在水冷坩埚外也装有稳弧线圈。但其热效率较低，熔化速率只有自耗炉的1/3～1/5。

采用钨或石墨电极时，有时会造成夹杂物，并使合金增碳或增钨。为此，现已采用旋转式水冷铜电极头代替钨及石墨电极，基本上克服了污染问题。在水冷铜极头中装入线圈，形成与电极表面平行的磁场。使电弧围绕电极端面回转，可防止铜电极局部过热和损坏。非自耗电极凝壳炉多用于回收钛废料及钛合金铸锭，也常用于铸件。

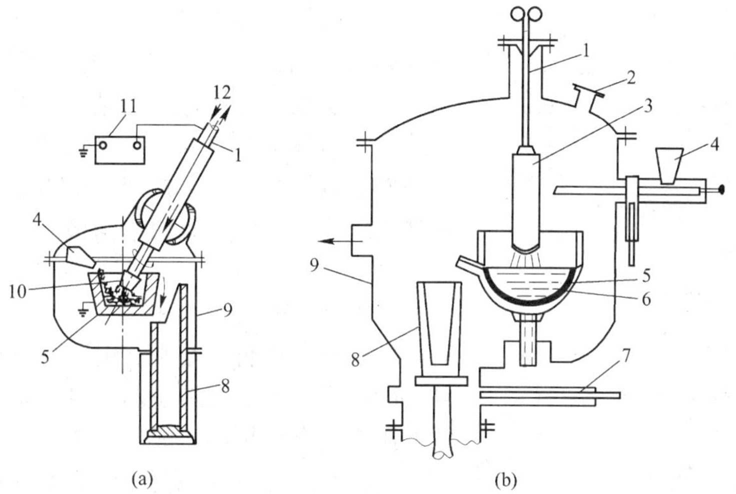

图 8-13　凝壳炉示意图

(a) 非自耗电极；(b) 自耗电极

1—电极杆；2—观察孔；3—自耗电极；4—加料斗；5—水冷坩埚；6—凝壳；7—闸门；8—锭模；9—炉体；10—水冷铜电极；11—电源；12—冷却水

在自耗电极凝壳炉中，除自耗电极外，还可添加部分炉料，凝壳是金属液受水冷铜坩埚激冷而形成的，控制水冷强度，可得到一定厚度的固体金属壳，而内部金属液始终保持为熔体，直到熔满一坩埚，再倾注于锭模。为保持凝壳厚度大致不变，必须控制好水压，水温和熔化率等参数。凝壳底厚一般约 25～30 毫米，坩埚壁部壳厚 10～15 毫米。凝壳炉的特点是：可控制熔化速率和精炼时间，得到成分均匀的过热熔体，既可铸锭也可铸件，提纯效果和质量好。

8.7　电子束炉熔炼技术

8.7.1　概况

电子束炉是 20 世纪 50 年代中期开发的。由于它能为难熔金属熔铸提供高真空度和高效热源，所以发展很快。目前自动调控的大功率电子束炉已成为熔炼难熔金属及高温合金最广泛应用的一种手段。

电子束熔炼是将高速电子束的动能转变为热能并用它来加热熔化炉料的。由阴极发射的热电子，在高压电场和加速电压作用下，高速向阳极运动，通过聚焦、偏转使电子成束，准确地轰击到炉料和熔池表面。其能量除极小部分被反射出去外，绝大部分为炉料所吸收。理论和实践表明，电子束从电场得到的能量几乎全部转变成热能。电子束炉熔炼的特点是：真空度高，熔体的过热度大，维持液态时间长，利于去气和挥发杂质。铸锭以轴向顺序结晶为主，致密度高，塑性好，脆塑性转折温度较低，纵横向的力学性能基本一致。用电子束熔铸的钼锭，冷加工率约 90％时仍无明显的硬化现象。氢化物及大部分氮化物可分解除去。锆、钽中的[N]可降至0.0022%以下。钨、钽、钼、铌用碳脱氧效果较好。铌以NbO挥发脱氧的速率比碳快。

8.7.2 电子束炉熔炼技术特点

电子束炉炉型结构主要与电子枪的结构有关。图8-14是一种远聚焦式电子束炉工作原理图。炉子主要由电子枪、炉体、加料装置、铸锭机构、真空系统、冷却系统及控制系统所组成。电子束炉的关键部件是电子枪。电子枪产生的电子流，通过聚焦极聚敛成为电子束，经加速阳极后可加速到光速的1/3，再经过两次聚焦后，电子束更集中，其辉点部分集中了电子束能量的96%～98%。高速电子束最后经拦孔射向炉料及熔池。电子束炉可熔炼温度高且一般不导电的非金属炉料。其次，电子束炉的真空度比真空电弧炉高，故真空提纯效果好。在电子枪室的真空度低至0.027Pa时，就易放电而造成高压设备事故，故枪内始终保持0.0067Pa。在熔炼过程中难免会突然放气而影响其真空度，故多将电子枪和熔炼室分开，且将电子枪分成几个压力级室，分别用单独的泵抽气。这样，即使炉料放气，也不会影响电子枪室的真空度。此外，电子束在磁透镜聚焦后，难免还有发散情况。若在熔炼时有锰、氮等正离子与空间电荷复合，可降低电子束的发散，形成一种离子聚焦作用。当真空度为0.04Pa时，离子聚焦作用大于空间电荷的排斥作用，可使电子束形态稍有变化。

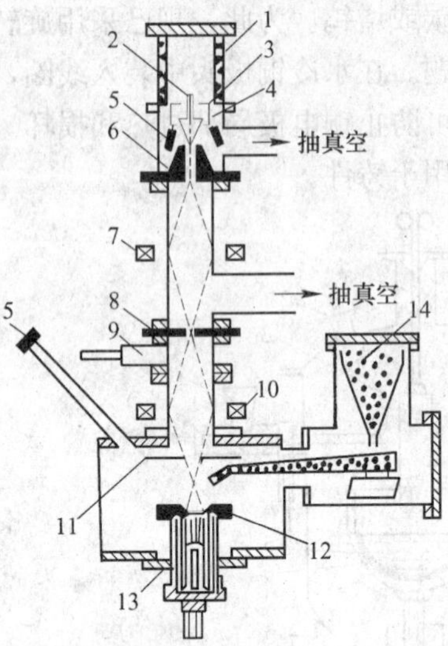

图8-14 远聚焦式电子束炉工作原理图

1—电子枪罩；2—钽阴极；3—钨丝；4—屏蔽极；5—聚焦极；6—加速阳极；7、10—聚焦线圈；8—拦孔板；9—阀门；11—隔板；12—结晶器；13—铸锭；14—料仓；15—观察孔

图8-15是近聚焦式电子束炉示意图。它使用的是环形电子枪或平面电子枪。其特点是电子发射系统装在熔炼室内，阳极离熔池太近，易为金属溅滴或挥发物所污染，故阴极灯丝寿命短，在熔炼室的气压高于0.01Pa时，易产生放电而中断熔炼。为此，必须配备强大的真空泵，使真空度保持在较高的水平上。因此，这些电子枪用得较少。远聚焦式电

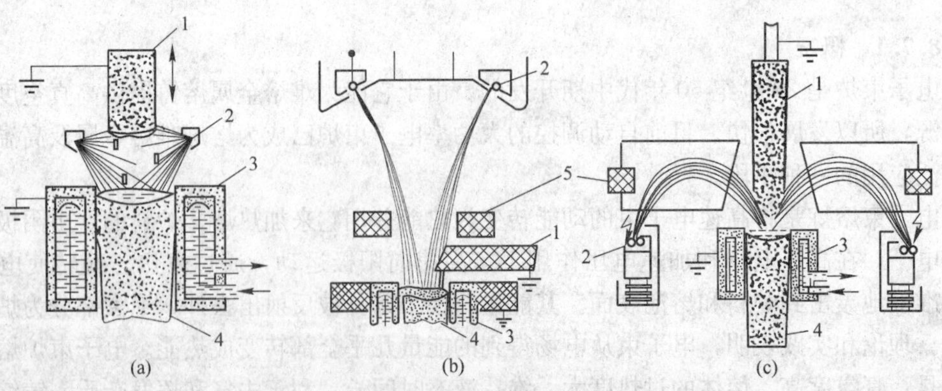

图8-15 近聚焦式电子束炉工作原理图

(a) 近环形电子枪；(b) 远环形电子枪；(c) 平面发射电子枪

1—棒料；2—阴极灯丝；3—结晶器；4—铸锭；5—聚焦线圈

子枪的结构虽较复杂，但使用寿命较长，利用偏转线圈的调节，可使电子束能量在熔化炉料及过热熔池上得到合理分配。

8.7.3 影响电子束炉熔铸质量的因素

比电能、熔化速率、电极及结晶器尺寸、熔池形状、真空度及漏气率等因素对熔铸质量均有影响。熔化炉料所耗电能并不大，铁、镍、钴基合金仅 0.25～0.5 度/公斤；钨、钼等为 2～3 度/公斤。耗于熔池加热的比电能则较大，并与熔池温度和冷却强度有关。进料速度快，熔化速度也高，但影响熔池温度，故进料不宜过快过多；进料太慢，虽熔池温度较高，但比电能耗费较大。因此，应注意电子束扫描偏转的调配，使耗于熔池加热的比电能适当，又能稳定炉料的熔化速度。从精炼效果看，主要取决于熔化速度、熔池温度和真空度。熔化功率、比电能和送料速度不同时，熔化速度、熔池温度及其形态均会变化，提纯效果、夹杂物分布及结晶组织也随之变化。在真空度和合金品种一定时，熔炼功率、比电能和熔化速度是电子束熔炼技术的三要素，决定着铸锭质量、提纯效果及经济指标。

熔炼室的真空度主要取决于熔化速度和炉料的放气量，一般要求在 0.013～0.0013Pa 内，也可在 0.13Pa 下工作，可根据炉料含气量、产品要求等确定。真空度及熔池温度高，精炼提纯效果较好。难熔金属中的碳、钒、铁、硅、铝、镍、铬、铜等均可挥发除去，其含量达到低于分析法准确范围，有的可达到光谱分析极限水平，比精炼前可降低两个数量级，得到晶界无氧化物的钨和钼。高温合金经电子束炉熔炼后，除去杂质的效果比其它真空炉都好：[O] 从 0.002% 降至 0.0004%～0.0009%，[N] 降至 0.004%～0.008%，[H]$\leqslant$0.0001%～0.0002%。真空度和温度过高，有用成分的熔损也大。此外，炉料必须清洁，无氧化皮等脏物，最好先经真空感应炉熔炼。熔炼开始功率不宜过大，形成熔池后逐渐增大功率。在熔炼中要注意电子束聚焦和偏转情况，尽量防止电子束打在结晶器壁上。在结束熔炼前，可用电子束扫除结晶器壁上的粘结物。

8.8 等离子炉熔炼技术

8.8.1 概况

等离子炉是 20 世纪 60 年代初开发的。利用等离子弧作热源，温度高（弧芯可达 24000～26000K），可熔炼任何金属及非金属炉料，可在大气下实现有渣熔炼，也可在保护气氛中进行无渣熔炼。它常用于熔炼精密合金，不锈钢、高速工具钢及钛合金废料的回收等。目前已发展成新型熔炉系列，最大容量已达 220 吨钢，一支等离子枪功率可达 3000kW，并正在研究更大容量及采用交流电的等离子炉。

等离子炉的工作原理见图 8-16。它是用直流电加热非自耗电极或中空阴极以产生电子束，将通过阴极附近的惰性气体离解，再以高度稳定的等离子弧从枪口喷到阳极炉料上使之熔化。由于等离子体中离子、正电荷和电子的负电荷大致相等，故称为“等离子体”。可见，等离子弧是一种电离度较高的电弧。与自由电弧不同之处，它属于压缩电弧，弧柱更细长，温度更高、能量更集中。

等离子炉的关键部件是等离子枪，它是由水冷喷嘴及钍钨电极构成的。喷嘴对电弧起压缩作用，是产生非转移弧的辅助极。当在钍钨或钍钨电极上加上直流电压时，通入氩气后用并联的高频引弧器引弧，使氩气电离，产生非转移弧（即小弧），然后在阴极与炉料或熔体之间加上直流高压电，并降低喷枪让小弧接触炉料，使之起弧，称为转移弧或大

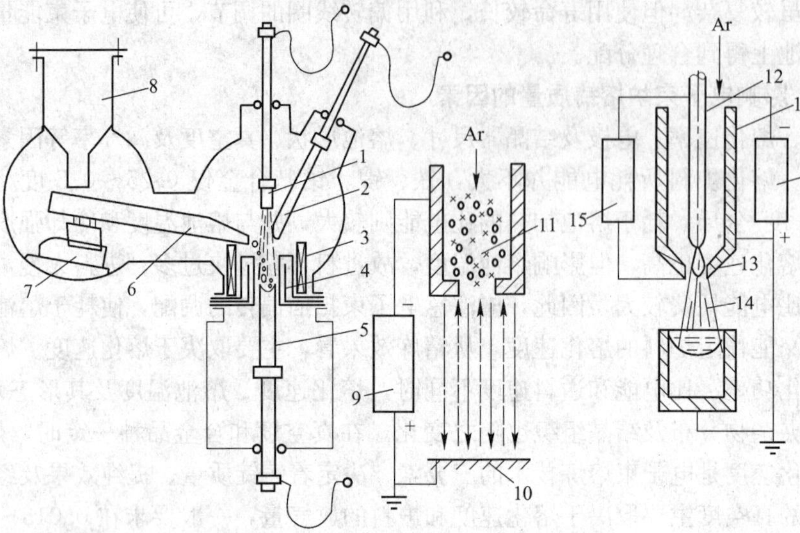

图 8-16 等离子炉工作原理图

1—等离子枪；2—棒料；3—搅拌线圈；4—结晶器；5—铸锭；6—料槽；7—振动器；8—料仓；9—电源；10—熔池；11—等离子体；12—钍钨电极；13—非转移弧；14—转移弧；15—高频电源

弧。大弧形成后，即可断开高频电源，使非转移弧熄灭，以转移弧进行熔炼。不导电的炉料可用非转移弧熔炼。按等离子枪和炉体结构，等离子炉分为等离子电弧炉、等离子感应炉及等离子电子束炉三种。

8.8.2 等离子电弧炉熔炼技术特点

等离子电弧炉在大气下熔炼时类似于电弧炉，大都在充气条件进行重熔，如图 8-17 所示。因弧温和熔化率高，熔损率小，收得率高于所有真空熔炼法，适于熔炼含易挥发元素的合金。脱碳能力强，能熔炼超低碳钢种，成本低于真空熔炼者。还可进行造渣精炼，脱硫效果好，可用品位较低的炉料。通入氮气可生产含氮合金；通入氢气可生产超低碳低氮（<0.0065%）超纯铁素体不锈钢。它还成功地用来熔炼精密合金、耐热合金、含氮合金、活性金属及其合金等。其优点是可用交流电，设备投资低于真空电弧炉，易挥发元素损失小且好控制。

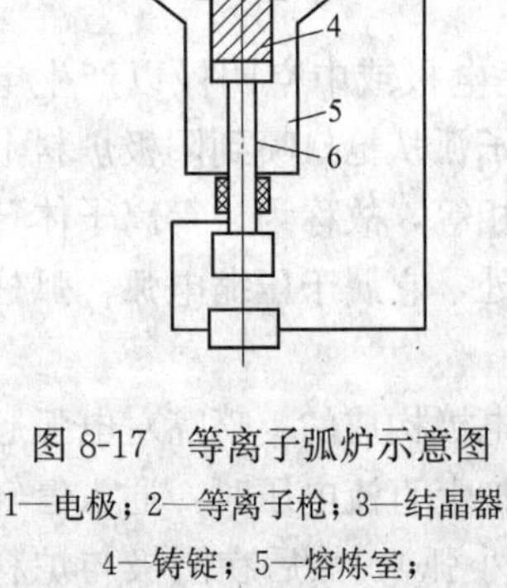

图 8-17 等离子弧炉示意图

1—电极；2—等离子枪；3—结晶器；4—铸锭；5—熔炼室；6—拉锭机构

8.8.3 等离子感应炉熔炼技术特点

这是由感应加热、搅拌和等离子弧熔化、惰性气体保护组合而成的一种新炉子，如图 8-18 所示。由于在感应炉顶加一等离子枪，它具有等离子弧炉和感应炉两种炉子的特点。熔化率和热效率高，用高纯氩气保护时，气相中的氧、氮、氢分压低，相当于 0.13～0.013Pa 真空度，故精炼效果好。

等离子感应炉与真空感应相比，前者在炉料纯度、提纯作用及易挥发元素控制、金属收得率等方面具有优势。

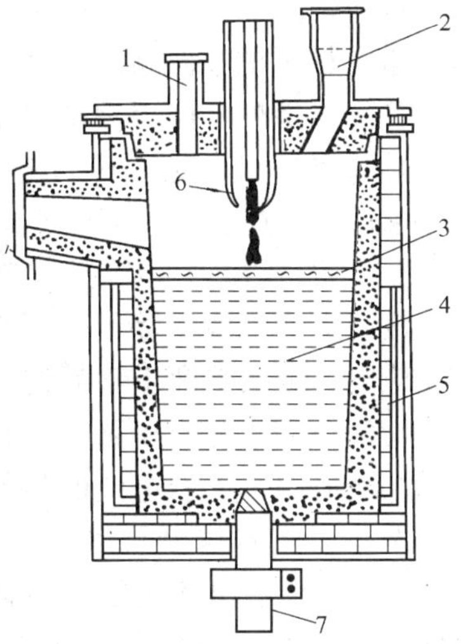

图 8-18　等离子感应炉示意图

1—观察孔；2—加料器；3—熔渣；
4—金属液；5—感应器；6—等离子枪；
7—石墨阳极

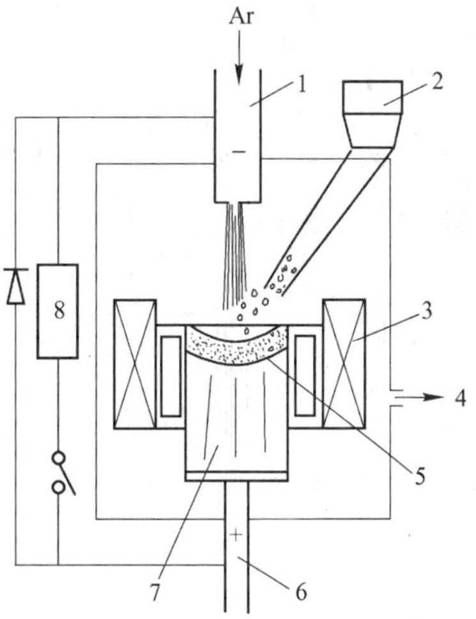

图 8-19　等离子电子束炉示意图

1—中空钽阴极；2—加料器；3—搅拌器；
4—真空泵；5—熔池；6—拉锭机构；
7—铸锭；8—高频引弧器

8.8.4　等离子电子束炉熔炼技术特点

这种炉子是利用氩等离子弧加热钽中空阴极，使其发射热电子，在电场作用下飞向并轰击炉料阳极；同时，热电子在飞向阳极途中，不断地将碰撞的气体分子和原子电离，又释放出高能量热电子，形成热电子束，轰击炉料及熔池，如图 8-19 所示。这种炉子多用于重熔精炼一些重要合金和回收其废料，如各种难熔金属及贵金属合金。当氩气纯度较高时，可得到高真空下才能得到的极纯洁的优质铸锭。可使用各种炉料，熔损较少，热效率高，设备较电子束炉便宜，成本也较低。因此，这种炉子发展较快，现已有装有六支 400kW 等离子枪的炉子，用于直接由海绵钛熔铸成钛锭。

总之，上述三种等离子炉各有其特点。尚待解决的问题是：大功率等离子枪的设计和使用寿命；直流等离子炉虽较成熟，但大容量炉子受到直流电的限制，使用多枪时会产生相互干扰，使用交流电就好些，但交流等离子炉尚待完善；等离子感应炉炉底要装电极，显然不很安全，炉子越大，此问题就越突出。另外，还要注意臭氧及 NO_2 公害问题。为此，除加强通风外，炉子上还要装抽气和净化处理等设施。

8.9　电渣炉熔炼技术

8.9.1　概况

电渣熔炼的突出点是有电渣精炼作用，故可得到优良的锭坯或铸件。因此，电渣重熔技术自 20 世纪 50 年代中开发以来，进展很快，目前已建成 220 吨的电渣炉，重熔产品日益扩大，包括不锈钢、高温合金、精密合金及铜、镍合金等，许多国家还设立了电渣重熔研究中心。我国在电渣重熔方面也取得了较大进展，在设备制造及工艺理论研究上，水平较高。

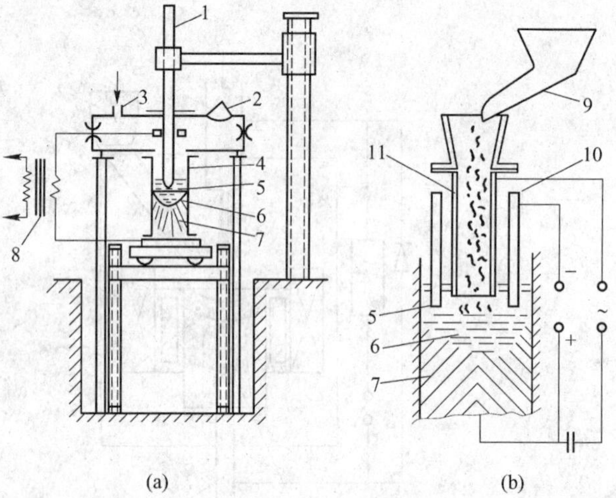

图 8-20　电渣炉工作原理图

(a) 自耗式；(b) 非自耗式

1—自耗电极；2—观察孔；3—充气或抽气口；4—结晶器；5—电渣液；6—金属熔池；7—锭坯；8—变压器；9—加料斗；10—附加非自耗电极；11—加料器

电渣炉是利用电流通过导电熔渣时带电粒子的相互碰撞，而将电能转化为热能的，即以熔渣电阻产生的热量将炉料熔化。其工作原理见图 8-20。与真空电弧炉不同之处，是炉子结构及运转操作较简单，没有庞大的真空系统，可直接用交流电，金属熔池上面始终为一厚层熔渣覆盖，没有电弧。自耗电极埋在渣池内，依靠电渣的热能加热和熔化，随着熔滴尺寸的增大，在其所受重力、电磁力及熔渣冲刷力之和大于金属液的表面张力时，熔滴便脱离电极端部并穿过渣层而降落到金属熔池中。可见，熔渣不仅起着覆盖保护、隔热、导电、加热熔化作用，且始终在起着过滤，吸附造渣等精炼作用，使金属熔体得到提纯。因此，电渣的成分、性能及用量，对熔铸质量起着决定性的作用。同时，熔渣在水冷结晶器的激冷作用下，首先沿结晶器壁表面形成一薄层渣壳，起着径向隔热作用，从而促进熔体的轴向结晶，铸锭致密度高，改善了热加工性能，对难于加工的多相强化高温合金更有实际意义。铸锭表面质量好，不用车皮或刨面便可加工，成材率高。可在大气下熔铸，设备较简单，可用交流电，灵活性大，既可生产某些大型锻坯，也可生产管坯、大型异型件（如曲轴等）。但这种方法工艺较复杂，电耗较高，生产率较低，去气效果较差，对含铝、钛等活性金属的合金，成分不易控制。采用保护气氛，可减少挥发损失。采用附加非自耗直流电极，进行电解精炼，可增大熔速和去气效果。因此，电渣重熔在钢铁方面发展特别快，有的甚至将真空电弧炉改装成电渣炉。用三相三极法生产宽扁锭，用单相双极、双相双极生产板坯及难变形合金管坯等，以铸代锻。目前该法正向大型化、动态程序控制、虹吸注渣快速引弧、活性有色金属重熔新渣系研究等方面发展。

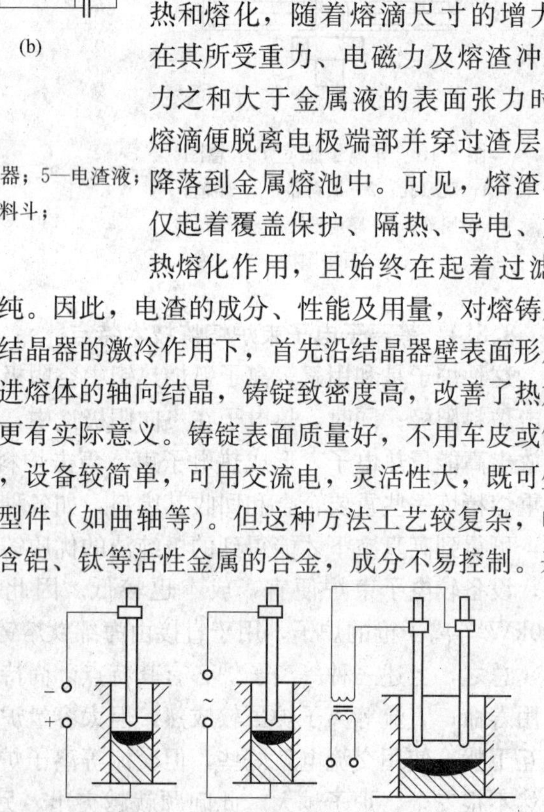

图 8-21　几种接电方式示意图

(a)、(b) 交、直流单极式；(c) 单相双极式；(d)、(e) 三相三极式

8.9.2　电渣重熔技术特点

图 8-21 是常见的几种接电方式。其中单相单极电渣炉最常用，结构简单，可用较大的填充比。一炉一个电极，电极长度大，制作较困难，阻抗及感抗

大，压降也大，电耗高，厂房也高，电网负荷不均。采用双臂短极交替使用电渣炉，可克服上述缺点。单相双极同时浸入渣池，电流从一电极经渣池流回另一电极，电缆平行且靠近，磁场相互抵消，故感抗小，电耗较低，生产率较高，适于生产扁锭。且电流不经过结晶器底部，故操作安全。三相三极炉电网平衡，功率因素高，电耗较低，熔池温度均匀，可生产大规格锭坯，也可用三个结晶器同时熔铸三个锭坯，也可用于生产异型坯件。70年代我国首先开发了有衬电渣炉熔炼新技术，它是以耐火材料坩埚代替水冷结晶器，以便于调控整炉金属液的成分和温度，且浇注一些精密铸件，如复合冷轧辊及曲轴等。

电渣炉熔炼过程的特点是：在熔滴离开电极端面时，往往会形成微电弧，在电磁力等作用下，熔滴被粉碎，因而与熔渣接触面积大，有利于精炼除去杂质；熔渣温度高，且始终与金属液接触，既可防止金属氧化和吸气，又有利于吸附、化合造渣，因而可得到较纯洁的金属熔体。

8.9.3 影响电渣熔铸质量的因素

如上所述，电渣既是热源，又是精炼剂。因此，电渣应有较低的熔点和比重，适当的电阻和黏度，高的抗氧化能力和吸附造渣能力，来源广且价格低等。常用的电渣主要由 CaF_2、Al_2O_3、CaO 及少量其他氧化物所组成。CaF_2 可降低电渣的熔点及黏度，利于夹渣的吸附，且能在铸锭周边形成薄层渣皮，使锭坯表面光洁，促进轴向结晶，在高温下有较高的导电率。故多数渣系都含有较高的 CaF_2，是电渣的基体成分。Al_2O_3 是多种电渣中的主要成分；可增加电阻，提高渣温和熔化速度。含适量 Al_2O_3 的 CaF_2-Al_2O_3 二元电渣应用广泛；在此渣系中加入适量 CaO，可降低电渣熔点，提高碱度和流动性。适量的 MgO 可提高电阻和抗氧化能力。在熔炼含钛较高的合金时，加入少量 TiO_2，可减少钛的熔损，降低渣的黏度和电阻。电渣的电阻不宜过大或过小。在一定工作电压下，电渣的电阻过小，则热量不足，熔化速度慢，熔损增大。电阻过大，渣池温度高，熔化率高，渣池加深，轴向结晶不明显。在正常熔炼条件下，渣池的黏度较低，流动性好，利于精炼反应，改善铸锭表面质量。电渣的导电性好、熔点较低、沸点高，对稳定熔炼过程有利。此外，渣中的 SiO_2、FeO、MnO 等应尽量低，以免氧化烧损合金元素。为此，在配制渣料时，宜选用杂质少纯度高的原料。

渣量和渣池深度对铸锭液穴和质量有很大影响。若渣量多，渣池深，则耗于渣的电能大，用于金属熔池的热量减少，使液穴变浅，铸锭轴向结晶发达，但金属熔池体积过小，会影响精炼效果；反之，渣池过浅，液穴过深，轴向结晶减弱，氧化损失增大。在其他条件一定时，金属熔池和渣池体积之和基本不变，如图 8-22 所示。较合适的渣池深度约为结晶器直径的 1/3～1/2，并随铸锭直径增大而增大。但铸锭直径≤250 毫米时，宜取较深的渣池。

其次，在保证安全操作前提下，采用较高工作电压和电流密度，配合以适当的熔渣深度，能提高渣池温度，细化熔滴，有利于精炼和轴向结晶。但渣温过高，单位电耗加大，合金元素的烧损也大。电渣炉的工作电压比真空电弧炉要高，一般在 30～100 伏内。增大电流密度，熔池温度和深度增大，氧化熔损增大，夹渣多且不利铸锭轴向结晶；当然，电流过小，自耗电极埋入渣池过浅，熔池温度低，不利于精炼过程和轴向结晶，恶化铸锭表面质量。一般通过输入功率来控制电压和电流，铸锭直径小者输入功率宜稍大，直径大者功率可小。

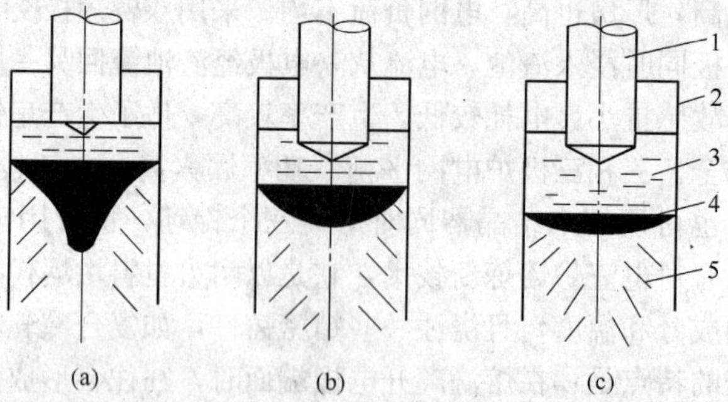

图 8-22　渣池深度和电极埋入深度对熔池形态的影响

（a）电极、渣池过浅；（b）适中；（c）渣池过深

1—自耗电极；2—结晶器；3—渣池；4—金属熔池；5—铸锭

此外，在安全操作前提下，采用较大的填充比，对降低电耗、提高生产率和改善铸锭表面质量有利。自耗电极最好采用先经去气、去渣精炼的铸锭。采用循环软水冷却系统，有利于安全生产和延长结晶器寿命。底座水箱的冷却强度应大些，水压在(1.47～1.96)×10^5Pa(1.5～2.0kg/cm^2)，出口水温控制在 40～60℃。

9 有色金属铸锭技术

铸锭是将金属液铸成形状、尺寸、成分和质量符合要求的锭坯。一般铸锭应满足下列要求：

(1) 锭坯形状和尺寸必须适合压力加工的要求。否则会增加工艺废品及边角废料。

(2) 锭坯内外不应有气孔、缩孔、夹渣、裂纹及明显偏析等缺陷，表面光洁平整。

(3) 锭坯的化学成分符合要求，结晶组织基本均匀，无明显的结晶弱面和特粗晶粒。

有色金属铸锭技术正在不断提高，新方法、新工艺不断涌现。按铸锭长度和生产方式，铸锭方法可分为普通铸锭和连续铸锭两大类。前者简单灵活，多为一些小厂所沿用，至今仍占有一定的比例。后者是大型加工企业发展的必要条件，铸锭质量高，成品率和生产率高。近来，一些小厂也已推广应用半连续铸锭法。

本章将重点介绍各种半连续、连续铸锭技术要点，连铸连轧及其它铸锭新技术；同时，对铁模铸锭技术特点也作了对比性介绍。

9.1 铁模铸锭技术

9.1.1 立模铸锭技术特点

立模铸锭法分为静立模顶注法和倾动模顶注法两种，简称为立模法和斜模法。铸锭所用模子有铁模和水冷铁模两种，按其结构可分为整体模和两半模，如图 9-1 所示。为便于脱模，整体模要有一定斜度。两半模易于脱模，但易出现披缝。立模铸锭的特点是：无水冷铁模冷却强度有限，结晶组织以径向为主且不均匀；在浇注过程中流柱长、冲力大，易于裹入气体和夹渣，易于产生二次氧化，流柱越高，越易产生气孔和夹渣；直径小而长的铸锭，易于产生缩孔甚至中心缩管，须注意补缩；由于模壁阻碍收缩，对于某些金属扁锭常易出现表面晶间裂纹，或表面夹渣等缺陷；铁模制作简便，但铸锭过程劳动强度大，生产率低，成品率低，不适于易氧化生渣合金。

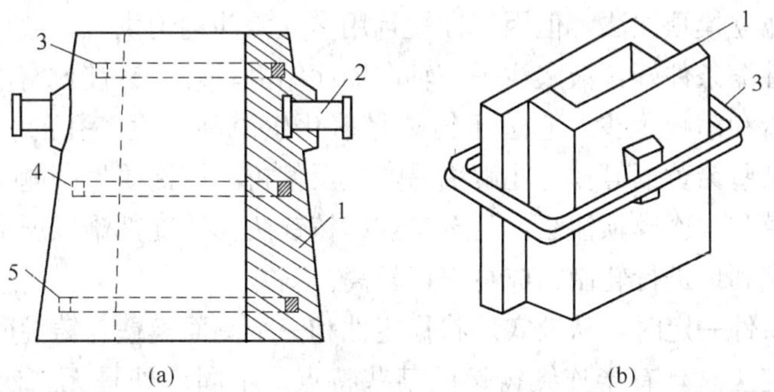

图 9-1 铁模结构示意图

(a) 整体模；(b) 两半模

1—锭模；2—吊耳；3、4、5—钢箍

9.1.2 斜模铸锭技术特点

斜模铸锭时，锭模处于倾斜位置，金属流柱沿铁模窄面模壁流入模底，浇注到模内液面至模壁高的1/3时，便一面浇注一面慢慢转动模子，使在快浇到预定高度时模子正好转到垂直位置，故也称为转动模铸锭，如图9-2所示。其特点是流柱较短，金属液是在氧化膜下流入模内，无飞溅，模内液流平稳，可减少二次氧化生渣和裹入气体，故铸锭中气孔、夹渣较少，表面质量较好，适于铸造易氧化生渣的合金。用水冷斜模铸锭时，冷却强度比铁模大，组织较细密，但铸锭的浇注一侧及模口处，晶粒较粗大，并且易产生晶间裂纹及夹渣等。铝合金小扁锭常用此法浇注。转动模为机械化生产，劳动强度较小，多用于浇注工业纯铝锭，在脱模后即进行热轧，节省能耗。但生产率较低，模缝处易漏和粘渣，须经常维修和上涂料。

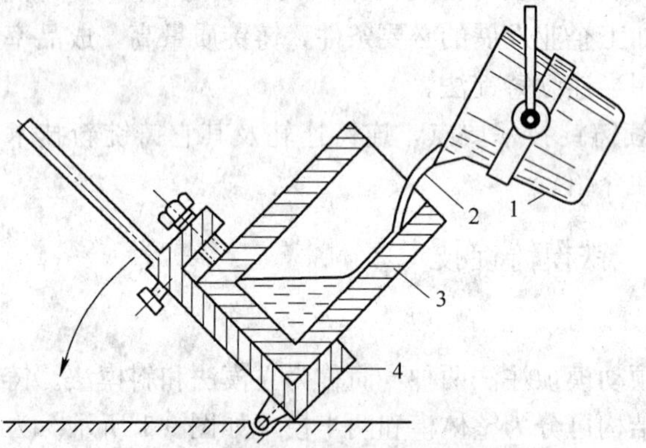

图9-2 斜模铸锭示意图
1—浇包；2—流柱；3—锭模；4—转动装置

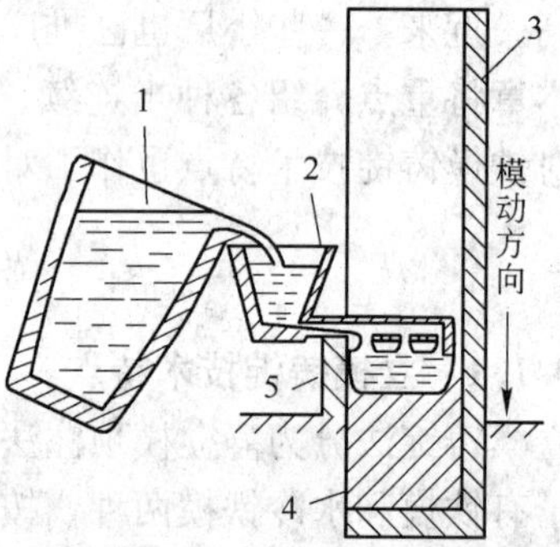

图9-3 无流铸锭示意图
1—浇包；2—漏斗；3—长模；4—铸锭；5—短模

9.1.3 无流铸锭技术特点

无流铸锭见图9-3。它是由固定在底板上的三块长模和一固定在地面的短模形成模腔，金属液从短模处浇入。金属流柱很短，故称为无流或短流铸锭。开始时，底板处于漏斗孔下面不远处，使流柱尽可能短；在浇注过程中，模内金属液面始终保持与短模顶端平齐，带底板的三面长模，则随着金属液的凝固而逐渐下降，直至长模顶端与短模齐高为止。这种方法虽属立模顶注法，但因流柱短且用多孔漏斗均匀供流，故可减少二次氧化生渣和裹入气体，补缩条件好，液穴浅平，轴向顺序结晶较好，铸锭致密度较高，基本上无气孔和夹渣，偏析和缩松也少。它适于铸造易氧化生渣和产生气孔的合金扁锭，如铍青铜、锡磷青铜和某些铅黄铜等；也能解决易产生反偏析的铸锭质量问题。如锡锌铅青铜扁锭，过去采用铁模和水冷模顶注法，甚至半连续铸锭法，铸锭都难以压力加工，而用无流铸锭法，则可较顺利地进行轧制，成材率也较高。

在铸锭工艺条件一定时，从液穴形状稳定性和一个侧面模壁与铸锭间有相对运动的特征来看，无流铸锭法已具有半连续铸锭的某些特点。不同之处是无二次水冷，冷却强度低，铸锭规格较小，且其固定短模一侧的表面质量较差。

9.1.4 平模铸锭技术特点

平模有铁模和水冷模两种，见图9-4。平模铸锭具有由下而上顺序凝固的优点，特别是用水冷底板时。但其上表面易氧化生渣，收缩下凹或出现缩松，要多次补缩，故表面质量差。浇注熔点较高合金时，常易在流柱冲击处产生熔焊现象，降低底板寿命。平模铸锭法主要用于生产线坯及某些热轧易裂合金扁锭，如铅黄铜、单相锡黄铜、锌白铜等。有时也用来浇注易产生气孔和反偏析的锡锌铅青铜扁锭。此外，铅板坯、中间合金及重熔废料的铸坯，多用平模法铸造。

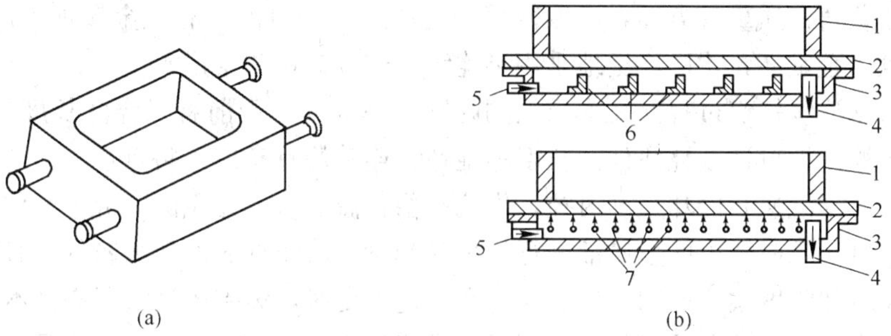

图 9-4　平模结构示意图

(a) 整体式；(b) 水冷式

1—锭模；2—底板；3—水套；4—出水口；5—进水口；6—挡板；7—喷水管

9.1.5　真空吸铸技术特点

真空吸铸装置见图 9-5。它是将水冷模下端浸入金属液中，用机械泵将模内的空气抽出，金属液便在大气压力作用下进入模内，经过一定的冷凝时间接通大气，凝固的锭坯依靠自重而脱落下来，即可得到一定长度的锭坯。若在模中装一芯棒，或在铸锭中部的金属液尚未凝固时使之与大气相通，未凝固的金属液便在自重下落回熔池中，这样就可得到管坯。锭坯长度可用真空度来控制，其关系式为

$$P = 760 - \frac{\rho \cdot L}{13.6} \qquad (9.1)$$

式中，P 为模内的真空度，mmHg；ρ 为金属液密度，g/cm^3；L 为锭长，mm。

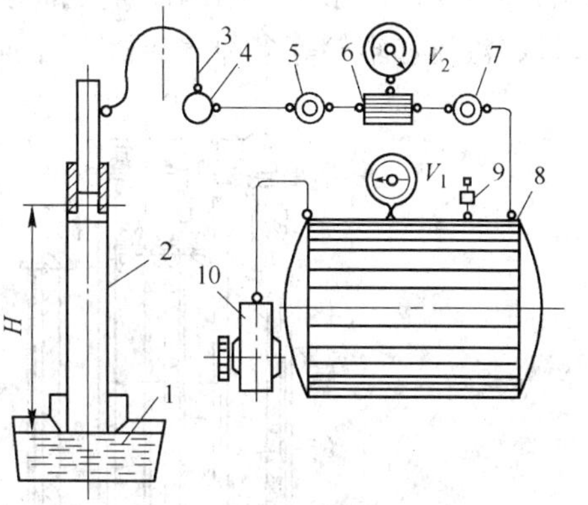

图 9-5　真空吸铸法示意图

1—金属液；2—结晶器；3—管道；4—捕渣器；5—真空阀；6—调压器；7—节流阀；8—真空罐；9—放气阀；10—真空泵

真空吸铸的金属和合金，一般浇温较低。冷却结晶器的进水温度要比室温高 5～10℃。吸铸和冷凝时间应保持一定。结晶器浸入熔池中的深度，可用下式求出：

$$h = L\frac{r^2}{R^2} + 10 \qquad (9.2)$$

式中，h 为结晶器浸入熔体深度，mm；r 为结晶器半径，mm；R 为熔池半径，mm。

真空吸铸法适于生产一些易于氧化生渣的合金，是生产小直径锭坯、管坯的一种简便方法。铸锭的长度受限制且与密度有关。其特点是没有二次氧化，且可去气，表面质量

好，劳动条件好，但生产率低，锭内有缩孔及疏松。

9.2 立式连续及半连续铸锭技术

9.2.1 概况

从1933年德国人Junghaus首次研制成黄铜立式半连续铸锭机以来，连铸技术在提高生产率及改善铸锭质量等方面，已取得了长足的进步。目前，有色金属加工厂的铜、铝、镁、锌及其合金锭坯，均已广泛地采用半连续或连续铸锭法生产。

半连续和连续铸锭过程并无本质上的区别，差别仅在于前者只浇注长度为3～8米的铸锭，后者原则上可连续浇注任意长度的锭坯。连铸法具有以下特点：

首先，由于浇速和冷却强度可控，供流平稳且流柱短，无飞溅，混入气体及夹渣的可能性小，并可对结晶器内的金属液进行保护和润滑，故铸锭表面质量较好。其次，有二次水冷装置，冷却强度大，许用较低浇温，在浇速不变时，铸锭中液穴形态基本不变且较浅平，结晶速度较大，轴向顺序凝固较明显，致密度较高，气孔、夹杂、缩孔等缺陷较少，铸锭结晶组织较匀细，枝晶臂间距短小，切头去尾损失小，收得率和成品率高。此外，由于机械化程度高，劳动强度较小，能多根锭坯同时铸造，生产率高，占地面积较少，但技术条件要求严，工艺较复杂，对于某些合金的大锭，产生某些缺陷的敏感性增大，如裂纹和缩松等倾向性较为明显，而且随合金品种规格而异。

9.2.2 铸锭机

半连续铸锭机的特性对铸锭的技术经济指标有着重要的影响。铸锭机包括铸锭升降机构、地坑及冷却水井、结晶器等几部分。按照铸锭机的传动机构的不同，有钢绳、链条、丝杆、液压和辊轮等多种铸锭机。目前，工厂广泛应用的是钢绳铸锭机，如图9-6所示。

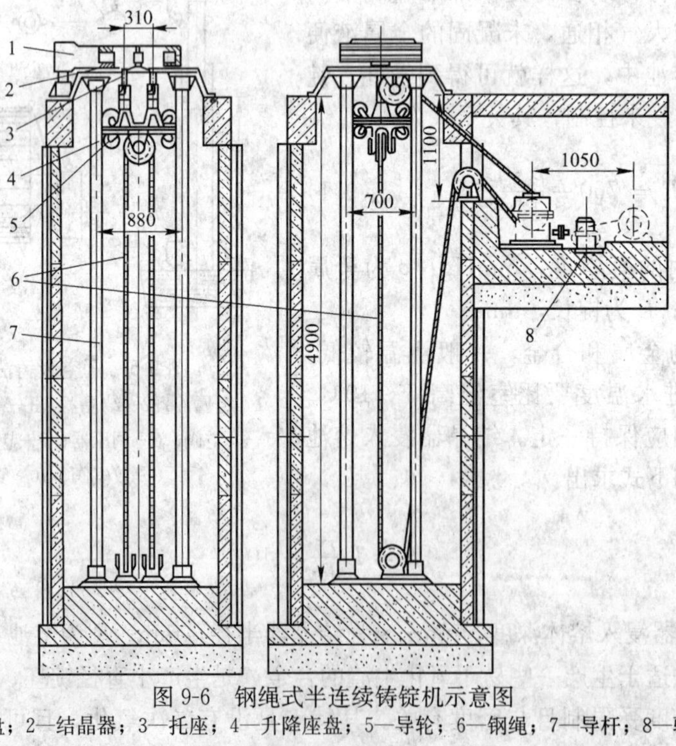

图9-6 钢绳式半连续铸锭机示意图

1—回转盘；2—结晶器；3—托座；4—升降座盘；5—导轮；6—钢绳；7—导杆；8—驱动机构

在铸锭过程中，用无级调速的直流电机控制铸锭速度。交流马达用于牵引底盘快速升降。这种铸锭机的特点是：结构较简单，运行速度较稳，载重量大，适于铸造较大锭坯，能利用地坑，占地面积小；但易产生摇晃，金属液易漏在钢绳和滑轮上，维修不方便，钢绳易损坏，当其变形不匀时，运行不平稳。

丝杆铸锭机也是常用的铸锭机之一。其运行情况和钢绳铸锭机相类似，铸锭时运行较稳定，也能铸造较长较大铸锭；但丝母易损坏，维修较频繁。

液压铸锭机的结构示意图见图 9-7。该机的结构较复杂，适于铸造规格较小的锭坯；行程较短，一般铸锭不超过三米长；且易受锭坯重量变化而变速，在铸锭后期，铸锭速度将随锭重增大而逐渐加快；制造维修较困难，易发生漏液现象；铸坑的有效利用率较低，但运行平稳，可任意调控铸锭速度。

立式连续铸锭机和半连续铸锭机基本相同，不同之处在于多一套同步锯切和辊道运锭装置。为使结构简单和操作方便，立式连续铸锭机多用辊轮引锭装置，如图 9-8 所示。在紫铜、锌、黄铜连铸中，该机已广泛应用。其中立弯式多辊连铸机，一般便于实现连铸连轧，多见于铸钢。

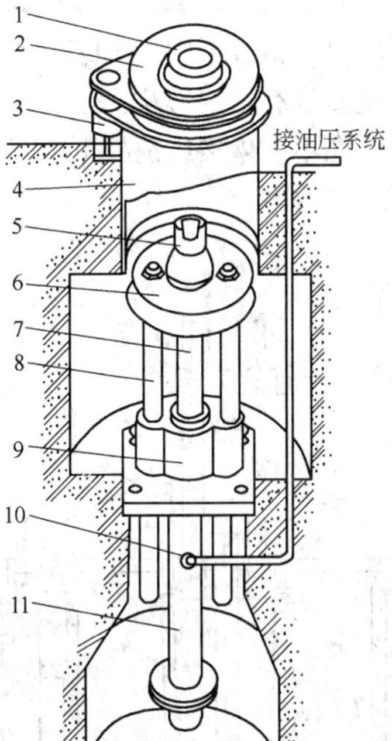

图 9-7 液压式半连续铸锭机示意图

1—结晶器；2—回转盘；3—轴；4—保护罩；5—托座；6—底盘；7—柱塞；8—导杆；9—底座；10—油管；11—柱塞缸

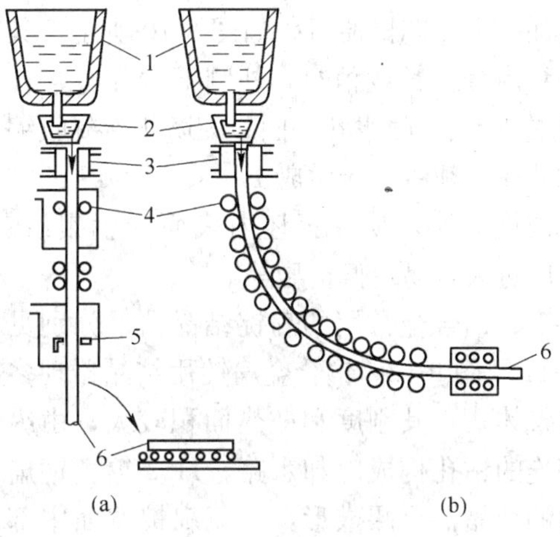

图 9-8 辊轮式连续铸锭机示意图

(a) 立式；(b) 立弯式

1—保温包；2—浇斗；3—结晶器；4—夹辊；5—飞剪；6—锭坯

9.2.3 结晶器

结晶器是铸锭成形的主要工具，它的结构合理与否，不仅影响锭坯尺寸公差，而且影响锭坯内外质量。结晶器一般由内套和外壳组合而成，图 9-9 是圆锭结晶器的一种。铜合金用结晶器内套外侧做成斜壁，有防止冷隔作用。为防止内套变形，内套外边常做成螺旋

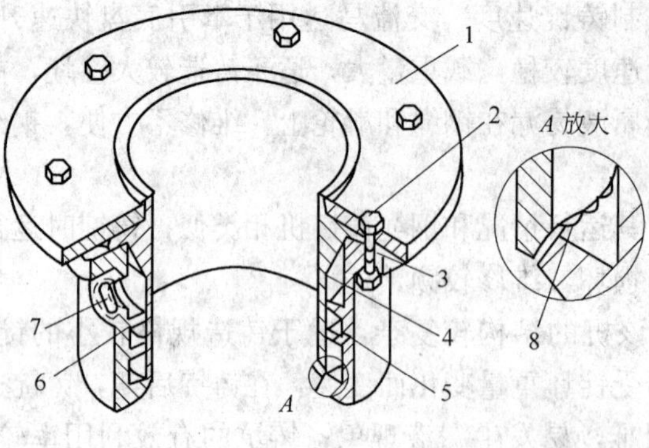

图 9-9 圆锭结晶器示意图

1—上盖；2—螺栓；3—密封圈；4—内套；5—外套；6—螺纹筋；7—进水口；8—喷水槽

筋，它能成为冷却水的导向板。直径大于 160 毫米的铝合金用结晶器，其内上端 30 毫米左右的高度处，加工成锥度为 1∶10 斜面，在整个浇注过程中，金属液面保持在此锥度区内，以降低其冷却强度和冷隔倾向。

结晶器内套下缘内径是铸锭的定径带，其直径 D 可由下式确定：

$$D=(d+2\delta)\times(1+\alpha) \quad (9.3)$$

式中 d 为铸锭名义直径；δ 为铸锭车皮厚度，取决于铸锭表面质量；α 为金属线收缩系数。在内套外侧下端开一圈半圆形小孔，与外套一起构成二次冷却水喷孔。喷孔与锭轴线成 20°～30°角。进水孔面积要比喷水孔总面积大 15%～20%。结晶器内套应采用导热性和耐磨性较好的材料，壁厚8～10毫米，表面不平度平均高度值应在 3.2～6.3 微米。有的需在内套表面镀以 0.1 毫米左右的铬。铜合金结晶器内套常用紫铜、铜锰合金及石墨等，铝合金则用 LD5 及 LY11 等锻坯加工而成。外套多用铸铁或锻铝。结晶器高度对铸锭质量有重要影响。铝合金结晶器高度在 100～200 毫米内，铜合金多在 150～300 毫米内。在不产生裂纹前提下，一般应尽可能选用短结晶器。

铸造管坯用的结晶器，只需在圆锭结晶器内加一水冷芯棒便可，如图 9-10 所示。其长度和内套等长或稍短，外侧下端开有与锭轴线成 30°角的喷水孔一圈。为防止冷凝收缩抱住芯棒，须将芯棒做成 1∶14～1∶17 的锥度。锥度太小，易使管坯内表面产生裂纹；但锥度过大，易生偏析瘤等缺陷。

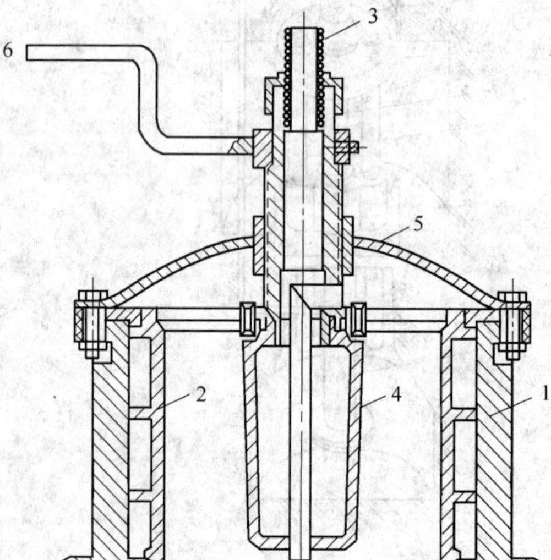

图 9-10 铸造管坯结晶器示意图

1—外套；2—内套；3—水管；4—芯棒；5—芯棒支架；6—芯棒转动装置

铜、铝合金常用的扁锭结晶器，分别见图 9-11 及图 9-12。铜合金扁锭用结晶器现多做成整体式，其刚度和散热面积较大，由纵横相连的钻孔构成冷却水路。H62 等黄铜扁锭用的结晶器呈腰鼓形，以免扁锭宽面中部变凹形。铸造紫铜大扁锭用的结晶器采用石墨作内衬时，铸锭表面质量好，不用铣面即可进行轧制。硬铝系合金扁锭用结晶器两端做成圆弧形，宽面中部也带稍向外凸的弧形，两端窄面内套下部带有切口；软铝合金用的扁锭结晶器窄面也有切口，只是切口比硬铝小些，见图 9-12。

此外，还有一些较特殊的结晶器，如“拉红锭”工艺用的小喷水角结晶器，用于易热裂且易生层状断口的 HPb59-1 铸锭；自然振动工艺用的内套带槽沟结晶器，用于易生反偏析瘤的 QSn6.5-0.1 铸锭，均收到了较好的效果。为了细化晶粒和降低热裂倾向，镁合金铸锭常用带电磁感应搅拌器的结晶器，铸大锭时感应搅拌器宜装于结晶器上面，小铸锭宜设在结晶器外围。总之，设计结晶器时必须结合合金的铸造特性。

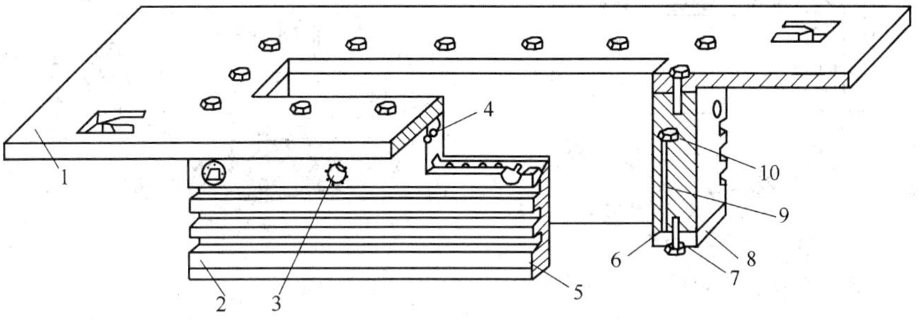

图 9-11　铜合金扁锭用结晶器示意图

1—盖板；2—内套；3—进水孔；4—进油孔；5—密封垫；6—喷水孔；7—螺栓；8—托板；9—水道；10—横水道

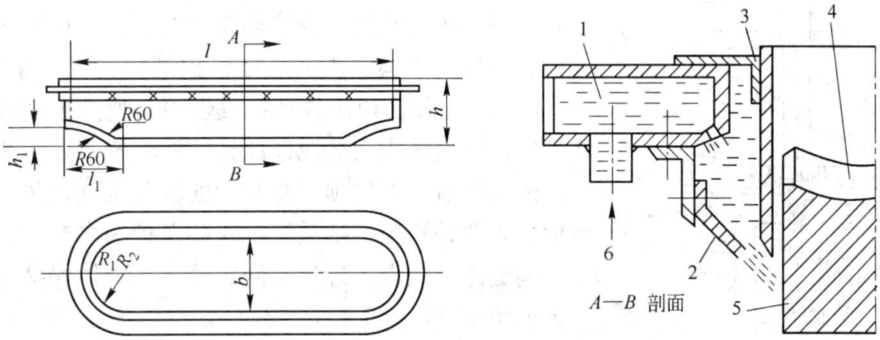

图 9-12　硬铝系合金扁锭用结晶器示意图

1—水箱；2—挡板；3—结晶器内套；4—托座；5—铸锭；6—进水口

9.2.4　熔体转注及节流装置

金属液从保温炉输送到结晶器去的全过程称为熔体转注。在转注过程中金属液要保持在氧化膜下平稳地流动，转注距离应尽可能短，否则，二次氧化渣及气体混入熔体，会造成夹渣和气孔。漏斗用于合理分布液流和调节流量，影响液穴形状和深度、熔体流向及温度分布、铸锭表面质量及结晶组织。图 9-13 是几种常用漏斗及液流自控装置。铝合金温度低且温降较慢，利用石棉压制的浮塞，便可实现简便的自动节流。铜合金温度高且温降快，要用不易粘结铜的石墨作塞棒、注管等，依靠调节塞棒上下的距离来控制流量，如图 9-14 所示。但石墨塞棒等易氧化、破断及使用寿命短。镁合金熔体在转炉及转注过程中，更易氧化生渣，宜采用密封性好的电磁泵、离心泵或虹吸法进行转运。

9.2.5　熔体保护及铸锭润滑

熔体的保护关系到铸锭的表面质量及最终夹渣量。铝合金熔体表面的 Al_2O_3 膜有保护作用。铜、锌、镁及其多数合金的氧化膜一般都无保护作用，特别是高锌黄铜及镁。铸造高锌黄铜时，由于锌的蒸气雾阻碍视线，往往看不清模内或结晶器中液面水平，给操作

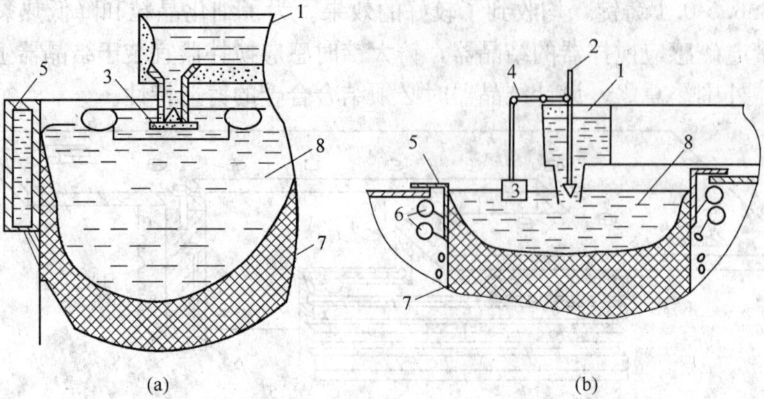

图 9-13 铝合金常用自控节流装置示意图

(a) 圆锭用；(b) 扁锭用

1—流盘；2—控制阀；3—浮塞；4—杠杆；5—结晶器；6—喷水管；7—铸锭；8—液穴

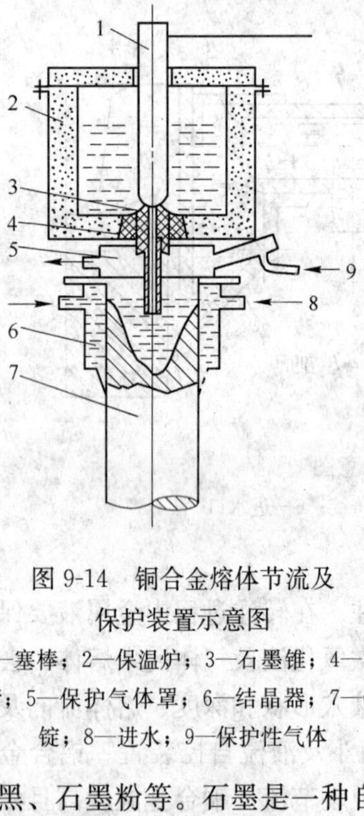

图 9-14 铜合金熔体节流及保护装置示意图

1—塞棒；2—保温炉；3—石墨锥；4—浇管；5—保护气体罩；6—结晶器；7—铸锭；8—进水；9—保护性气体

者带来困难，同时会给铸锭造成表面及内部夹渣。为此，对熔体的转注及浇注均应进行保护。保护剂分为气体、液体及固体三种。气体保护剂有氮气、煤气、SO_2气、SF_6气及铁模用各种挥发性涂料所产生的气体。保护气体在熔体表面造成还原性或中性气氛，防止空气与熔体接触氧化，但须控制其中的氧及水气含量。固体保护剂主要是炭黑、烟灰等。这些保护剂多有污染环境和不利健康的缺点。近年来研制了一些液体保护剂，如铝黄铜用的84NaCl-8KCl-8Na_3AlF_6液体熔剂，铝青铜用的Na_3AlF_6-$Na_4B_2O_7$。最近研制的硼砂液体熔剂，其熔点低，不用事先熔化，只需烘干去水，流动性好，没有烟气，使用方便，可减少冷隔，改善铸锭表面质量，细化表层晶粒，几乎所有的铜合金都可使用。

此外，为减少铸锭与结晶器间的摩擦阻力及机械阻力所造成的裂纹，改善铸锭表面质量，延长结晶器的使用寿命，有必要对结晶器进行适当的润滑。使用润滑剂对铜合金来说，有着重要的实际意义。润滑剂有油类、炭黑、石墨粉等。石墨是一种自润、耐磨、耐蚀的润滑剂，用作铸造紫铜扁锭结晶器内衬，效果良好。用炭黑及鳞片石墨粉作润滑剂，可粘附在结晶器壁上形成缓冷带和润滑层，可减小拉锭阻力。铝合金、铜合金半连续铸锭时，均可用油润滑结晶器壁。油能润湿和粘附结晶器壁，但挥发点要高，挥发物含量不宜过多，不含水和硫等有害物质。

9.2.6 立式连续铸锭技术特点

在合金和铸锭工艺条件一定时，连铸过程的基本特点是：液穴形状及深度、固液两相共存的过渡带、结晶方式及组织三者基本不变。这三者将对铸锭性能产生重大影响。液穴的形状及深度主要与合金性质及工艺条件有关。由式（4.38，4.39）可知，在铸锭工艺条件相同时，液穴深度取决于合金性质。合金的导热性好，结晶潜热、比热及密度小，熔点高，则液穴浅平。在合金一定时，液穴深度随浇速、浇温和铸锭尺寸增大而加大。减弱二次水冷强度，增大结晶器高度和锥度，均会使液穴加深，并使结晶器附近的凝壳减薄。加大浇速和浇温，集中供流，提高一次水冷强度，则液穴深而尖；反之，加大二次冷却强度，分散供应并降低浇速浇温，则液穴浅平。

过渡带与合金性质及铸锭工艺条件也密切相关。在其它条件相同时，结晶温度范围宽且导热性好的合金，其过渡带较宽。在合金一定时，过渡带尺寸随冷却强度增大及结晶器高度减小而减小；反之，随浇温浇速增大及冷却强度减小而增大。此外，加大结晶器高度和浇速，会使铸锭周边部分的过渡带扩大。结晶器锥度及供流也有影响。

液穴和过渡带尺寸增大，会促使铸锭周边组织疏松、气孔、偏析和粗化晶粒，降低强度和塑性；在二次水冷强度较大时，液穴过深，会促进中心裂纹甚至出现通心裂纹。在连铸大规格高强度合金铸锭时，最不易解决的裂纹、缩松和偏析等问题，都与液穴深和过渡带宽有关。

此外，液穴形态对铸锭的结晶组织也有影响。由式（4.37）及图 4-17 可知，当其它条件一定时，浇速愈快，结晶器愈短或金属液面愈低，则平均结晶速度愈大。实践表明，尽管提高浇速对生产有利，但结晶速度和浇速的增加都是有一定限度的。当浇速提高到使液穴深度等于铸锭半径时，结晶速度、组织和性能就达到较高水平；进一步提高浇速，从理论上还可加快结晶速度至接近或等于浇速，但在实际上不仅结晶速度不再呈线性增大，而且液穴加深，应力裂纹增大，结晶组织和性能都会变坏。因此，对于浇速应予特别重视，在不产生裂纹等缺陷前提下，应尽量用高浇速。

9.3 卧式连铸技术

9.3.1 概况

卧式连续铸锭也称水平连铸。它是有色金属材料生产技术中，近 30 年来的重大进展之一，是引人注目和发展最快的一项新技术，特别是薄而小的锭坯连铸连轧技术。

卧式连铸的方法及装置较多，形式多样且各有特色，专用性强。一般分为板带坯水平连铸，棒管坯水平连铸，线坯连铸连轧。按结晶器结构和工作原理不同，又有固定模和动模连铸之分。动模连铸机又可分为双轮式、双带式及轮带式三类。下面将分别予以介绍。

与立式连铸相比，卧式连铸不需要高大厂房和深井，设备较简单，投资少，上马快，易将熔炼、铸锭、轧制、热处理、卷取等工序组建成连铸连轧生产线，实行自动化生产，生产率高，设备水平布置便于操作和维护，劳动条件好，适宜于连铸规格较小的板、带、棒、线坯，锭坯质量较好，力学性能较高。大量生产小规格锭坯，可避免用大挤压机挤成后续深度加工用坯的不合理工艺。但存在结晶器使用寿命短和石墨耗用量大，润滑不良时难以保证铸锭表面质量等问题。这对于铜合金卧式连铸来说，就显得更为突出。此外，由于受到重力收缩的影响，铸锭上表面会下陷，下表面则与结晶器壁紧密接触，铸锭断面温度不匀，组织也不很均匀。在铸锭速度不平稳时易泄漏，工艺不当时常易出现横向裂纹等缺陷。尽管如此，对直径小于 150 毫米圆锭及薄截面扁锭，用卧式连铸法最为理想。国外已成功地用此法铸造大截面铸锭，并正在大力推广应用。在西方国家加工用的锭坯中，连铸锭坯已达到 75％以上，预计今后 90％以上的有色金属锭坯将采用连续铸锭法生产。对一些易于热轧开裂的合金锭坯，将普遍推广水平连铸法。近十多年来，对于开发有色金属水平连铸及连铸连轧技术，各国都给予了很大的注意，并在进一步扩大试验和生产规模，完善设备和工艺条件。

9.3.2 铝合金水平连铸技术特点

9.3.2.1 铝合金圆锭水平连铸技术特点 水平连铸圆锭的特点之一，是结晶器固定在保温炉侧面上，构成由保温炉到结晶器一个密封的浇注系统，如图 9-15 所示。在浇注过程中，熔体不与大气接触，可免除氧化生渣和气体混入铸锭。其次，水平连铸铝圆锭的结晶器短，其有效长度（即结晶区）只有 10～30 毫米，故锭坯表面质量良好，不车皮即可进行连轧，具有较大的经济效益。再次，由于卧式连铸时可适当降低浇温并提高浇速，故生产率较高。如直径 100 毫米的铝锭卧式连铸时，浇速可由立式连铸的 150～160 毫米/分，提高到 220～250 毫米/分，直径 110 毫米的 LY12 圆锭，可由 120 毫米/分提高到 160～180 毫米/分，且铸锭的力学性能有所提高。实践表明，铝合金水平连铸的基本规律，即液穴形态与铸锭工艺参数等关系，与立式连铸的情况基本相同。只是液穴底部的位置偏离了铸锭轴线；同时，铸锭上部熔体滞后凝固现象也较明显。当冷却条件不变时，浇速大或浇温高，液穴深度和滞后凝固的距离也加大［图 9-15（b）］。随着浇速增大，液穴底部偏离锭坯轴线的距离减小。这是因铸锭在自重作用下，其下部表面与结晶器壁接触紧密，冷速较大；而上部与结晶器壁间有空隙，冷速较小，故导致上部滞后凝固。这是造成铸锭上下结晶组织不匀的主要原因。

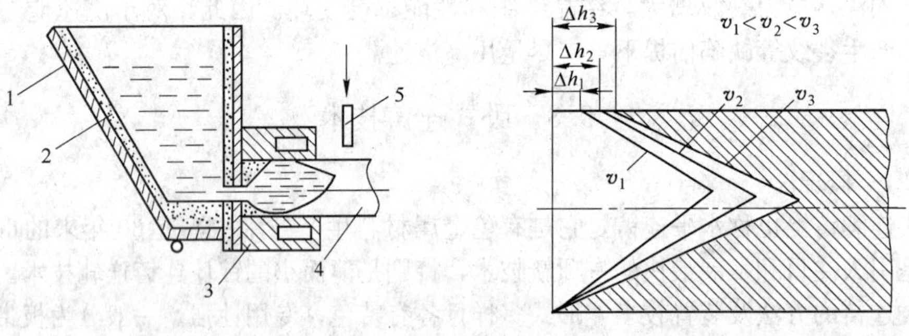

图 9-15 水平连铸铝锭及液穴滞后凝固示意图

1—保温炉；2—内衬；3—结晶器；4—铸锭；5—二次冷却水管；

v—浇速；Δh—滞后凝固

另一特点是水平连铸时须使用石墨内衬和导流喇叭碗。石墨内衬起减摩和润滑作用。为此，作内衬的石墨要用细密的热解石墨，内衬表面要磨光和有渗透润滑油的孔道。这是因为石墨内衬仅在开始一段时间内，能保证得到良好的铸锭表面质量。以后随着金属蒸气沉积物和其它夹杂物粘结在石墨内衬表面上，增大了摩擦阻力，降低了传热速度，易使铸锭表面凝壳变薄，冷却速度减慢，促进晶间裂纹和横向裂纹。因此，最好在石墨内衬外面设有油路，使形成一个自动润滑系统，在一定压力下，润滑油能通过内衬上的油路，渗透到结晶带的气隙中去起润滑作用，达到润滑减摩和防止拉裂、改善铸锭表面质量的目的。

为了防止结晶器内熔体液穴的偏离及其带来的不利影响，均匀结晶组织和改善铸锭质量，一般在结晶器前端嵌入一带导流孔的喇叭碗，如图 9-16 所示。这是由于熔体的热量主要由结晶器下部导出，为均衡结晶器内的温度分布和均匀冷却，使熔体能平稳地流进结晶器，一般多从喇叭碗的下半部以片状导流孔导入熔体。这样，能较合理地分配液流，造成大体均匀的结晶条件，防止结晶器内底部熔体的温降过大，故对铸锭的表面质量有利。喇叭碗宜选用保温性、热稳定和耐金属液热蚀性好的材料。

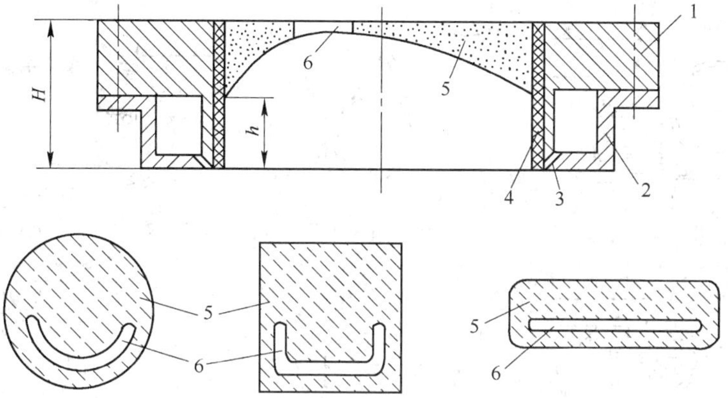

图 9-16　铝合金水平连铸用结晶器、喇叭碗示意图

1—内套；2—外套；3—喷水孔；4—石墨内衬；5—喇叭碗；6—导流孔

结晶器长度多在 50～100 毫米内，结晶带长大致为 10～30 毫米。结晶带过长，摩擦阻力大，液穴内熔体可使气隙处的凝壳重熔，促进裂纹和偏析瘤的形成；反之，结晶带过短，可减少拉裂，但凝壳太薄，易造成漏铝。由于结晶器短，一般不要锥度或稍带锥度即可。喇叭碗表面要光滑，与内衬接触处要紧密，导流孔深度不宜太大。

9.3.2.2　铝合金扁锭连铸技术特点　用固定模进行水平连铸扁锭的技术特点，基本上和水平连铸圆锭一样，不再赘述。目前，不仅铝合金广泛使用各种动模连铸法，铜、锌及钢板带坯也在推广应用这种连铸法。采用连铸机与连轧机等组成连铸连轧机列生产线生产铜、铝板、带、线坯，比沿用旧法具有明显的优点：从熔体连铸连轧成板、带、线材，性能均匀，可节省二次加热锭坯的能耗、减少氧化和酸洗损耗、时间等，切头去尾少，成品率和生产率高，成本低。因此，目前各厂家都在争先研制连铸连轧设备，并出现多家联合制造连铸机列的情况。80 年代以来，在连铸连轧技术方面每年申请的专利约在 450 项以上，如加宽加厚铸锭使适合连续轧制，用惰性气体保护熔体，自控整个生产过程，以提高材料质量和技术经济指标等。现已用这些新设备新工艺生产出电池壳用锌合金带材，造币用铜合金带材，汽车轴承用铝锡合金带材及饮料罐用铝带材等。

直接由金属液连铸成材的研究工作，早在 20 世纪初就进行过，但到 50 年代初才始见成效并开始用于生产。第二次世界大战后，由于线、带材的需求量增大，仅靠机械加工法生产是满足不了要求的，这便促进了连铸连轧机列的发展。40 年代末，Properzi 两轮轮带式连铸机问世，并铸出了铝线坯。50 年代相继开发应用了 Hunter 两轮连铸机下注法，铸出了薄铝板坯。其后不久，便出现了水平浇注的 3C 式两轮连铸机，及大同小异的 Alusuisse Ⅰ型、Harvy 和 Conquilard 式等两轮连铸机。另外，Hazelett 双带式连铸机于 1956 年研制成功，不久 Alusuisse Ⅱ型及 Hunter-Douglas 双履带式连铸机也相继问世。轮带式连铸机主要用于连铸铜、铝线坯；双轮式及双带式连铸机则主要用于连铸薄板、带坯。对于年产 3 万～10 万吨单一的铝合金板带材的大型企业，采用 Hazelett 连铸机列较为有利；而年产 1 万～3 万吨的中小工厂，则以双轮式连铸机较合适。这些连铸机的工作原理示于图 9-17。

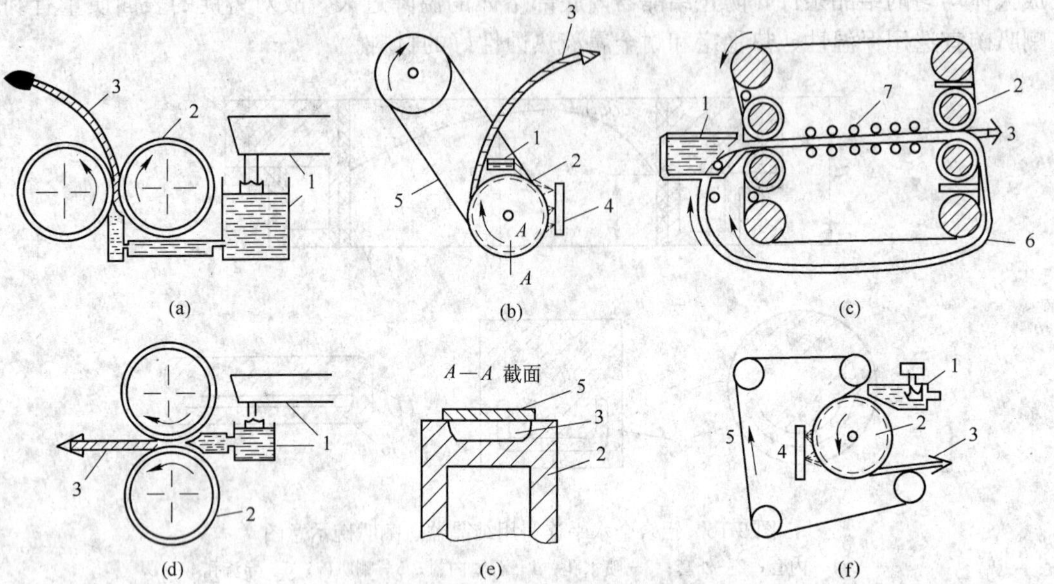

图 9-17　几种典型动模连铸工作原理图

(a) Hunter 底注法；(b) Properzi 连铸法；(c) Hazelett 水平连铸法；(d) 3C 法；

(e) 轮带模断面；(f) Mann 法

1—浇斗；2—轮模；3—锭坯；4—冷却水；5—钢带；6—侧链；7—支承辊

双轮式连铸机是较简单而实用的铝带坯连铸机之一。其连铸机列工艺过程见图 9-18。此法的技术特点是：金属液是在熔体静压力作用下，由双轮下面或侧面进入相对旋转的水

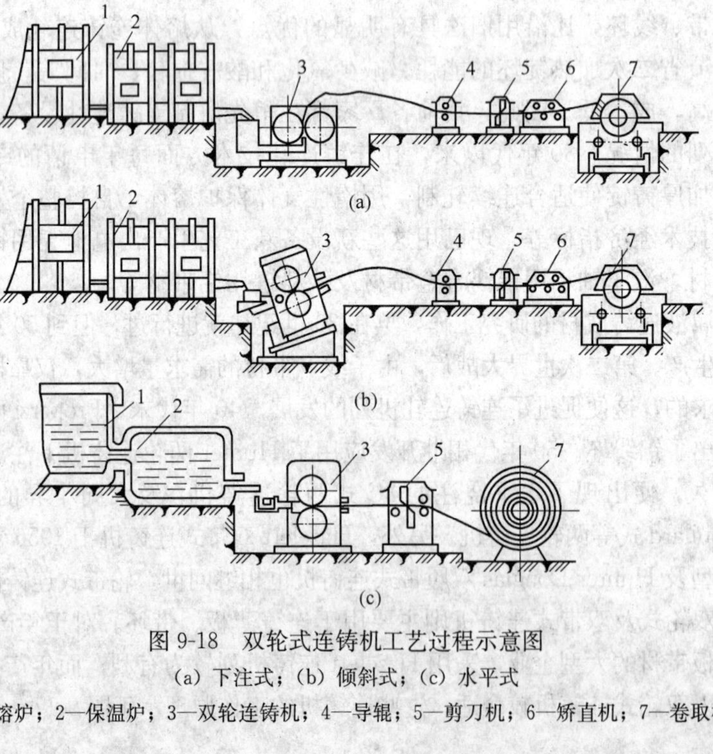

图 9-18　双轮式连铸机工艺过程示意图

(a) 下注式；(b) 倾斜式；(c) 水平式

1—熔炉；2—保温炉；3—双轮连铸机；4—导辊；5—剪刀机；6—矫直机；7—卷取机

冷辊缝中，被迅速冷凝成坯，并被咬入而受到少量变形，即热轧成一定厚度的带坯，经矫直剪边再卷取。关键是带坯内的液穴深度要严格控制，须与浇斗中的熔体水平相适应。当液穴深度过短时，即金属液刚接触辊面便已凝固，到通过辊缝时只有部分金属经受热轧；当液穴深度过长时，咬入辊缝中的液穴尚未凝固，则加工率太小。一般宜在较小液柱静压差下，使液穴刚凝固完便进入辊缝中，可得到较大而均匀的变形、表面光洁平整的带坯，且省能耗，减少几何废品。但适于此法的合金品种有限，操作水平要求较高。现已用此法生产了宽600～2000毫米，厚6～12毫米的铝及铝合金带坯，可用来轧制铝箔等。

双带式连铸机是由上下两条钢带和两条侧链组成动模，熔体从一端用浇斗注入，随着钢带的向前移动，在水冷钢带的冷却下，带坯由另一端脱模出来，经导辊送到轧机等机列上加工成材。它和双轮式连铸机列一样，已有多种型号，可用以生产锌、铝、镁、铅、铜和钢的板带坯，也可连铸型、棒及线坯。板带坯最大截面达(600～2500)×(50～100)毫米。成品率和生产率高，一般偏析小，表面光洁。

9.3.3 铜合金水平连铸技术特点

9.3.3.1 铜合金锭坯水平连铸工艺要点　铜合金水平连铸装置示于图9-19。与铝合金水平连铸不同之处，是铜合金水平连铸须用较长结晶器和间断拉锭制度；同时，结晶器内衬及浇注系统均须采用石墨制品。石墨内衬及注管见图9-20。石墨制品表面均须光洁，浇注前要涂以含石墨粉的耐热脂，且须充分预热到发红。实践表明，炉头的温度高低和浇注系统的温度及润滑，是铜合金水平连铸能否顺利进行的关键之一。

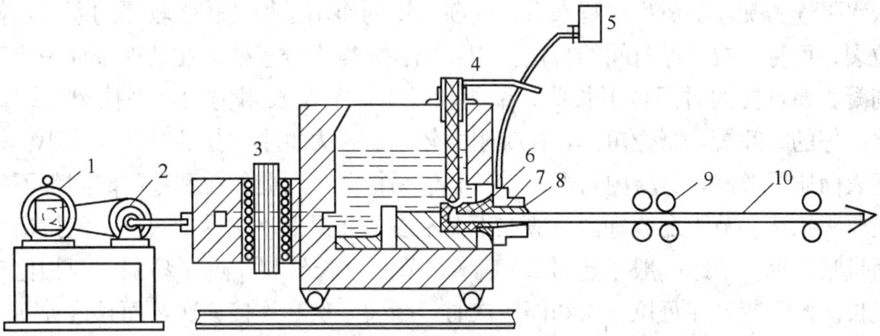

图9-19　铜合金水平连铸装置示意图

1—马达；2—偏心轮；3—工频感应炉熔沟；4—塞棒；5—润滑油罐；6—石墨注管；7—石墨内衬；8—结晶器；9—导辊；10—铸锭

水平连铸铜合金锭主要的质量问题是下侧表面和中心裂纹。金属液、氧化渣及其它易熔渗出物粘附内衬的粘着力，铸锭与内衬间的摩擦阻力及与阻碍其收缩的拉应力，三者共同作用于锭坯凝壳上，当拉应力大于凝壳强度极限时，将出现下侧裂纹。在拉速大且二次水冷强度大时，液穴在结晶器外受到激冷，径向收缩受阻而产生中心裂纹。因此，提高结晶器内衬表面光洁度和

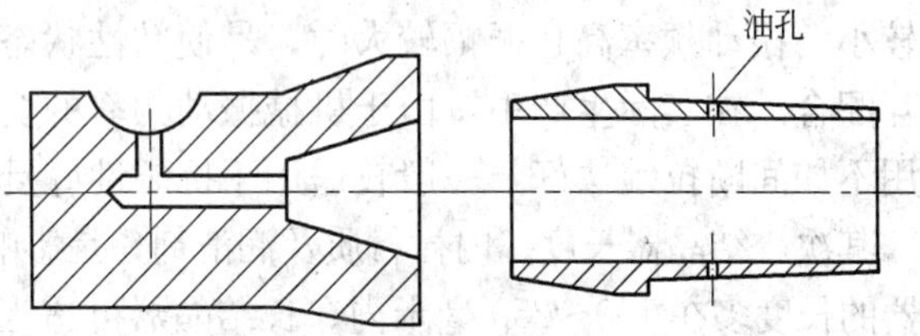

图9-20　铜合金用石墨注管及内衬示意图

(a) 注管；(b) 内衬

耐磨性，加大一次冷却强度，适当减小二次冷却强度，适当增大拉速，利用压力润滑油路，采用间断拉锭制度，均有利于减少裂纹倾向。例如 HSn70-1、QSi3-1、HAl77-2、QBe2.0、BZn15-20 等合金的较大铸锭，必须采用间断拉锭工艺。拉和停的时间长短应和拉速、节距相配合。一般是每次拉 1～10 秒后停 1～10 秒；再拉，再停，如此周期性地拉铸。每次拉出的节距大都在 5～20 毫米内。上列合金宜 $t_{停}>t_{拉}$，否则易裂。对于不易拉裂合金，如 QSn6.5-0.1 及 H62 等，可用 $t_{拉}>t_{停}$。在间断拉锭过程中，若发现裂纹，宜及时调整停、拉时间及节距，也可临时停拉半分钟然后再拉。

在铜合金水平连铸中，也常采用振动拉锭法。振动拉锭效果取决于其振幅和频率，对不同合金应采用不同的振幅和频率。链条振动是改善小铸锭表面质量的有效方法。这种振动是单向的而非往返运动，每次振动都有短暂的间断，即铸锭的运动每次都是从零开始，并在很短时间内达到正常速度。与结晶器振动相比，它减少了铸锭与石墨内衬间的摩擦，因而更有利于改善铸锭表面质量。振动频率约 20～300 次/分，振幅为 2～10 毫米。

在水平连铸铜合金圆锭中，两种拉锭法都在使用。实践表明，在拉、停时间、拉速、节距、浇温及冷却强度等配合得当时，可得到较稳定的连铸过程和良好的铸锭质量。对于易于偏析结疤、拉裂、直径较大的合金圆锭，采用间断拉铸法较为有利。振动法只适于不易拉裂且直径较小(一般 $\phi\leqslant 100$ 毫米)的简单黄铜和部分锡磷青铜棒坯。

9.3.3.2　影响铜合金水平连铸锭坯质量的因素　铜合金水平连铸锭坯质量的好坏，主要与拉锭工艺制度、结晶器内衬材质、润滑、冷却强度与合金性质等因素有关，关键是防止裂纹。从水平连铸锭坯的成型过程来看，间断拉锭的作用是得到较强较厚的凝壳，使拉锭时不易被拉裂。可见，拉、停时间的长短及相互配合显得十分重要。在其他条件一定时，停的时间长则凝壳厚，拉的时间也可长些，节距较长。但节距长阻力大，易拉裂且缩短内衬寿命。反之，停的时间短，凝壳短薄，拉锭阻力较小，拉力也小，拉的时间和节距较短，故不易拉裂且表面质量较好，石墨内衬寿命较长，但易拉漏。因此，拉和停的时间都不宜过长和太短，还要跟拉速和节距配合好。一般在不漏不裂的前提下，应尽量快拉，使拉出结晶器时铸锭表面呈暗红色。节距一般不超过 20 毫米，节距过长易裂，过短易漏。两相比较，节距宜短不宜长。由于凝壳在每拉一次和停一次时，断裂一次和连接一次，而且这种新老凝壳表面被拉出结晶器时氧化的温度不同，故形成表征节距的环状斑纹色泽也不同。

振动的作用是防止氧化渣及凝固金属粘附在石墨内衬上，减少摩擦力及拉锭力，从而降低拉裂倾向。对不同合金和直径的锭坯，振动频率和振幅的影响有所不同。导热性和强度较高的合金小锭，振幅宜小，频率可高些；导热性和强度较低的合金大锭，宜用较低频率和较大振幅，一般振动频率的变化范围较大，其影响也较大；振幅的变化较小，其影响也较小。振动频率高且振幅较大时，易使粘性状态的凝壳破裂，造成晶间裂纹，故二者应相互配合。在实际生产中，由于机械振动频率的变化很有限，故振动连铸法对裂纹的防止作用不如间断拉锭法好，一般较适用于抗裂性好且规格小的锭坯。

其次，结晶器长度、内衬材质及润滑剂，是影响摩擦力的重要因素。铜合金水平连铸结晶器的长度多在 100～250 毫米内。长结晶器可适当提高浇速；短者阻力小，铸锭表面质量好。要减小摩擦力须选用质硬细密的热解石墨，内衬要加工到表面不平度平均高度值为 3.2～6.3 微米之间，且不宜太厚，与结晶器要紧密配合。润滑剂的作用是在金属凝固区及凝壳与结晶器间，形成一薄层浸润性油膜，起润滑减摩和防止金属氧化等作用。容易氧化生渣的铜合金一旦润滑不良，便会氧化生渣并粘附在内衬表面，增大摩擦阻力，促进拉裂并降低内衬寿命。因此，卧式连铸高锌黄铜时，润滑好坏是影响铸锭表面质量的主要因素。一般宜用挥发物较少且挥发点较高的菜油、蓖麻油或变压器油作润滑剂。润滑油的输送系统要设计好，油要适量及时地送到结晶带去。此外，结晶器在拉锭方向稍带扩大的锥度也有好处。

最后，浇温和冷却强度也有影响。浇温低，易冷隔和拉裂；浇温高，易拉漏，但表面质量好。冷却强度以锭坯拉出时表面呈暗红色且不裂为好。一次水压过大，会使结晶区往炉口方向移动，易于拉裂；水压过小则易漏。二次冷却水压以保持拉红锭且不产生中心裂纹为度。显然，在不产生裂纹前提下，采用较高水压有利于提高拉速。

水平连铸的拉速和生产率尚待进一步探索提高。一般认为，提高拉速将会提高拉裂倾向。对 QSn4-3、QSn4-4-2.5 及 QSn6.5-0.1 等合金棒坯，可用较小的冷却强度来提高拉速，因为这些合金中的易熔共晶在结晶带中是不会凝固的，并附着于铸锭表面成为良好的润滑剂，因而在适当提高拉速时反而不裂，这就是水平连铸上述青铜等合金锭时好拉原因之一。一般认为，采用小节距和较高频率的变速拉锭法，既可改善铸锭表面质量，也可提高拉速和石墨内衬寿命。采用双带式或轮带式连铸机连铸铜合金板带坯时，也能提高拉速，生产率较高，正在完善和推广应用中。

9.4 线坯连铸及连铸连轧技术

9.4.1 概况

自 Properzi 两轮轮带机问世后，相继出现了三轮、四轮、五轮及六轮轮带式连铸机，如 Secim 式、Porterfield-Coors 式、Pigamonti 式、Mann 式、Spidem 式及 SCR 式轮带式连铸机。在这些连铸机后面配上轧机所组成连铸连轧生产线，可生产出直径为 8～12 毫米的线坯。过去很长一段时间，轮带式连铸机列主要生产铝线坯。到 70 年代中期才推广生产铜线坯。引人注目的是 60 年代末开发的 SCR、Up-Casting、Dip-Forming 法及 70 年代初的 Contirod 法，现均已推广用于线坯生产，效益显著。

9.4.2 Properzi 法技术特点

Properzi 法的生产机列见图 9-21。它是由 ASARCO 竖炉、保温炉、轮带式连铸机、剪切机、去棱机、Y 型三辊式轧机、清洗涂蜡机和卷线机等所组成。铸轮周边的凹槽呈船

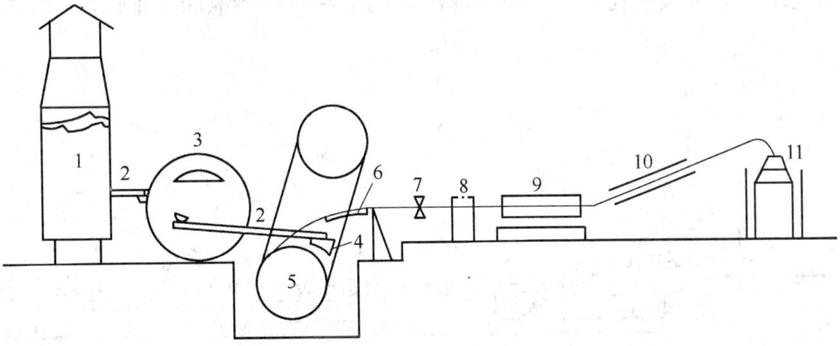

图 9-21 Properzi 法生产机列示意图

1—竖炉；2—流槽；3—保温炉；4—浇斗；5—连铸机；6—传感装置；7—剪切机；8—去棱机；9—连轧机；10—清洗机；11—卷线机

形，用一条无端钢带将铸轮和惰轮包覆起来，槽带间的空腔便是模腔。铸轮和钢带均用水冷却。为使铸坯易于从槽模内脱出，在铸轮上方装有一尖形脱模棒。浇斗上装有喷嘴，以控制浇注温度。利用传感器测定铸轮模腔内熔体的高低来控制浇斗中塞棒的开闭量。这种连铸机结构较简单，易于加工制造。一般都配以计算机控制生产过程，增加了整个生产线的稳定性。正常生产中存在钢带寿命短及与带坯相碰等问题。

9.4.3 SCR 法技术特点

此法和前述 Properzi 法基本相同。它采用四轮式或五轮式轮带连铸机，双辊式剪切机，二辊悬臂式平/立辊轧机，如图 9-22 所示。铸轮外缘与钢带组成的模腔底部也是船形，三个小轮有使钢带定位、导向和张紧作用。浇温约比熔点高 30～40℃。铸轮的温度、浇温、浇速、冷却水温及流量等均须控制，才能得到稳定的开轧温度和结晶组织。轧至 $\phi 8$ 毫米线坯，用涡流探测器检验。线坯的性能、卷重、单产量及质量等级，都受到电脑的监控，并在电视屏幕上显示出来。轮带式连铸机也可连铸带坯。

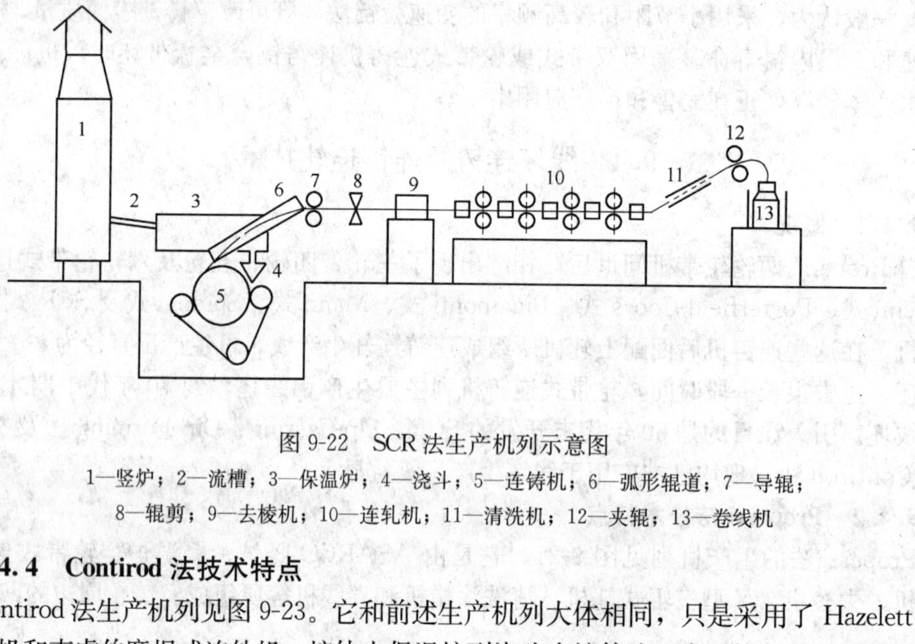

图 9-22　SCR 法生产机列示意图

1—竖炉；2—流槽；3—保温炉；4—浇斗；5—连铸机；6—弧形辊道；7—导辊；8—辊剪；9—去棱机；10—连轧机；11—清洗机；12—夹辊；13—卷线机

9.4.4 Contirod 法技术特点

Contirod 法生产机列见图 9-23。它和前述生产机列大体相同，只是采用了 Hazelett 双带式连铸机和克房伯摩根式连轧机。熔体由保温炉到浇斗有熔体液面水平控制。浇注前模腔内

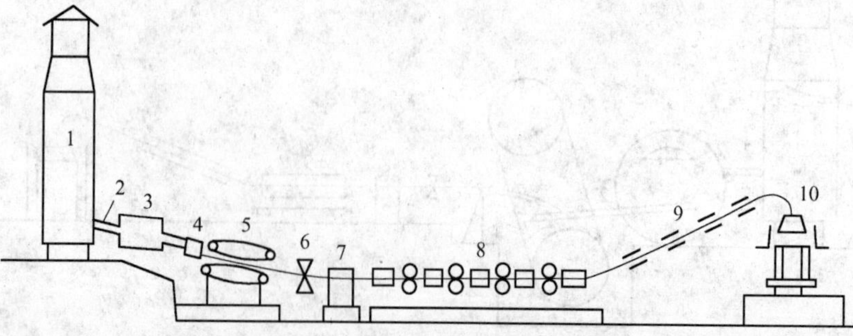

图 9-23　Contirod 法生产机列示意图

1—竖炉；2—流槽；3—保温炉；4—浇斗；5—双带式连铸机；6—剪切机；7—去棱机；8—连轧机；9—冷却清洗机；10—卷线机

有引锭塞。其特点是上下环形钢带和左右环形青铜侧链同步旋转，与铸锭无相对运动；为消除凝固收缩形成的气隙，钢带和链条均随铸锭前移而放松，使钢带和链条与铸锭表面始终保持接触。同时，由于锭坯是直线对称的矩形，冷却均匀，浇温较低，结晶组织细密。钢带由滚筒传动，其上下两外侧均装有冷水喷嘴。侧链紧压在钢带上，由下钢带传动，脱模后即进入冷却室冷却，在浇注前用热空气加热并吹干。上下钢带在浇注前也要用热气吹干。模腔向前倾斜 15°角，避免锭坯出模后弯曲而引起裂纹。为实现控轧控温，须使线坯保持在再结晶温度以上。最后精轧机单独传动，可调整压下量，确保成品表面质量和公差。

9.4.5 Up-Casting 法(上引法)技术特点

上引法是 60 年代末由芬兰 OUTOKUMPU 公司 Proi 厂首先用于生产无氧铜棒坯的。它是利用真空吸铸原理，将铜液吸入水冷结晶器内冷凝成锭坯并由上面引出来。此法所用结晶器见图 9-24。铜液在石墨管内冷凝时，铜棒收缩而脱离模壁，加上模内是真空状态，故铜棒冷却较慢。单个结晶器的生产率较低。因此，采用多孔结晶器同时上引，通过夹持辊再盘转到卷线机上，方能满足生产要求。该法的生产机列示于图 9-25。现有同时上引 24 根铜棒连铸机的牵引机列。为防止铜液氧化，熔沟式感应炉内用木炭覆盖，铜液经气体密封流槽流入保温炉内，并始终处于保护性气体下。

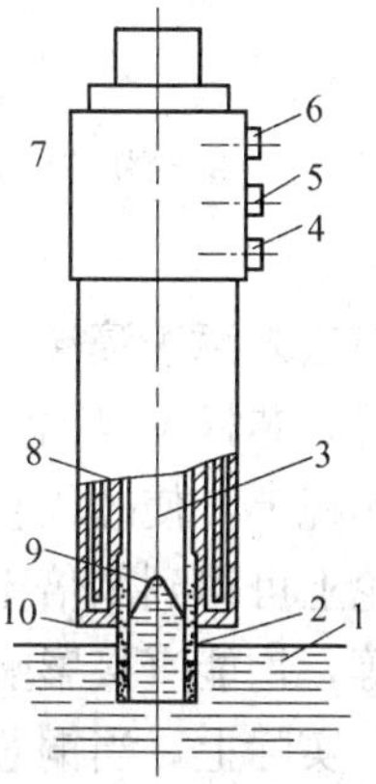

图 9-24　上引法用结晶器示意图

1—金属液；2—石墨内衬；3—线坯；4—进水口；5—出水口；6—抽气口；7—外套；8—真空室；9—液穴；10—冷水套

此法除生产无氧铜线坯外，还可用以生产黄铜、白铜、青铜、锌、镉、铅、贵金属及其合金的棒、管、带及线坯等产品。其特点是可连铸小规格线坯及管坯，质量好，设备简单，投资少，可同时连铸几种规格不同的锭坯。适于批量生产，但生产率不高。

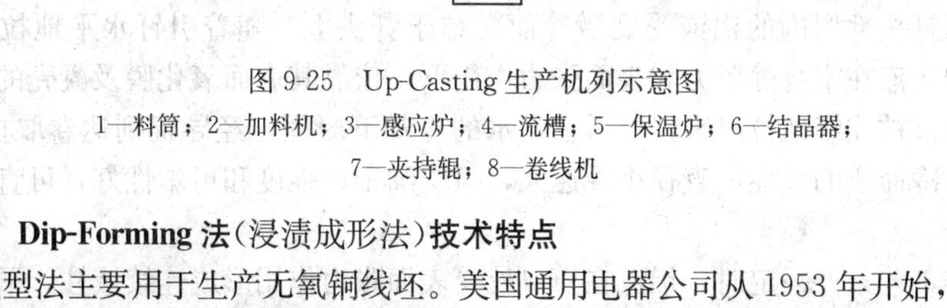

图 9-25　Up-Casting 生产机列示意图

1—料筒；2—加料机；3—感应炉；4—流槽；5—保温炉；6—结晶器；7—夹持辊；8—卷线机

9.4.6 Dip-Forming 法(浸渍成形法)技术特点

浸渍成型法主要用于生产无氧铜线坯。美国通用电器公司从 1953 年开始，到 1966 年研成此法，1968 年投产。浸渍法生产无氧铜线坯的生产机列见图 9-26。它和上引法一样，线坯都是向上拉铸的，然后经连轧机而轧成盘条。它已成为生产铜线坯的主要方法，在欧洲、日本和美国得到了应用。

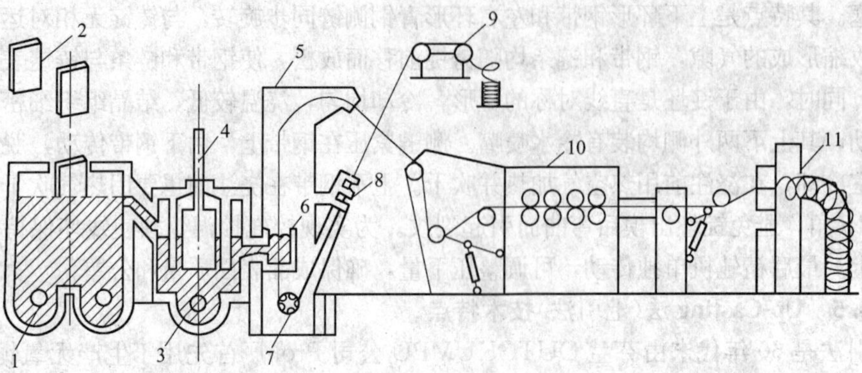

图 9-26　DIP 法生产无氧铜线坯生产机列示意图

1—感应炉；2—电解铜板；3—保温炉；4—液面控制块；5—冷却塔；6—坩埚；
7—主传动；8—扒皮机；9—芯线；10—轧机；11—卷取机

浸渍法来源于浸涂上蜡技术。当一根铜芯杆通过铜液时，它吸取周围铜液的凝固潜热及过热量，芯杆本身的温度升高至熔点时之热容量约为 420J/gCu。铜液因失散热量而凝固于铜芯杆上，使芯杆直径增大。吸附在芯杆表层铜液结晶时放出的热量约为 210J/gCu。故在理论上可得到 2 倍于铜芯杆重量的浸渍铜。可见，铜芯杆和铜液的温度，铜芯杆直径及拉速等，均能直接影响浸渍铜线坯的重量和尺寸。在这些条件不变时，可得到直径一定的线坯。实际上，当铜芯杆直径为 12.7mm 时，浸渍后可得到直径为 21 毫米线坯，其断面积由 126.7mm^2 变成 346.3mm^2，即增大 1.73 倍。浸渍工艺比较简单，先将扒皮的洁净芯杆经真空室垂直上升并高速通过坩埚内铜液，约经 0.3 秒便变成为更粗的线坯，进入冷却塔冷却到可热轧的温度时，再进入热轧机轧至所需直径，经冷却到 80℃以下再卷取成 3～10 吨盘条。由于整个过程都是在氮气保护下进行的，故线坯的含氧量保持在 20ppm 以下。用无酸清洗剂清洗后涂蜡保护，便得到表面光亮的古铜色无氧铜线坯。其大部分作商品出售，少部分再用作浸渍芯杆。此法的特点是：可生产小规格线坯，减少拉伸道次，产品质量好，含氧量低，导电率高达 102.5%IACS，生产率和经济效益高，整个生产过程自动控制，投资较少，占地面积小，适用于中小型电线、电缆厂，有可能直接利用电解铜液生产线坯。

9.4.7　无结晶器水平连铸法技术特点

图 9-27 是一种不用结晶器的水平连铸铝线坯法。当引钎头部插入到炉墙上石墨块钻孔内时，引钎头部周围的铝液受到激冷而凝结于钎头上，随着引钎水平地拉出孔外，此时，炉内的铝液在本身静压力和表面张力作用下，依靠其表面氧化膜及凝壳的冷凝收缩作用，沿着模口被连续地拉出来，而后在喷水的冷却下凝固，经导辊到达卷取机上盘成卷。这种直接水冷而成的线坯，直径小冷速大，组织细密，强度和可塑性好，可直接在铸态下冷拉成线材。

在拉铸工艺条件一定时，铝液在模口处受表面张力作用形成连续液柱，平衡时液体静压力应等于液柱的表面张力，从而保持线坯的连铸过程。金属液的静压力 $P=\frac{\pi d^2}{4}\rho H$，液柱的表面张力 $F=\pi d\sigma$，平衡时 $P=F$，即得

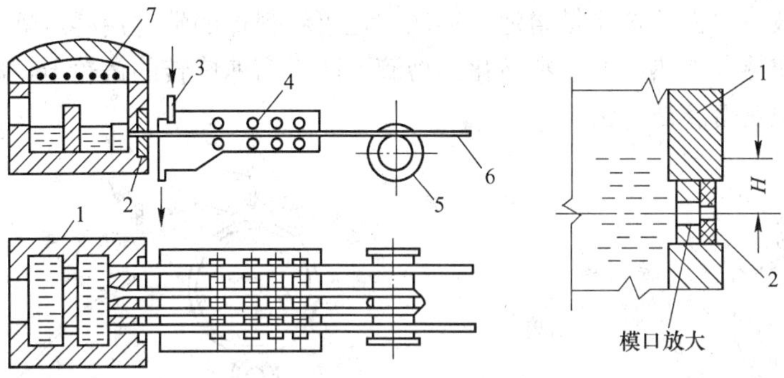

图 9-27　无模水平连铸线坯法示意图

1—熔炉；2—模口；3—喷水管；4—导辊；5—卷筒；6—引钎；7—电阻丝

$$H=\frac{4\sigma}{\rho d} \tag{9.4}$$

式中，d 为线坯直径，cm；ρ 为铝液比重，g/cm^3；H 为线坯中心线到炉内金属液面的高度，cm；σ 为金属液的表面张力，dyn/cm。

由上式可知，当 $H=\frac{1}{2}d$ 时，线坯直径最大，即

$$d_{\max}=\sqrt{\frac{8\sigma}{\rho}} \tag{9.5}$$

设铝液 700℃时的 $\rho=2.3\text{g/cm}^3$，$\sigma=520\text{dyn/cm}$，代入上式可得铝线坯的 $d_{\max}=13.5\text{mm}$。一般能拉出的铝线坯直径为 5～10 毫米。由上式可知，表面张力大的金属可得到直径较大的线坯。炉内金属液水平和比重高，则线坯直径较小。在实际生产中，由于炉内金属液水平和表面张力会有波动，拉线机的振动和线坯轴线不水平等，都会影响连铸过程的稳定性和线径的均匀性。实践表明，纯铝和结晶温度范围窄的合金线坯好拉；而结晶温度范围宽的铝合金线坯较难拉。为稳定线坯连铸过程和线坯质量，应使模口处金属液的温度和炉内熔体液面保持恒定。当线坯表面出现凸凹不平时，可将喷水冷却位置前后移动，并调整拉速。水冷处距模口太近，冷却强度大，易使模口凝结；距模口太远，则液柱长易变形。水冷处一般在距模口 5～15 毫米内。水压以不破坏氧化膜为限。拉速随水冷强度不同可在 26～60 米/时内变动。此法的特点是：设备和工艺简单，生产的小规格铝线坯的质量好，但连铸过程和线坯直径的稳定性不易精控。

9.4.8　Spinning Casting 法（熔体纺铸法）技术特点

金属线、丝及纤维过去都用机械加工方法来制作，要经过多道次拉拔再集束拉伸，或多次轧薄再剪切而成，也有用刀具刮削成丝的，工序繁多，成材率较低。故长期以来，人们对由金属液直接生产线、丝材等产品感兴趣。早在 20 世纪初就有这方面的专利。1924 年 Taylor 报道过铸造细线的方法，30 年代中期报道过金属射流冷凝成线材的方法。50 年中陆续研制了多种直接由熔体铸造丝带的方法。70 年代以来发展了熔体纺铸法，它是由金属液直接纺铸成丝材（或纤维）的高速连铸技术，可连续纺铸出多根 $\phi\leqslant 250$ 微米级的细丝，线速度可达数十米/秒。这种高速纺铸法见图 9-28。纺铸轮呈稍带弧形的楔形尖端，如图 9-29 所示。当铸轮尖端浸入熔池与金属液接触时，由于铸轮吸热而使其冷凝粘结于轮缘上，经毫秒级时间后，随着铸轮离开熔池后的瞬间，丝材便在离心力作用下，自

动脱离轮缘而被甩出去，这便是熔池纺铸法。也可将料棒的端部用感应器、电弧、等离子弧或氧炔焰等作热源加热，使棒料熔化的熔滴下落于高速旋转的铸轮上，冷凝成丝后随即被甩出去。这便是熔滴纺铸法。

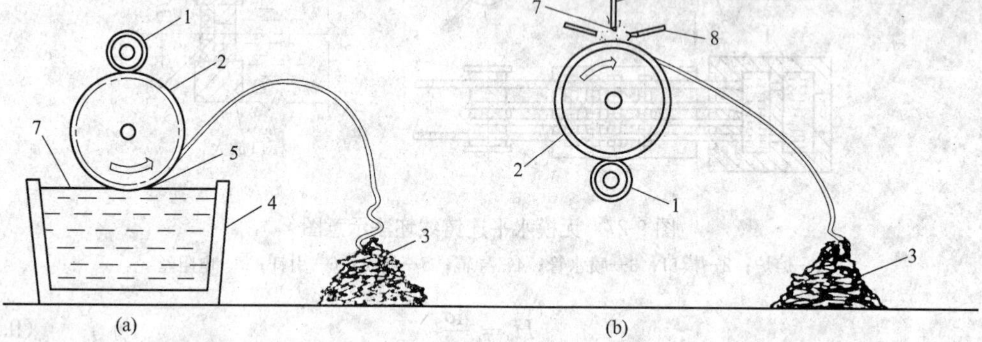

图 9-28　熔体纺铸过程示意图

（a）熔池法；（b）熔滴法

1—刷轮；2—纺铸轮；3—丝或线材；4—保温炉；5—固液面；

6—料棒；7—熔体；8—喷嘴

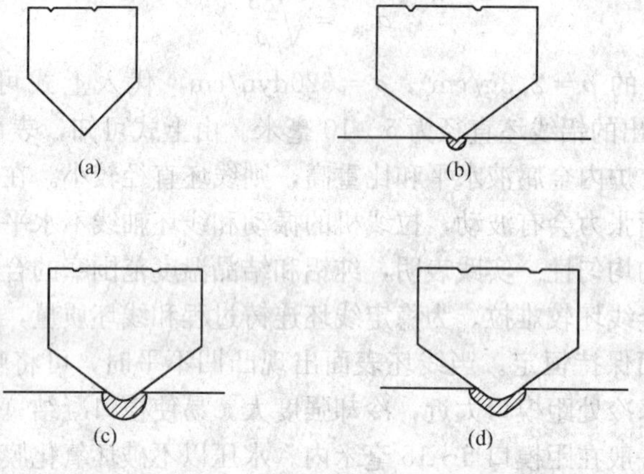

图 9-29　纺铸轮缘形态及浸入深度的影响示意图

（a）铸轮截面；（b）浅浸入；（c）深浸入；（d）深浸入且转速大

纺铸时熔池表面无熔渣，液面稳定，过热度恒定，最好熔体表面用保护性气体防护。纺铸轮径在 ϕ200 毫米左右，转速可在 200～2000 转/分内变动，出丝速度约 1.5～15 米/秒。铸轮旋转要平稳，浸入熔体的深度要恒定，浸入深度对产品的形状影响较大，见图 9-29。当浸入深度一定时，转速越快，凝固时间越短，产品也越薄。铸轮导热性好，冷却能力强，则丝材厚而窄。在铸轮速度不变时，丝材随熔体过热度增大而增宽，其厚度随铸轮表面粗糙度提高而加大。为得到稳定的纺铸过程，还须连续地保持熔池液面高度，或者使铸轮连续地跟随液面而下降，或使熔池液面跟随铸轮而连续地升高。进行熔滴纺铸时，应以固定的速度熔化棒料和旋转铸轮。

纺铸法的特点是：能高速、连续、同时纺铸形状、尺寸不一的多根丝、带、纤维等产品，生产率高，设备简单，操作便利。其次，由于产品截面薄，冷凝速度高（10^3～

10^6℃/s)，晶粒细密，力学性能高，如可纺铸出具有亚稳马氏体结构的白口铁纤维，强度高达 210 公斤/毫米^2。再次，更可贵的是一些脆性大的合金及非金属材料，用其它加工方法很难得到丝带及纤维产品，而用纺铸法则易于制得不同规格的产品，且具有高速冷凝材料所固有的性能，成本低。还应指出，由于纺铸材料具有不同截面的形态，非平衡或亚稳结构的组织状态，可用来与其它材料一起压制成有一定空隙度的复合材料，其性能好，成本比粉末冶金及加工制品要便宜得多，具有高的阻尼性、超塑性、过滤性、耐蚀性、抗疲劳性、热稳定性及化学活性等，因而，其应用范围和前景确实是十分令人鼓舞的。

9.5 电磁铸锭技术

9.5.1 概况

电磁铸锭法是 60 年代中期苏联发展的一种新技术，从 70 年代以来，各国争相引进应用。它是利用电磁感应器产生的电磁推力限制金属液流散，并在金属液表面张力及氧化膜的维护下，内受电磁搅拌外受直接水冷作用而冷凝成锭的。电磁铸锭法的特点是：在铸锭过程中金属液主要靠电磁力成型，不与磁场内的一切工具接触，无一次水冷，只有二次水冷且冷却强度大，铸锭下降时无接触摩擦，液穴较浅平且受电磁推力而旋转，铸锭组织细密，枝晶臂间距较小，偏析度小，力学性能较高，表面质量好，不需车皮便可加工，成品率较高，避免了切屑的重熔和熔损。这对需要包覆的铝合金扁锭，要车皮的大圆锭，作型材、模锻件及使用性能要求高标准的锭坯，采用电磁铸锭法有明显的效益。但需增加设备投资，在更换铸锭规格时磁场工具也得换，电耗较高。

此法目前主要用于半连铸铝合金圆锭及扁锭。铝合金空心锭及铜合金锭的电磁连铸，尚在进一步完善中。近年来，由于自动控制了熔体温度、浇速、水压、液柱高度等参数，生产更为稳定，废品率大为降低，且能一次多根锭坯同铸，经济效益更加提高。

9.5.2 电磁铸锭原理

电磁铸锭装置示于图 9-30。它是用产生电磁场的感应器、磁屏及冷却水箱等组成结晶器。由左手定则可知，在感应器通以交流电时，其中金属液便会感生出二次电流，由于集肤效应，金属液柱外层的感生电流较大，并产生一个压缩金属液柱使之避免流散的电磁推力 F，依靠此 F 维持并形成铸锭的外轮廓。因此，只要设计出不同形状和尺寸的感应器，便可铸得各种与感应器形状相对应的锭坯。要得到所需尺寸的铸锭，关键是要使金属液柱静压力和电磁推力相平衡。感应器产生的电磁推力为

$$F = K\left(\frac{IW}{h}\right)^2 \qquad (9.6)$$

式中，I 为电流；W 为感应线圈匝数；h 为感应器高度；K 为考虑到电磁装置结构及尺寸、电流频率及金属导电率等有关的系数。由于电磁感应器内壁附近的电磁推力最大，

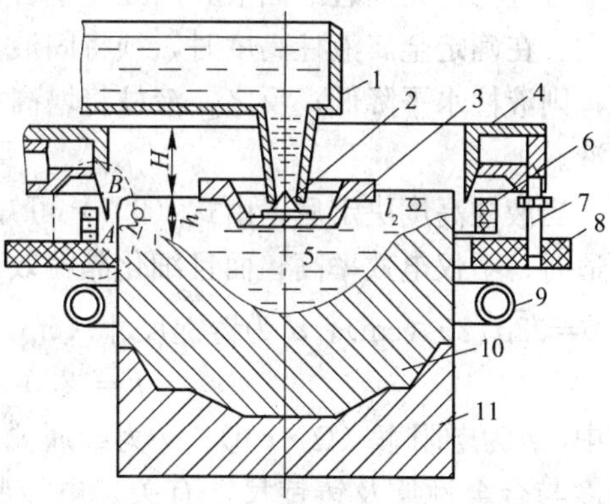

图 9-30 电磁铸锭装置示意图

1—流槽；2—节流阀；3—漏斗；4—电磁屏；5—液穴；6—感应器；7—螺栓；8—盖板；9—冷却水环；10—铸锭；11—引锭座

且沿铸锭的高度方向不变，致使金属液隆起而形成液柱。但液柱静压力是随液柱高度而变化的。为使液柱保持垂直形态，必须使其静压力与电磁推力相适应，故在感应器上方加一电磁屏，使沿液柱高度 h_1（图 9-30）内各点的电磁推力等于各点液柱静压力，方可使液柱表面呈直立形状和保持固定的尺寸。可见，感应器的作用和结晶器类似，其形状和尺寸决定着铸锭的形状，但尺寸还与金属液柱静压力与电磁力的平衡情况有关。因为液柱静压力 P 为

$$P = h_1 \cdot \gamma \tag{9.7}$$

而

$$h_1 = KI_1^2/\gamma g \tag{9.8}$$

式中，h_1 为金属液柱高度；γ 为金属液密度；K 为与铸锭尺寸、金属导电率、电流频率等有关的系数；g 为重力加速度；I_1 为电流。

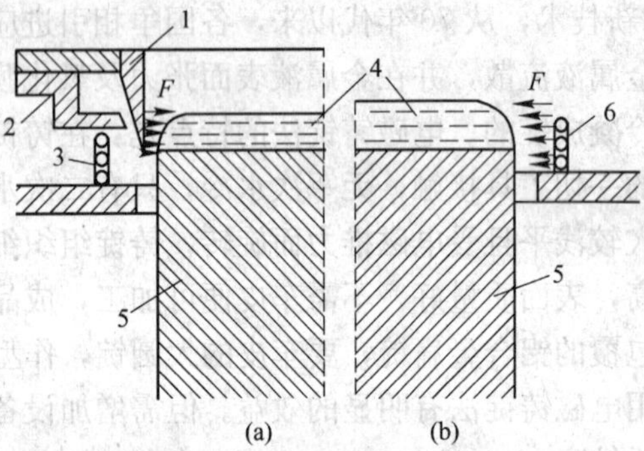

图 9-31　无结晶器铸锭法示意图

(a) 电磁式；(b) 空压式

1—磁屏；2—水箱；3—感应器；4—液柱；5—铸锭；6—压缩空气喷管

最近，日本利用金属液的表面张力和同时喷压缩气体的方法，代替感应器来与液柱静压力保持平衡而成型。其目的也是为了改善铸锭的表面质量。此种装置更简单，如图 9-31（b）所示。此法虽可节省投资和电耗，但铸锭尺寸较难控制。

9.5.3 电磁铸锭技术特点

由于液柱静压力随其高度上升而减小，但电磁推力却不按线性关系而减小，故液柱上部的电磁推力会大于液柱静压力，将使铸锭表面产生波浪甚至压缩锭径，故无磁屏锭时铸锭尺寸很难保证。外加电磁屏是由非磁性材料制作的，它具有 15°锥度，起着抵消或屏蔽部分外加磁场强度的作用，使沿液柱高度方向上的电磁推力恰好与液柱静压力的变化相适应，从而保持金属液柱呈尺寸一定的直立柱体形态。其次，磁场强度最大的感应器高度中心应与铸锭周边的固液界面处相重合，则铸锭过程最稳定。铸锭尺寸大，感应器高度也大。在确定金属液柱高度时，须将固液界面处控制在感应器中部。因为固液界面位置偏高，则液柱水平降低；反之，液柱将增高。当电磁推力小于液柱静压力时，会造成波浪和漏液。

当液柱高度决定后，由式（9.7）可知，只要选定电流频率便可决定电流大小。频率合适时，不仅电效率高，而且细化晶粒效果好。电流频率与集肤电流渗透深度 δ 有关，一般 $\delta=\sqrt{2}d/20$（cm），d 为铸锭尺寸（cm）。δ 决定后即可由下式确定电流频率 f：

$$f = 2.5 \times 10^7 \rho/\mu \delta^2 (\mathrm{Hz}) \tag{9.9}$$

式中，ρ 为电阻率（$\Omega \cdot$ cm）；μ 为金属磁导率（V · s/A · cm）。可见，电流频率和磁场强度与合金性质及铸锭尺寸有关。电流频率高，细化晶粒较好，易产生柱状晶和羽状晶的合金。小锭宜用较高频率。要结晶组织均匀，大锭宜用较低频率。当电流频率一定时，铸锭直径主要由感应器和磁屏直径、锥度及浇速等所决定。在感应器和磁屏结构一定时，则在铸锭过程中保持恒定的磁场强度和液柱高度，并控制好固液界面位置及液穴形状，是得到均匀组织的基本条件。过大的磁场强度和搅拌作用，会破坏液柱

表面氧化膜，混入锭内造成夹渣。适当提高浇温和浇速是有益的。但浇温浇速过高，会增大裂纹倾向，并使铸锭组织和性能的不均匀性增大。浇速以提高到不产生裂纹和组织均匀为度。

由于电磁铸锭时水冷较早，冷却强度较大，液穴中又有电磁搅拌作用，既能均匀温度和成分，又可使液穴浅平和细化晶粒，故可提高浇速10%～15%并适当提高浇温。同时，在周边凝固区感生涡流的加热和电磁搅拌作用下，使枝晶碎断而游离增殖，有利于铸锭中部同时凝固为较细匀的等轴晶粒；没有明显的反偏析瘤，尽管没能完全消除反偏析，但偏析层厚度大大减小，成分基本均匀，加上气孔、缩松等缺陷也有所减少，因而锭坯及加工产品的力学性能都较高。还应指出，提高浇速会减小液柱直径；降低浇速则可增大液柱高度和直径。这说明液柱高度和浇速变化有调径作用，配合适当时可稳定地得到所需锭坯尺寸。随着铸锭尺寸和浇速增大，过渡区尺寸增大，不仅使铸锭周边和中部的力学性能差别增大，而且其强度和塑性下降，增大裂纹倾向。在其它条件相同时，一般电磁铸锭较能抗裂，但其热裂倾向仍随冷却强度增大而增大。通过调整合金成分和工艺参数可消除裂纹。在不产生裂纹前提下，应尽可能提高浇速。但要注意，成分和性能的不均匀性，常随浇速提高而增大。浇温过低时，由于液穴温度较低，电磁搅拌作用较差，影响枝晶破断增殖作用，故促进柱状晶的发展，力学性能较差；采用较高的浇温，则晶粒细密，提高力学性能。但热裂倾向大的合金，提高浇温就应慎重。实践表明，采用2500Hz的感应器铸造铝合金锭坯时，固液界面上部的液柱高度应控制在25～35毫米以内，在合理的浇温和浇速下，可得到细晶粒的结晶组织。

还应注意，电磁铸锭时应使感应器、引锭座、磁屏三者相互保持同心度。磁屏固定在冷却水箱上，必要时可以上下调节。在直接水冷区过低时，固液界面处于感应器下部，液柱增高，静压力增大，易产生漏液现象，铸锭表面质量不良；当直接喷水处过高，固液界面升高，会增大铸锭周边的应力裂纹倾向。直接水冷区的位置可通过磁屏的锥角和浇速来调节；但在磁屏锥角及位置一定且浇速调节受到限制时，还可在感应器下部设置可上下移动的喷水管，也有助于固液界面位置的调控。

此外，在一般半连铸条件下，为改善铸锭表面质量必须降低结晶器高度，但在结晶器高度降到100毫米以下时，就会给操作上带来困难。而在电磁铸锭时，直接水冷处至固液界面的距离短，金属液柱也短，这相当于降低了结晶器的有效高度。一般固液界面至水冷处的距离约50毫米左右，且铸锭始终不与电磁装置任何部位接触，铸锭表面不会出现温度回升，即使浇速较慢，也不致形成冷隔及反偏析瘤。对某些合金电磁铸锭而言，铸锭表面质量还与其表面氧化膜的性状有关。实际上，表面氧化膜在一定程度上起着部分锭模的成型作用。因此，添加少量能改善合金表面氧化膜性状的元素，对铸锭表面质量将是有益的。漏斗要用非磁性材料制作，以免使漏斗偏向一侧而造成短路和漏液，影响铸锭表面质量。

总之，电磁铸锭过程中，固液界面应始终保持在感应器中部位置，感应器产生的磁场应与金属液柱高度相适应，磁屏对磁场的局部屏蔽，直接水冷处的位置及冷却强度，浇温和浇速的调控，是控制电磁铸锭过程和铸锭质量的关键因素。对铸锭周边的薄层偏析、应力裂纹、夹渣等缺陷与磁场强度、电流频率及磁屏结构等的关系，尚待研究。

9.6　其它铸锭技术

9.6.1　热顶铸锭技术特点

铸锭常因各种表面缺陷而不得不进行铣面或车皮，此项金属损失可达锭重的5%～7%。表面缺陷的产生主要与熔体二次氧化生渣、铸锭时气隙的形成、铸锭同模壁接触摩擦、浇温过低等有关。为得到表面光洁的锭坯，近年来开发了一些新技术，而热顶铸锭法便是其中的一项。

热顶铸造技术首先是由法国人 G. Trapied 研究出来的。它在水冷结晶器上壁放置保温耐火内衬，以免熔体过早过多的散失热量，缩短熔体到达二次水冷处的距离，使凝壳早受水冷，可减少形成冷隔、气隙及反偏析瘤倾向。后来又在结晶器上装置用绝热材料做的流槽及保温帽，以使熔体进入结晶器时没有落差，能更平稳地进入结晶器，这样做既有效地减免了夹渣及气体混入熔体中去，又能使结晶器上部的熔体减少热损和保持较高的温度，因而可得到表面光洁的铸锭。几种较典型的热顶铸锭装置见图 9-32。

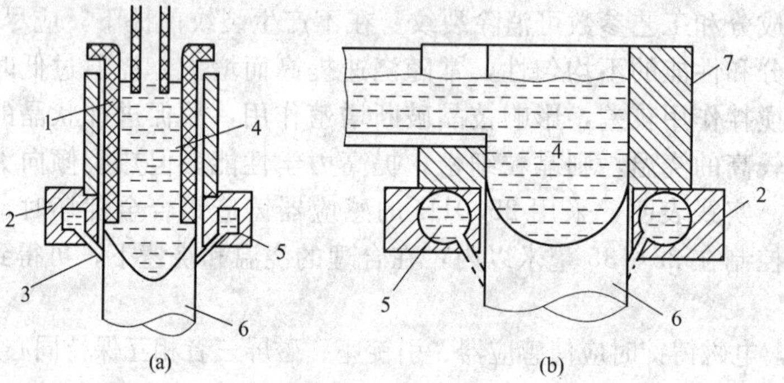

图 9-32　热顶铸锭法示意图

(a) 保温帽口式；(b) 保温流槽式

1—石棉板；2—结晶器；3—二次冷却水；4—金属液；5—水箱；6—铸锭；7—保温流槽

20 世纪 70 年代以来，对热顶铸锭技术的研究有较大的进展。如英国铝公司用石墨作内衬，并在热顶下部装入带孔的石棉隔板，起着过滤作用。挪威 ASV 公司在扁锭结晶器内装以亚麻纤维制的石棉内衬，也取得了良好效果。日本轻金属公司研究的气压热顶半连续铸锭法，是在熔体开始进入结晶器时，通入压缩空气使铝液向内退缩，形成一不接触结晶器壁的空隙，见图 9-31（b），在短结晶器下端直接进行喷水冷凝成锭，得到无冷隔、偏析瘤、夹渣、表面光滑的锭坯。用此法连铸 $\phi<100$ 毫米铝合金锭坯、外表和内部质量良好，其力学性能与大锭坯的挤压棒材相当。此外，美国铝业公司、凯萨公司及加拿大等公司，在热顶连铸技术方面的研究，均已达到相当的水平。国内也研究过绝热模铸锭技术，直接在水冷铜结晶器内嵌入一薄壁石墨内衬，再在其上部贴以醇酸磁漆涂覆的绝热纸，结晶器水冷部分的有效高度一般控制在 15～30 毫米内。用此热顶结晶器铸造 6063 合金 $\phi178$ 毫米锭坯，质量良好。

此法的特点是：利用结晶器上部内壁的保温作用，减免冷隔和夹渣等缺陷，降低结晶器的有效高度，提前水冷，增大冷速，可改善锭坯表面和内部质量，不用刨面或车皮，节约金属损耗等。目前主要用于中、小锭坯。估计还可向水平连铸方面推广应用这一技术。

9.6.2 悬浮铸锭技术特点

早在60年代初就进行过悬浮铸造试验，目前已发展成一种具有实用价值的生产技术。此法是在浇注过程中将定量的金属或非金属粉末加入到金属液流中去，使之与熔体均匀混合并悬浮于其中，起吸热、形核、促进凝固和弥散强化等作用，见图9-33。熔体在加入少量悬浮剂后，已不是过热度较高的熔体，而是含有定量悬浮粉末的金属液。粉末悬浮剂可以是纯金属、同成分或不同成分的合金，也可以是高熔点化合物。可以在流柱中或漏斗内加入，但最好用惰性气体喷射法，以同时使熔体振动或搅拌，让粉粒能均匀地分布于熔体中。由于粉粒的性状不同，它在熔体中的行为也不尽相同。按照粉粒所起作用可分为三种：

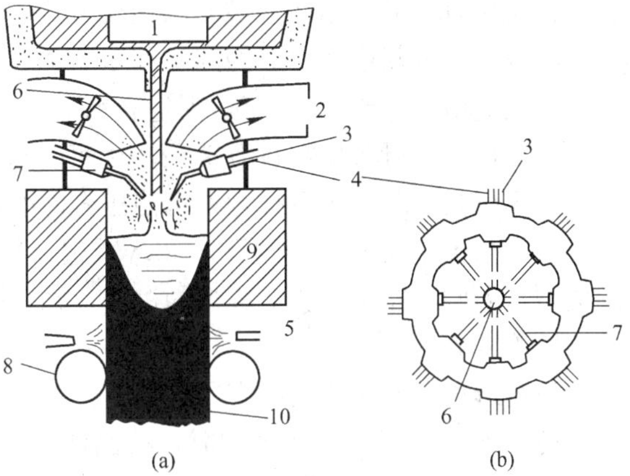

图 9-33 悬浮铸锭法示意图

(a) 加粉方法；(b) 加粉器

1—浇斗；2—收尘器；3—进粉管道；4—进氩气管道；5—喷水嘴；6—流柱；7—喷粉嘴；8—导辊；9—结晶器；10—铸锭

(1) 微型冷铁作用：粉粒成分一般和熔体相同，加入量为熔体重的0.5%～5%，在熔体中起微型冷铁作用。通过吸收熔体的过热热量，使粉粒周围的熔体产生一定的过冷，从而达到提高熔体中原有晶坯的稳定性，促进同时凝固的作用。

(2) 异质晶核作用：粉粒可不同于熔体成分，多是一些能降低熔体过冷度或对氧亲和力较大的活性金属，加入量在0.01%～0.5%内。粉粒在熔体中除起一定的吸热或内冷铁作用外，主要还是起异质晶核作用而使熔体增核，细化晶粒；也可作为某种表面活性物质，阻碍晶粒长大或改变晶粒形态，或形成某种新的弥散相作为形核基底等。

(3) 微合金化及弥散强化作用：粉粒成分与熔体不同，多是一些非活性金属或其化合物，加入量为0.5%～3%。这种悬浮剂与熔体相互作用后，被加热、溶解或熔化，借以加入不易加入的少量元素，提高某种元素的含量而促进新相的形成等。此外，也可加入一些氧化物、碳化物起弥散强化作用。

由于这些粉粒具有较大的表面积及表面活性，并均匀分布于熔体之中，它们将与金属液产生一系列物理、化学及机械作用。一方面使其周围的熔体过冷，提高该过冷液体中原子团的稳定性，从而利于形核；另一方面粉粒本身或与熔体间产生某种合金化反应（如包晶、偏晶等），也有增核作用。此外，由于粉粒在与熔体接触过程中会选择熔化，使粉粒表层和其周围薄层熔体的成分发生变化，所形成的微观不均匀性肯定会对形核结晶产生影响。显然，粉粒与熔体接触的微观界面的结构及作用机制，现尚不甚清楚。

悬浮法的特点是能细化晶粒，明显改善铸锭组织和性能的均匀性，降低热裂和偏析倾向，提高致密度和力学性能，还可提高锭模寿命及铸锭速度。但必须事先制粉，且粉粒不易均匀分布在熔体中，另外还可能增加夹渣和气孔等缺陷。但它是一种直接控制金属液凝固过程的有效方法，且有许多问题尚未弄清楚，所以值得深入研究和应用。

9.6.3 固液铸造技术特点

固液铸造法是在合金熔体处于固液两相共存状态下进行铸造的一种新技术，它是 70 年代初由美国发展的。该法突破了以往仅由液体铸造和固体锻造的传统做法，开拓了金属构件及材料成型的新途径。美国国防部于 1973 年组织麻省理工学院等五个单位，进行了四年多时间的研究，于 1978 年达到生产水平。仅部分的小型钢铁军械零件采用固液压铸法生产，预计每年可节省数百万美元，从而引起了各方面的关注。其所以受到如此重视，是因为它不仅是一项新铸造技术，可使压铸件的性能达到锻件水平，应用前景广，而更重要的是它开拓了金属流变学（Rheology）这一新领域。目前，这一技术主要用于钢铁铸件的成型，人们正在探索流变成型的机制，并企图用于制作包括非金属在内的复合材料及金属铸锭等方面。

固液铸造法和液体铸造法有所不同。在金属凝固过程中，一般总是形成枝晶发达的晶体，当冷凝到含 20%～30%固相时，枝晶便会开始搭接成少数的结晶骨架；当固相增加到 40%～60%时，剩余部分的金属液变成几乎不能流动的糊状金属。但研究发现，当强烈搅拌时，正在凝固的糊状合金和糨糊一样具有较好的流动性，可用以挤压成棒、管、板坯，或压铸成某种铸件。这种固液两相共存的半凝固金属具有类似液体的粘性流动特性，称为流变性，利用此种糊状金属直接铸造，便是流变铸造（Rheocasting）。这种固液两相金属浆料之所以具有流变特性，是因为搅拌产生的剪切力，将枝晶碎化到了 ϕ100 微米左右的近球形质点，弥散分布于浆液中，大大降低其粘性所致。要得到流变特性的浆料，除以一定的冷速使熔体降温之外，还要有较强烈的搅拌速度或较高的剪切碎化率，且含有 40%～55%近球形的碎晶固相。

固液两相浆料不仅具有流变性，而且还有触变性或搅溶性（*Thixotropy*）。前者具有随剪切速率增加而黏度下降的特性，与时间有关且是可逆的。一般金属的黏度是随固相体积分数和停留时间增加而增高。后者是具有高黏度的浆料受到剪切时，则黏度又可降低，重新恢复其变形能力。将这种流变铸坯重新加热到固液区温度，再进行挤压成棒或压铸成件，便称为触变铸造（*Thixocasting*）。

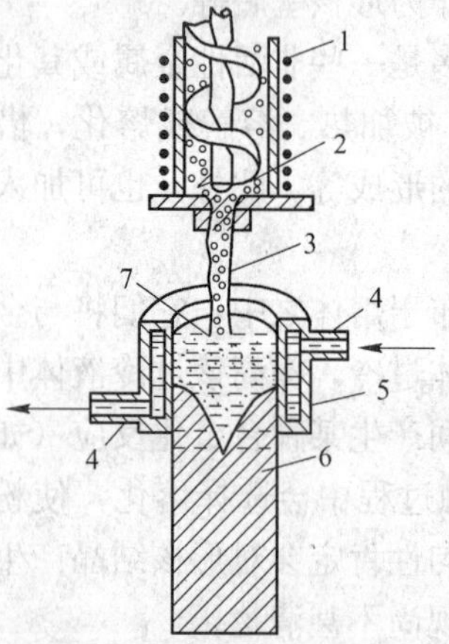

图 9-34　流变铸锭示意图
1—感应器；2—搅拌器；3—浆料；4—冷却水管；5—结晶器；6—铸锭；7—固液穴

获得具有流变性和触变性的固液两相金属浆料的方法有三：机械搅拌、电磁搅拌和紊流效应。关键是搅拌所产生剪切力能碎化正在生长的枝晶，使之成为近球形晶粒。机械搅拌法是用石墨、陶瓷或金属搅棒，以一定的速度连续搅拌以 20℃/分降温的熔体，从液相点温度搅到固相体积分数占 0.55 时的相应温度，然后将这种固液两相浆料浇入锭模冷凝成锭坯。也可连续地进行搅拌并铸锭，如图 9-34 所示。电磁搅拌法是在控温条件下，通过感应器产生电磁力和固液金属中产生涡流运动来破坏枝晶的。紊流效应法是在金属液浇入锭模或铸型时，使之通过一种特制的多孔紊流装置，便可产生紊流效应而破坏枝晶。利用这些破碎枝晶技术，已成功地细化铝合金及黄铜锭坯的晶粒组织。

利用流变性和触变性还可制作金属与非金属复合材料及提纯金属等。在强烈搅拌下，加定量的非金属微粒或纤维于液相线温度下的熔体中，使之均匀分布于熔体中形成混合浆料，浇注成锭坯或部件。用这种方法制备复合材料是最简便和经济的。对比重差大且不为金属液润湿的非金属增强剂，也能较均匀地分散到熔体中去。还有一种流变精炼法（*Rhe orefining Process*），是将合金在固液区搅拌过滤使固液两相分离，而得到杂质较多的液体及较纯金属。

固液铸造法的特点是：（1）解决了高熔点金属挤铸模寿命问题。挤压含50%固相的浆料时，充型平稳，无喷射，浇温低，模具表面温度比液体金属挤压时低得多，因而可延长模具寿命，节省模具材料及制模耗费。（2）产品性能高，可减少金属的二次氧化生渣及裹入气体，细化晶粒，铸件致密度较高，力学性能高于液体压铸者，有的可达到锻件水平。（3）扩大了材料的成型途径。利用此法铸造含石墨或陶瓷纤维的耐磨、耐蚀复合材料，其耐磨性能提高三倍多。当然，也存在难于精确控制固相体积分数及其形状和尺寸，产品的延伸率不够稳定等问题。如何扩大其应用范围也值得研究。如向制造工厂提供流变锭坯，再用感应器将其加热到固液区温度，以进行触变铸造成制品，或挤压成型、棒、管材。这样，可省去熔炼炉等设备，既简化了工序，也可节省投资和能耗，改善劳动条件，提高经济效益。

9.6.4 喷射铸轧技术特点

喷射铸轧法是借助高压惰性气体或机械离心力来雾化金属液，并使液滴喷到锭模或铸辊上，冷凝成锭坯后连轧成板、带材等产品的新技术。由于工序简单且能连续工作，节省能耗及原料损耗，产品性能好，因而从60年代初开始研究以来，逐步发展为一种很有开发前景的新技术，引起了各方面的注意。目前已有三种喷射铸轧法基本上达到工业应用阶段，还有几种尚处于试验之中。

9.6.4.1 喷射铸锭法 喷射铸锭法示于图9-35。雾化的金属液滴始终在保护性气氛中，以一定的密度喷落到锭模内，当其顶部尚未凝固时，下一批液滴又已落下来，如此连续不断地沉积并熔接一体，随即冷凝成锭。由于液滴小且成分匀，不氧化，故晶粒细密，性能均匀。但锭坯表面质量不够好。目前，此法多用于铸件和锻坯。

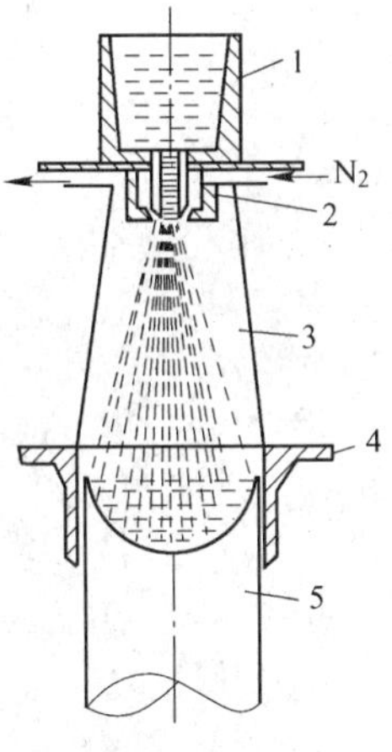

图9-35 喷射铸锭示意图

1—保温炉；2—雾化器；3—雾化室；4—结晶器；5—锭坯

9.6.4.2 喷射轧制法 喷射轧制法示于图9-36。雾化液滴连续沉积到轧辊上，至一定厚度时进入辊缝中，被热轧成更致密的带材。特点是雾化和铸轧过程都在氮气保护下进行，又受到一定的变形，故带材表面光洁，组织细密，能利用余热并连续生产，省去了粉末贮存、运输、筛分处理和粘结剂。此法适于生产不好热轧的合金板带材，如Al-6Cu、Al-5Mg等合金板材。还可生产汽车轴承用的钢/Al-Sn复合带材。问题是如何控制液滴沉积层的厚度和均匀性。利用多个喷嘴进行气动扫描喷射法，可能有所改善。此法可生产（1～18）×500毫米的铝带材。

喷射成型技术是在粉冶和熔铸加工两种成材方法基础上发展出来的。其目的是简化成材工序，节省能耗，提高生产率和质量。这些技术虽已进行了一些工业性试验，但多数仍处于发展阶段。对其潜力尚未认识透彻，尤其是对制取多层复合材料及新型高性能薄膜材料的可行性问题，更是如此。估计今后这些成型技术，有可能成

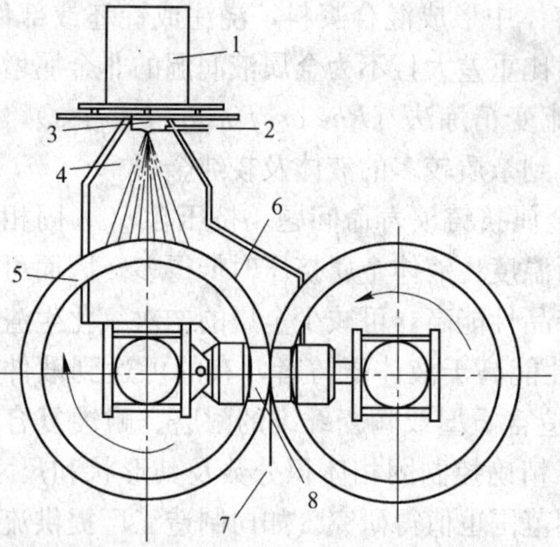

图 9-36　喷射轧制示意图

1—保温炉；2—氮气；3—雾化器；4—雾化室；5—铸轧辊；6—沉积层；7—热轧带；8—液压推出器

为取代部分以铸锭加工成材的传统生产技术。

9.6.5　正在发展中的新铸锭技术

9.6.5.1　VADER 法　1982 年美国特殊金属公司的 W. J. Woeseh 等提出一种 VADER 法，用以制得了细匀晶粒的优质铸锭。它是以两根经真空感应电炉熔铸的合金锭坯作自耗电极，装于卧式真空炉内，通电后在水平电极间产生电弧，刚要熔化的糊状金属液滴在高速旋转电极离心力作用下，被甩落到下面的水冷结晶器内，凝固成细晶粒铸锭。与立式真空电弧炉相比，熔池不需加热，熔化速率高三倍，能耗低 40%，金属糊状熔滴温度低，凝固速率大，晶粒细达 ϕ110 微米左右，成分均匀，无宏观偏析，缩松度低，力学性能高，热塑性好，对纯金属及合金均可得到细等轴晶粒组织。但对炉料的质量要求较严，高速旋转电极的密封装置易于损坏且较复杂。此法有可能取代粉末法来制造高温合金涡轮盘，是一种有开发前景的新技术。

9.6.5.2　内部凝固法　1983 年初，日本千叶工业大学大野研究室研制成功一种与传统铸锭完全不同的凝固技术，即熔体内部凝固法。它是将锭模加热到合金熔点以上温度，以保证紧靠模壁的熔体最后凝固，依靠在熔体内部加入晶核物质，使由熔体中部向外进行顺序凝固。这样，就从根本上解决了内部出现各种缺陷（如气孔、缩孔、裂纹等）的问题。此法既可用于铸锭，也可用于铸件。无疑，这是一种富于开拓思路和改善铸锭内部质量的新动向。

10 各种有色合金的熔铸技术特点

各种有色合金在一定熔铸条件下所表现的行为，往往各不相同，这便是合金的熔铸技术特点。例如，在半连续铸锭条件下，有的合金铸锭易裂，有的锭坯表面常出现反偏析瘤，有的易产生皮下气孔或异常粗大晶粒等缺陷。显然，合金的氧化、吸气、挥发、收缩、偏析及开裂等行为，不仅与合金品种和成分有关，而且与其熔铸工艺条件密切相关。有些行为在熔铸过程中会强烈地表现出来，有些行为还会在铸锭加工甚至使用过程中显示出来，给材料生产带来的影响是可想而知的。因此，了解有关合金熔铸技术特性的基本规律，是个十分重要的问题，本章概括了一些重要有色合金的熔铸技术特性，可供制订合理的熔铸工艺规程和分析铸锭缺陷时作参考。

10.1 铝及铝合金的熔铸技术特点

10.1.1 纯铝

铝的化学性质活泼，在熔铸过程中熔体能与炉气、炉衬、操作工具和熔剂等相互作用。熔体表面的 Al_2O_3 膜较坚韧，有阻止氧化和吸气的作用，但一旦它被破碎成片状，便常悬浮于熔体中。在熔炼温度下，铝与铁制操作工具及炉衬中的 SiO_2、Fe_2O_3 等进行反应，从中吸收铁、硅等杂质；与炉气中的 SO_2、CO_2、H_2O 相互作用，能使铝氧化生渣和吸氢、增硫。铝的熔点不算高，但其熔化潜热和比热较大，故用电阻炉熔化时间长，氧化熔损较大。实践表明，铝的氧化和吸气主要是通过与炉气中水蒸气的相互作用，因此，在湿度大的梅雨季节里，气孔和夹渣明显增多。铝液中的 Al_2O_3 及 AlN 等夹杂，降低铸造和加工性能，促进铸锭产生气孔、缩松。吸收 Fe、Si 等杂质后不仅促进产生热裂倾向，而且降低了纯铝的纯度（特别是高纯铝），而且恶化铸锭的加工性能和产品的使用性能。

工业纯铝的热裂倾向比纯铝大，因为前者的硅高和铁高，可形成 AlFeSi 化合物夹杂。因此，在熔炼纯铝时为保证其纯度，须根据纯度和使用性能的要求，对原铝锭品位、熔炉及炉衬、工具及熔剂仔细选择，以防止污染金属。对高纯铝来说，最好用高温快速熔化及控温好的熔炉，化学稳定性高的炉衬，石墨质工具。为防止工业纯铝铸锭热裂，必须控制好铁、硅含量及 Fe/Si 比。当 $Si<0.3\%$ 时，控制 Fe 比 Si 多 $0.02\%\sim0.05\%$；当 $Si>0.3\%$ 时，铁硅比对热裂的影响不明显。为细化晶粒，得到无针状 AlFeSi 化合物的带材或较高强度的管材，也可刻意地加入少量铁。我国生产的原铝锭往往是 Si>Fe。因此半连续铸锭条件下，在熔炼工业纯铝时，常需以 Al-Fe 中间合金方式加入少量铁；在 $Fe\approx Si$ 时可不加铁；生产大型材的铸锭时，也可加入微量 Ti 及 B 以细化晶粒；在一般铸锭情况下，也可不加 Fe、Ti，而用低温、低浇速和低水平铸锭工艺，以防止热裂。

总之，纯铝的熔铸技术特性是：(1) 铝的化学活性强，易于氧化生渣，吸气，吸收杂质。熔体中夹渣多时含气量高，氢在固液区内溶解度变化较大，易生气孔、缩松和夹杂物，使板带材起皮起泡。(2) 杂质硅高易热裂。为防止降低纯度和提高热裂倾向，就要尽量减少从炉料、炉衬、熔剂、工具、炉气中吸收杂质和 Fe、Si，并控制 Fe/Si 比；还须重视铸锭工艺的配合。这是解决纯铝及其合金铸锭热裂的关键所在。

10.1.2 Al-Mn 系合金

Al-Mn 系合金的熔铸特点主要是：锰的熔点比铝高得多且不易溶解，所以多以铝锰中间合金或 $MnCl_2$ 形式加入；须适当提高熔体温度并充分搅拌，以防止锰偏析；还须以熔剂覆盖熔体，防止氧化和吸气。在半连铸条件下，LF21 合金易热裂，尤其是 Si＞Fe 时，常出现大量发状裂纹。其热裂温度范围较宽，有时因成分不匀造成低熔点共晶偏聚晶间，铸锭冷至固相点下温度时仍可产生裂纹。若 Fe＞Si，且 Fe＞0.2%，可降低热裂倾向，但 Fe 量过高，易产生（MnFe）Al_6 硬脆夹杂，降低合金的塑性。降低合金耐蚀性的杂质有铜、锌，宜加以控制。此外，LF21 合金锭中易生粗大光亮晶，有时会混入碳化物。

总之，Al-Mn 系合金的熔铸技术特点是：（1）锰熔化及溶解慢，故熔炼温度较高，既要防止偏析，又要注意熔体氧化和吸气。（2）半连续铸锭热裂倾向较大，既要控制铁硅比及其含量，又要防止出现粗大晶粒及金属间化合物夹杂。

10.1.3 Al-Mg 系合金

随着含镁量增高，铝镁系合金熔体表面氧化膜的致密性降低，抗氧化性变差，增大氧化烧损。镁更易氧化生渣，且 MgO 疏松多孔，不仅给成分控制带来困难，并使吸气量增加，促进疏松、气孔、热裂和夹渣等的倾向。为此宜加入 0.002%Be 以改善氧化膜性质，提高其抗氧化烧损能力，防止表面裂纹。

高镁铝合金中的钠脆性也随含镁量增高而增大。因为钠熔点低，不溶于合金中，铸锭凝固时以液相偏聚于晶界，降低晶间结合力而致脆。钠的主要来源是原铝锭及含钠的熔剂。故熔炼高镁铝合金时，不能用含钠熔剂作覆盖剂和精炼剂；否则，即使含 20ppm 钠，就足以造成钠脆。高镁铝合金中的铁、铜量过多，也会促进铸锭表面裂纹。

总之，高镁铝合金的熔铸技术特点是：（1）表面氧化膜保护性差，氧化烧损较大，要注意控制成分，可加铍保护熔体。（2）易氧化生渣和吸气，增大熔体的黏度，降低流动性，使铸锭易生气孔、夹渣、疏松、冷隔及表面裂纹等。（3）用含钠熔剂时易产生钠脆性。除不能用含钠熔剂外，还可加少量铋或锑以防止钠脆。

10.1.4 Al-Cu-Mg 系合金

硬铝合金中镁和锰的行为类似于前述合金，只是其含量较少，影响程度较小。如 LY12 合金含镁较高，熔体表面氧化膜也不致密，易氧化生渣和烧损。硬铝含铜较高，其熔点虽较高，但易溶解于铝液中，可直接以电解铜板加入熔炉，宜多加搅拌以加速其溶解，防止铜沉炉底。在冷却强度较小时，硬铝凝固过渡区较宽，产生缩松和气孔倾向较大。在半连续铸锭时，硬铝铸锭易产生热裂。LY11 的硅在 0.4%～0.6%内且 Si＞Fe 时热裂倾向小，小规格铸锭也可不予控制。LY12 圆锭宜使 Fe＞Si，且 Fe＋Si≤0.5%，否则，铸锭头部易生热裂，甚至由热裂导致冷裂。

总之，硬铝系合金的熔铸技术特点是：（1）镁易氧化烧损，影响氧化膜的致密性，在熔炼过程中须用熔剂覆盖好熔体。铜、锰在熔体中分布不匀，要多加搅拌。（2）硬铝的结晶温度范围较宽，并且杂质 Fe、Si 及 MgO 等夹渣较多，在半连续铸锭条件下，大规格锭坯易生气孔、缩松和裂纹等缺陷，要控制冷却强度及铁硅量。

10.1.5 Al-Zn-Mg-Cu 系合金

超硬铝合金成分较复杂，合金元素总含量较高，且元素间比重相差较大，易于出现成分不匀，尤其是铜和锌，故应多加搅拌。由于含镁和锌含量较高，使熔体表面氧化膜松散，易于氧化生渣和烧损。超硬铝塑性差，在半连续铸锭时最易产生裂纹，尤其是LC4合金。该合金对杂质Si很敏感，宜越低越好，Fe应控制在0.4%左右，Mg宜取上限含量配料，Cu、Mn取下限成分，并应控制铸锭工艺，以减小冷热裂纹倾向。此外，这类合金不仅易产生应力腐蚀，且常显现缺口敏感特性。因此，在熔铸过程中要注意选用干净炉料，熔体要以熔剂覆盖好，防止氧化和吸气。

总之，超硬铝合金的熔铸技术特性是：（1）锌、铜易偏析，杂质Si控制要严。（2）结晶温度范围较宽，不平衡共晶致脆的裂纹倾向较大，且易产生疏松、夹渣等缺陷。

10.2　铜及铜合金的熔铸技术特点

10.2.1　紫铜及无氧铜

铜的熔炼温度较高，熔体表面的氧化铜易于破碎而失去保护作用。Cu_2O溶于铜液中，可与溶于铜中的氢形成水蒸气，而水蒸气不溶于铜中，故可用以脱氢；Cu_2O还可将铜液中的有害杂质（如磷和硫等）氧化造渣除去。用电解铜板和低频熔沟炉熔炼紫铜和无氧铜时，不必采用氧化熔炼法，而用还原熔炼法。由于电解铜中杂质少而含氢量高，当铜液中含氧过高时，会因［H］和［O］反应形成不溶于铜的水蒸气而使铜锭产生晶间裂纹，即“氢气病”。因此，T1及TU1中的含氧量要求分别不超过0.02%及0.003%。紫铜在低频熔沟感应炉熔炼时，要精选表面光洁、无铜豆和电解质的电解铜板作原料，以经煅烧过的木炭作覆盖和脱氧剂，即在还原性炉气中进行熔炼，便可较好地控制铜液中的含氧量。对于无氧铜，必须选用含铜大于99.97%的优质阴极铜板，铜液表面覆以厚层木炭，主要依靠木炭进行扩散脱氧。TUP除木炭脱氧外，在出炉前要用磷铜中间合金进行最终脱氧。采用一般废杂铜板及废电线等做炉料时，须用反射炉氧化熔炼法。

在半连续及铁模铸锭时，由于二次氧化生成的Cu_2O与氢形成水蒸气，常使铸锭产生气孔。脱氧后残留铜中的磷和氧均可与铜形成共晶，分布于晶间，在铸锭工艺配合不当时，易使铸锭表面产生晶间裂纹。

总之，紫铜和无氧铜的熔炼技术特点是：（1）保持纯度。用于电子、电器仪表的铜材，对纯度要求高，首先要控制氧、氢及磷、硫等杂质含量。（2）防止氧化。除注意脱好氧外，还要保护浇注液流，否则，铸锭易生晶间裂纹和气孔。

10.2.2　黄铜

黄铜含大量易挥发和氧化的锌，在熔炼温度下的蒸气压相当高。含锌量越高，越易氧化和挥发熔损。熔炼高锌黄铜时，利用挥发喷火可以去气，利用锌的氧化可保护铜且脱氧。锌蒸气氧化成白色烟尘，随风飘散，污染环境，故应注意收尘通风。黄铜不宜在反射炉内熔炼，否则，氧化、挥发熔损更大。用熔沟式低频感应炉熔炼黄铜较合适。在还原性气氛下锌的挥发更强烈；黄铜废料表面的油脂类脏物会促进挥发。在氧化性气氛中因有ZnO覆盖，反而可减少挥发。在熔体表面覆盖一层煅烧木炭，既可减少氧化，又能减少挥发。在熔体中加入少量铝或铍，均有降低氧化和挥发熔损作用。为了安全操作和控制锌含量，宜采用低温加锌和高温捞渣工艺。复杂黄铜如HMn58-2等渣量多，宜用含冰晶石的熔剂覆盖，并及时捞渣。铸锭时黄铜易于二次氧化生渣和产生气孔，宜在结晶器内液面上加入少量硼砂等液体熔剂；在铁模铸锭时，要用油脂涂料予以保护。否则，很难得到表面光洁的锭坯。复杂黄铜连铸速度过高或冷却强度过大时，常易产生裂纹和气孔。

总之，黄铜的熔铸技术特点是：(1) 锌易挥发熔损，尤其是高锌黄铜，有脱氧和去气作用，故易于熔炼且不需用特殊精炼措施。(2) 在铸锭过程中易氧化生渣，造成表面夹渣，复杂黄铜则易生裂纹，要特别注意熔体保护。

10.2.3 青铜

铝青铜含铝较高，具有类似铝的某些特征。由于熔炼温度高，铝比铜轻得多，加铝时铝锭会浮在表面上，且铝溶于铜液时放热效应较大，易使铝氧化烧损、局部过热和生渣。Al_2O_3 膜对熔体有保护作用，也有阻碍气体从熔体中排出作用。铝有降低氢在铜中溶解度作用。铝青铜结晶温度范围较窄，导热性较低，固液区较窄时易产生缩孔和裂纹。复杂铝青铜的大规格圆锭，在连铸条件下易产生表面裂纹、中心裂纹及气孔等缺陷。铸锭工艺不当，还易出现层状断口。

锡青铜的结晶温度范围宽，易产生缩松和反偏析。线收缩系数小，半连续铸锭时易产生悬挂及表面裂纹。随着含磷量的增加，锡磷青铜的热脆性增大，一般不能进行热轧。采用带沟槽的结晶器，并用薄钢板作结晶器座板，使半连续铸锭过程中产生自然振动，可减少反偏析和改善表面质量。复杂锡青铜（如 QSn4-4-2.5 等）常易产生缩松、气孔及夹渣，有时还会出现表面晶间裂纹等缺陷。

铍青铜有致密的 BeO 膜能起保护作用，但也有阻碍气体逸出的作用，铸锭时常易产生气孔。BeO 有毒，要用真空感应炉熔炼，无流铸锭或连铸。当用立式铁模铸锭时，易于产生夹渣和皮下气孔。

硅、锰青铜和锡锌铅青铜一样，是较难得到质量好且无缺陷锭坯的合金。在立模铸锭条件下，易于产生缩松、气孔和夹渣等缺陷；在半连续铸锭工艺不当时，易出现气孔甚至裂纹，这与含有较易氧化元素及其氧化膜的性状等有关。熔炼时宜用先加硅、锰，后加铜的加料顺序，以煅烧木炭或冰晶石作覆盖剂，多加搅拌，控温精炼，低浇速低静压铸锭，可减少气孔、夹渣及中心裂纹。

总之，青铜品种多，性质各异，其熔铸技术特点主要是：锡青铜铸锭易生反偏析和缩松。硅青铜、铍青铜、铝青铜及镉青铜等较易产生气孔、缩孔和夹渣。合金元素较多的复杂青铜，常易出现气孔、缩松、夹渣及裂纹。熔铸工艺参数要严格控制，技术条件要比黄铜严格。

10.2.4 白铜

白铜含镍较高，熔炼温度较高，对炉料的要求也严格。熔炼时既要防止氧化、吸气，又要作好脱氧和注意硫和碳的污染。白铜的收缩率较大，导热性较低，在铸锭速度过大时易热裂。该合金对微量有害杂质甚敏感，须加锆细化晶粒，否则，铸锭及热轧时很易开裂，有时冷轧后在快速加热过程中还会脆断，即火裂。因此，熔炼 BMn43-0.5 时宜全部用新金属炉料。熔炼一般白铜时，也不宜全部采用回炉旧料。由于熔炼温度较高，除要注意覆盖保护熔体外，还须注意熔体与炉衬及覆盖剂间的相互作用，否则会导致铝白铜增硅，其它白铜增碳等情况。浇注温度过高，铸锭易生气孔和缩孔等缺陷。

总之，白铜的熔铸技术特点是：熔炼温度较高，收缩率较大且导热性低，对微量杂质敏感性大，常使铸锭产生热裂和轧裂，还有晶间裂和气孔等缺陷。

10.3 镍及镍合金的熔铸技术特点

镍及其合金熔点高，吸气性强，收缩性大，导热性小，镍基高温合金成分复杂，因此，需要采取一定的技术措施：如采用感应电炉、电渣炉或真空感应炉，用镁砂做炉衬，在大气下熔炼时，须用氧化精炼法进行脱硫、脱氧等工艺。在铸锭过程中由于二次氧化生渣，流动性低易产生夹渣；由于收缩率大且导热性低，用半连铸法往往不易得到无中心裂纹的锭坯，且较难加工或出现层状断口；用铁模顶注时，锭头缩孔深而大，须用大冒口予以补缩。铁模铸的扁锭较好加工，但收得率及成品率低。因此，镍基高温合金及精密合金，现在都用真空感应电炉或用真空感应炉加电渣炉重熔，可得到优质铸锭或铸件，大大提高高温合金的蠕变强度和持久性能，改善塑性和加工性能。

总之，镍及镍合金的熔铸技术特点是：熔炼温度高，收缩性大，导热性低，在熔炼过程中熔体易与炉衬作用，吸收杂质和气体；铸锭时易产生气孔、缩孔、夹渣等。镍合金对杂质很敏感，半连续铸锭时较易热裂。要注意氧化精炼。用真空熔炉和电渣炉重熔提高纯度，能有效地改善性能。

10.4 镁合金的熔铸技术特点

镁合金的熔点不高，热容量和比重较小，活性高，易氧化烧损。镁在空气中加热时，氧化快，在过热时易燃烧；在熔融状态下无熔剂保护时，则可猛烈地燃烧。因此，镁合金在熔铸过程中必须始终在熔剂或保护性气氛下进行。熔铸质量的好坏，在很大程度上取决于熔剂的质量和熔体保护的好坏。镁氧化时释放出大量的热，镁的比热和导热性较小，MgO 疏松多孔，无保护作用，因而氧化处附近的熔体易于局部过热，且会促进镁的氧化燃烧。镁合金除强烈氧化外，遇水则会急剧地分解水而引起爆炸，还能与氮形成氮化镁夹杂。氢能大量地溶于镁中，在熔炼温度不超过 900℃时，吸氢能力增加不大，铸锭凝固时氢会大量析出，使铸锭产生气孔并促进疏松。多数合金元素的熔点和比重均比镁高，易于产生比重偏析，故一次熔炼是难于得到成分均匀的镁合金锭的。有时采用预制镁合金再重熔的办法。为防止污染合金，熔炼镁合金时不宜用一般硅砖作炉衬。由于镁合金对杂质也很敏感，如镍、铍量分别超过 0.03%及 0.01%时，铸锭便易热裂，并降低其耐蚀性。对熔剂要求很严格，要有较大的比重和适当的黏度，能很好地润湿炉衬。在熔炼过程中熔剂会不断地下沉，因而要陆续地添加新熔剂，使整个熔池覆盖好且不冒火燃烧。在个别地方出现氧化燃烧时，应及时撒上熔剂以扑灭它。用 Ar、Cl_2、CCl_4 去气精炼时，吹气时间不宜过长，否则会粗化晶粒。用 N_2 气吹炼时可能形成氮化镁，温度不宜过高。镁合金的流动性较小，应稍提高浇温。但浇温过高会使形成缩松的倾向增大。铸锭时要注意熔体保护和漏镁放炮。浇温和浇速过高，易产生漏镁和中心热裂；但浇温浇速过低，则易形成冷隔、气孔和粗大金属间化合物等。此外，由于镁合金比重小，黏度大，一些溶解度小而比重较大的合金元素不易溶解完全，常随熔剂沉于炉底，或随熔剂悬浮于熔体中成为夹杂。因此，镁合金中常出现金属夹杂、熔剂夹渣及氧化夹渣。

总之，镁合金的熔铸技术特点是：(1) 熔体氧化激烈，在整个熔炼过程中必须用熔剂保护好，易造成熔剂夹渣和氧化夹渣。(2) 溶解度小、比重大、熔点高的合金元素，易于比重偏析或形成金属夹杂。(3) 铸锭时要保护好熔体并防漏，铸锭工艺较复杂，须严守安全操作规程。(4) 镁合金铸锭常易产生粗大晶粒、热裂、疏松和气孔等缺陷，必须细化晶粒，改善加工和产品性能。用电磁搅拌，效果良好。

10.5 钛、钼及其合金的熔铸技术特点

钛、钼及其合金熔点高，热容量较大，特别是钛，化学活性强，能与氧、氮、碳及耐火炉衬反应，形成稳定的碳化物及氮化物等，多分布于晶界，降低力学及加工性能。用石墨坩埚熔炼钛、钼合金时，即使微量增碳（0.05%），也会引起脆性并使耐蚀性变坏。氢在低温钛中溶解的量比熔体中多，因而凝固时析出的氢可溶于其固体锭中。含氢高的钛会变脆。熔炼钼合金时主要应注意脱氧，当脱氧不好或氧超出 0.003%时，就会使钼在室温下变脆，很难加工变形。MoO_3 易于挥发，利于脱氧。TiO 也可挥发脱氧，在铸锭凝固时也能造成气孔。钛常用真空电弧炉及真空感应炉熔铸。钼则常用真空电弧炉及电子束炉熔炼，可用 Zr 及 Nb 进行补充脱氧，但要注意金属夹杂及合金元素分布不匀。真空铸锭后期，要注意补缩，以防产生气孔、缩孔等。

总之，钛和钼的熔铸技术特点是：活性强，熔炼温度高，必须用高温真空熔炉进行精炼、脱氧和挥发除去杂质，还要注意防止偏析及出现夹杂物等缺陷。

10.6 熔铸工艺规程的制订

10.6.1 对熔铸质量的基本要求

熔铸是金属合金材料生产过程中的头道工序，以为压力加工提供质量合格的锭坯。据压力加工部门分析统计，加工废品中约 70%与熔铸质量有关。可见，熔铸质量不好给生产带来的影响和经济损失是相当大的，通常所说的“冶金遗传性”影响就是这个意思。目前，对熔铸质量的基本要求是：

(1) 化学成分合格。即使铸锭中仅个别元素或微量杂质超出国标，也是不能允许的。对微量杂质敏感的合金铸锭，即使总杂质量不超标，但如对加工和使用性能有明显不利影响者，便应以废品论处。铸锭的成分应尽可能均匀。

(2) 形状、尺寸公差及表面质量合格。不同产品规格及加工方法不同，对所需锭坯形状及尺寸公差的要求也有所不同。铸锭表面质量对热轧产品的边裂及横裂有重要影响。尺寸大的铸坯易产生尺寸超差；翘曲变形的小锭，往往成型性较差。提高铸锭表面质量，可提高收得率和成品率。

(3) 结晶组织细匀且无明显缺陷。晶粒粗大，结晶分层，晶间裂纹，夹渣或易熔杂质偏聚晶间等，均不利于均匀变形，易于热轧开裂。分散性针孔、缩松及夹渣等小缺陷，常是板带材表面起皮起泡、分层及棒材层状断口的重要根源。由于这类缺陷尺寸小且分散，不易发现，多是在加工率较高时才暴露出来，常造成大量废品和浪费。显然，获得致密匀细的内部组织是非常重要的。

10.6.2 确定熔铸工艺参数的依据

在熔铸质量问题中最没把握的，一是熔体中的气体、微量杂质及夹渣的定量控制；二是大规格铸锭中的缩松、裂纹、偏析及组织不匀。有时就连表面气孔、夹渣、冷隔及化学废品等问题也会失控。这些熔铸质量问题，归根结底是与金属的性质及熔铸工艺条件等密切相关的。金属本性是内因，工艺条件是外因。在合金一定时，熔铸工艺条件便是决定熔

铸质量的关键因素。因此，确定熔铸工艺时应从实际的工艺条件出发，针对产品使用性能的要求和合金的熔铸技术特性，估计可能出现的问题及预防措施，制订出一个较合理而切实可行的熔铸工艺方案，先进行一段时间的试生产，然后在总结经验基础上修订出较好的熔铸工艺规程。当然，熔铸工艺规程要考虑到实际条件和人为因素的影响，应留有余地和补充措施。

实践表明，熔铸工艺参数不够合理关键是对金属性质这一起决定性作用的内因缺乏认识。因此，对于合金的有关物理化学性能，要有一较全面的了解，这是确定熔铸工艺参数的基本依据。例如，基体金属与合金元素及主要杂质元素的二元及三元相图，它们的挥发点、蒸气压、比重、比热及潜热、扩散系数、标准自由焓及氧位图、硫位图等热力学数据、氧化物性状等，都是选定熔炉、炉衬、炉料组成及其加料顺序、熔损率、熔炼温度、熔剂、精炼方法、炉前检测方法等熔炼工艺的基础；而合金的凝固温度范围、收缩系数、导热系数、元素的平衡分配系数、气体在凝固温度时溶解度的变化、在熔点附近温度合金强度和塑性、弹性模量等数据，则是决定浇注方法、浇温及浇速、熔体保护、模温、水冷强度、涂料及润滑等铸锭工艺措施的依据。

10.6.3　合金成分的控制

为使合金元素及杂质含量得到控制，除了合理地选用炉料及正确地进行配料计算外，还需根据合金的使用性能和加工性能、炉料性状、氧化和挥发熔损、加料顺序、熔炼温度及时间等情况，综合考虑来确定计算成分。对于炉衬，熔剂及操作工具等污染情况，应作出估计，并在熔炼后期进行炉前分析，以便确定进行补料或冲淡与否。

有时合金成分及杂质量均在国标范围以内，但铸锭中有少量针状或粗大金属间化合物，或易生冷热裂纹、区域偏析等缺陷。为此，有必要借助相图，了解溶质元素的溶解度变化、溶质的平衡分配系数、形成多元化合物或非平衡共晶的可能性，只有找出了产生上述缺陷的内因，便可在国标范围内调整某些元素的含量，辅以某些工艺参数的调配，或加入变质剂以细化晶粒，改善化合物夹杂的形态及低熔点相的分布状况，以达到消除缺陷的目的。如 B30 中加锆和调整铝的 Fe/Si 比等均属于此。

此外，在不降低使用性能和加工性能的条件下，在确定配料成分时应注意节约有色金属。如 H62 的含铜量为 60.5%～63.5%，按偏下限成分 61%计配时，每熔铸 1000 吨 H62，比含 63%Cu 时可节约 20 吨铜。尽可能少用或不用中间合金，可节省燃料和原材料单耗。杂质限量大的合金，多配入一些废料及低品位新料，以降低成本。

10.6.4　熔体中含气量及夹渣量的控制

铸锭易于产生气孔和疏松，一般是与熔体中的含气量有关，但关键都是在铸锭固液区内气体溶解度变化较大之故。因为凝固速度小且固液区宽时，溶解度变化大的气体来得及在固液界面上析出，界面处金属凝固收缩所形成的缩松也利于气体的析出；气体析出于缩松中长大为气泡，阻碍缩松的补缩，促进缩松的扩展。熔体中气体的主要来源是炉料本身的含气量，尤其是电解阴极金属及含油、水的碎屑废料，还与炉气组成及性质、熔炼温度及时间、熔剂及操作工具的干净程度、去气和去渣精炼好坏等有关。此外，合金元素也有影响。一些能分解水及氧化膜吸附水分强的元素，或与基体金属形成共晶及降低气体溶解度的元素，均有增强熔体含气量及促进产生气孔的倾向。熔体在转注过程中还可与流槽、漏斗、涂料及润滑油作用而吸收气体。易挥发金属的蒸气，也能使铸锭产生皮下及表面气孔。控制熔体含气量的关键，主要是作好精炼去气，并防止在转注时吸收或裹入气体。

熔体中的夹渣主要来源于炉料表面的氧化膜，熔体的残渣，尘埃，炉气中的烟灰，炉衬碎屑，熔剂，元素间相互作用形成的化合物夹杂等。它们在熔体中的分布状态，则与其比重、尺寸、形态及是否为熔体所润湿等有关。如 Al_2O_3 多成薄膜状，常悬浮于熔体面上；搅拌成碎片时，可混入熔体内部。MgO 及 ZnO 等多为疏松块粒状，虽可浮于熔体表面，但无保护作用。Cu_2O、NiO 可分别溶解于 Cu 及 Ni 熔体中，氧化熔体中氧位更低的其它合金元素，易生成分散度大且不溶解的氧化夹渣。这些夹渣留在金属中就成为板带材起皮、分层及起泡的根源之一，降低塑性并损伤模具。因此，近年来在精炼阶段着重注意去渣。对于轻合金来说，炉内去渣效果很有限，现已研究出多种炉外熔体过滤法。不少青铜锭坯也易产生夹渣，故推广过滤法是一重要的课题。

10.6.5　偏析、缩松及裂纹的控制

固、液相线间水平距离大的合金，其平衡分配系数大于或小于 1 的元素，一般易于偏析。溶解度小且比重差大的元素，元素间相互作用形成比重不同的化合物初晶，常易造成偏析。结晶温度范围大或固液区宽的合金，常易形成枝晶较发达的柱状晶；在铸锭凝壳与锭模间形成气隙后，锭面温度回升，体收缩系数较大的合金，有利于反偏析瘤发展。在合金一定时，冷却强度和结晶速度对各类偏析起决定性作用。过渡带大小、固液两相的流动、枝晶的熔断、元素的扩散系数及平衡分配系数等，也有着重要影响。在半连续铸锭时，中注管宜浅埋，结晶器要短，加大二次水冷强度，使液穴浅平，过渡带窄小，有利于减小偏析倾向。加入少量元素细化晶粒，也能收到较好效果。

缩松是青铜及轻合金铸锭中最常见的缺陷之一。凡结晶温度范围或凝固过渡带较大的合金，或凝固收缩率大，比热较大，结晶潜热大，在冷却强度不够大时，铸锭中部常易形成缩松。含气量和夹渣较多的轻合金，形成缩松的倾向更大。成分较复杂且导热性较低的锡锌铅青铜等，即使加大冷却强度，铸锭中部也难免于疏松。只有在液穴浅平以轴向顺序结晶的铸锭条件下，才能较有效地降低铸锭中部产生缩松的倾向。缩松是铸造致密大锭坯的难题之一。

裂纹是强度较高的复杂黄铜、青铜及硬铝系合金半连续铸锭时常见的缺陷之一。合金成分复杂，一般其导热性较小，铸锭断面温度梯度和热应力较大，加上某些非平衡易熔共晶分布晶间，降低合金的高温强度和塑性，在三态收缩应力大于铸锭局部区域当时的强度，或收缩率及变形量大于当时的延伸率时，都会形成晶间热裂纹。晶间裂纹沿晶扩展，可导致整个铸锭热裂。半连续铸锭中部，平模铸锭表面，立模铸锭表面及头部浇口附近，均易出现大量晶间裂纹。紫铜及纯铝锭，在表面冷却强度较大时，由于收缩速率大和模壁有摩擦阻力，也常产生表面晶间微裂纹。控制热裂的主要措施是注意控制那些易于形成非平衡共晶的元素量。其次，是调整铸锭工艺和冷却强度，还须注意熔体的保护和模壁润滑，防止二次氧化生渣。

冷裂多见于强度或弹性高而塑性较差的合金大锭。在铸锭冷却不匀且冷却强度大时，因合金导热性较低，铸锭断面温度梯度及收缩率较大，故热应力较大；当平衡这种热应力的拉伸变形率大于铸锭的实际延伸率时，便可出现冷裂；在遇到振动或车皮刨面时，也可突然断裂。半连续铸造的硬铝扁锭，最易产生冷裂，甚至在吊运和存放过程中也会崩裂。也有可能先是热裂而后冷裂的综合性劈裂。半连铸的复杂铝黄铜及 LC4 圆锭，都是从中心热裂纹开始，而后沿径向发展为劈裂。硬铝扁锭的四个棱一旦产生热裂，往往易于扩展为横向张开式冷裂纹。

总之，不管是热裂还是冷裂，都必须从合金成分及铸锭条件两方面去控制。因为合金的强度、弹性模量、收缩系数、塑性、导热性及铸锭断面的温度梯度，主要取决于合金成分及杂质限量；而热应力或收缩阻力的大小，则与铸锭的冷却强度、均匀性及收缩速率、浇速、锭模涂料、二次氧化渣等密切相关。

参 考 文 献

1 王振东等．感应炉熔炼．北京：冶金工业出版社，1986

2 傅杰等．特种冶炼．北京：冶金工业出版社，1982

3 重有色金属材料加工手册编写组．重有色金属材料加工手册，第二分册．北京：冶金工业出版社，1979

4 龙金林．铸造工程，1983，№1，29

5 轻金属材料加工手册编写组．轻金属材料加工手册，下册．北京：冶金工业出版社，1980

6 中国有色金属加工协会．有色金属加工科技成果交流资料汇编．中国有色金属加工协会，1982

7 Winkler. D. 真空冶金学．康显澄等译．上海：上海科技出版社，1982

8 稀有金属材料加工手册编写组．稀有金属材料加工手册．北京：冶金工业出版社，1984

9 Латона. Б. И. 等．电渣炉．李正邦等译．北京：国防工业出版社，1983

10 常鹏北．有衬炉电渣冶金．昆明：云南人民出版社，1979

11 田沛然．铜加工专集．中国有色金属加工协会，1986

12 Pond，R. B. 等．金属材料加工处理新技术．姚守谌等译．上海：上海科技出版社，1982

13 刘星珉．国外有色金属加工，1979，34，57

14 王金华．悬浮铸造．北京：国防工业出版社，1982

15 陈嵩生等．半固态铸造．北京：国防工业出版社，1978

16 呼延春．特种铸造有色合金，1983，№3，1

17 Singer，A. R. E.. The Inter. J. P/M and P/Techn.，1985，21，№3，219

18 Singer，A. R. E. 杨家媛等译．国外金属材料，1981，№1，51

19 洪伟．有色金属连铸设备．北京：冶金工业出版社，1987

冶金工业出版社部分图书推荐

书　名	作　者	定价(元)
湿法冶金手册	陈家镛　主编	298.00
湿法冶金原理	马荣骏　编著	160.00
有色金属资源循环利用	邱定蕃　等编	65.00
金属及矿产品深加工	戴永年　主编	118.00
有色金属材料的真空冶金	戴永年　等编	42.00
预焙槽炼铝（第3版）	邱竹贤　编著	89.00
常用有色金属资源开发与加工	董　英　等编	88.00
冶金过程动力学导论	华一新　编著	45.00
物理化学（第3版）	王淑兰　主编	35.00
冶金物理化学（本科教材）	张家芸　主编	39.00
冶金物理化学研究方法（第3版）	王常珍　主编	48.00
冶金工程实验技术（本科教材）	陈伟庆　主编	39.00
冶金热工基础（本科教材）	朱光俊　主编	36.00
化工过程及设备（本科教材）	郭年祥　主编	38.00
有色冶金概论（本科教材）	华一新　主编	30.00
有色冶金工厂设计基础（本科教材）	蔡祺风　主编	24.00
稀有金属冶金学（本科教材）	李洪桂　主编	34.80
氧化铝生产工艺（职业技术学院教材）	王　捷　编	26.00
氧化铝设备（职业技术学院教材）	陈　聪　主编	42.00
电解铝生产工艺与设备（职业技术学院教材）	王　捷　编	29.00
有色金属压力加工（职业技术学院教材）	白星良　主编	33.00
铁合金生产（职业技术学院教材）	刘　卫　主编	26.00
电子枪与离子束技术	张以忱　编著	29.00
铟冶金	王树楷　编著	56.00
钨钼冶金	张启修　等编	79.00
锆铪冶金	熊炳昆　等编	48.00
金银冶金	孙　戬　编著	49.00
湿法冶金	杨显万　等著	38.00
现代铜湿法冶金	朱　屯　编著	29.50
现代锗冶金	王吉坤　等编	48.00
微生物湿法冶金	杨显万　等编	33.00
稀土提取技术	黄礼煌　编著	36.00
金银提取技术	黄礼煌　编著	34.50
钨合金及其制备新技术	范景莲　编著	65.00